红花蜡梅全基因组及呈色机制研究

沈植国　著

黄河水利出版社

·郑州·

内 容 提 要

本书以红花蜡梅新品种‘鸿运’(*Chimonanthus praecox* ‘Hongyun’)为材料,开展了全基因组测序、组装和注释,为蜡梅基因编辑和分子标记辅助育种提供了宝贵资源;通过比较基因组鉴定了蜡梅等木兰类植物的 WGD 事件与物种分化关系,基于核苷酸、氨基酸串联法与并联法等多种策略的系统发育分析,为木兰类进化提供了新见解;通过多组学数据整合与实验验证,解析了蜡梅花被片类呈色机制,为蜡梅花色遗传改良和类黄酮开发利用奠定了基础。本书主要内容包括绪论,红花蜡梅全基因组测序、组装与注释,红花蜡梅比较基因组与系统进化分析,蜡梅不同花色类型花被片类黄酮靶向代谢组、转录组与联合分析,蜡梅花被片类黄酮合成途径关键基因挖掘与调控机制分析,主要研究结论、创新点与展望等。

本书可供从事林学、园艺学以及相关领域的师生、研究人员阅读参考。

图书在版编目(CIP)数据

红花蜡梅全基因组及呈色机制研究/沈植国著.—郑州:黄河水利出版社,2023.6

ISBN 978-7-5509-3586-0

Ⅰ.①红… Ⅱ.①沈… Ⅲ.①腊梅-基因组-研究 Ⅳ.①S685.990.3

中国国家版本馆 CIP 数据核字(2023)第 100337 号

组稿编辑:王路平 电话:0371-66022212 E-mail:hhslwlp@163.com
田丽萍 66025553 912810592@qq.com

责任编辑 杨雯惠 责任校对 兰文峡
封面设计 李思璇 责任监制 常红昕
出版发行 黄河水利出版社
地址:河南省郑州市顺河路 49 号 邮政编码:450003
网址:www.yrcp.com E-mail:hhslcbs@126.com
发行部电话:0371-66020550
承印单位 广东虎彩云印刷有限公司
开 本 787 mm×1 092 mm 1/16
印 张 11
字 数 260 千字
版次印次 2023 年 6 月第 1 版 2023 年 6 月第 1 次印刷
定 价 98.00 元

序言

蜡梅(*Chimonanthus praecox*)是我国特有的传统名花和特用经济树种,属名贵观赏花木,具有重要的观赏价值、经济价值和文化价值。蜡梅冬季开放,花香浓郁,用于园林绿化、盆景(栽)及切花均宜,深受广大人民群众喜爱。蜡梅花可提取精油,花、叶在民间常用于制茶,几乎全株均可入药,作为药用植物被载入《本草纲目》,经济价值较高。蜡梅栽培始于宋代,距今已有上千年的栽培历史,不少诗人和画家吟咏和赞颂蜡梅迎风傲雪、不畏严寒、坚忍不拔、自强不息的品格和精神,文化底蕴深厚。

花色是评价园林植物的重要指标,蜡梅花色总体上颜色相对单调,长期以来,将选育红花蜡梅新品种作为蜡梅育种的主要目标之一。河南省林业科学研究院沈植国蜡梅团队历经多年选育出了国内首个红花蜡梅新品种'鸿运'(*C. praecox* 'Hongyun'),并获国家林业和草原局植物新品种权证书。该品种的成功选育,为红花蜡梅品种群(Rubrum Group)的建立奠定了基础。作为国内首个红花蜡梅新品种,解析'鸿运'蜡梅独特的呈色机制,对于蜡梅花色分子育种显得尤为重要,具有重要的学术意义。

本书以红花蜡梅新品种'鸿运'为研究对象,基于三代+二代测序,Hi-C 辅助组装,获得了高质量的染色体水平的基因组,并进行了注释,为蜡梅基因编辑和分子标记辅助育种提供了宝贵资源;通过比较基因组学研究,开展了以蜡梅为代表的木兰类植物系统进化分析,有助于深度解析蜡梅及蜡梅科的起源和演化过程,为木兰类进化提供了新见解;通过多组学数据整合与验证,解析了红花蜡梅类黄酮生物合成途径,明确了蜡梅花被片红色主要归因于 *CpANS1* 和转录因子 CpMYB1,同时 CpMYB1 需要形成 MBW 复合体才能充分发挥其调控功能,为蜡梅花色分子育种和遗传改良奠定了基础。

《红花蜡梅全基因组及呈色机制研究》一书汇集了红花蜡梅创新育种理论和实践的系列成果。其技术路线科学,理论新颖,内容系统,条理清晰,反映了蜡梅花色研究的最新成果,可为开展蜡梅花色调控和遗传改良提供学术指引与理论参考,具有重要的理论和实

践价值。相信该书的出版发行,可进一步指导蜡梅的花色分子育种和生产实践,同时也可为其他植物呈色分子机制的研究提供参考,必将有力推动蜡梅分子育种体系的构建,为我国蜡梅种业创新做出新贡献。

北京林业大学原校长
中 国 工 程 院 院 士

2023 年 3 月

前言

蜡梅(*Chimonanthus praecox*)是蜡梅科蜡梅属落叶灌木或小乔木,是我国特有的传统名花和特用经济树种,具有重要的观赏价值、经济价值和深厚的文化内涵,主要分布于我国中部、东南、西南等省份,栽培历史悠久,河南鄢陵素有"鄢陵蜡梅冠天下"之美誉。蜡梅姿态优美、花香浓郁,生命力强且于冬季开放,可谓色、香、形俱佳,既可露地栽植,也可盆栽或作为切花利用,栽培普遍,应用广泛,深受人们的喜爱。蜡梅既是我国也是世界上绿化、美化、香化的名贵观赏花木,被引种到日本、美国、英国等进行栽培,从蜡梅的英文名"Wintersweet"可看出西方人对蜡梅的喜爱。蜡梅花是精油提取的重要原料,花、叶在民间还常作为制茶的原料,蜡梅作为药用植物被载入《本草纲目》,几乎全株均可入药。蜡梅栽培始于宋代,不少诗人和画家吟咏和描绘出赞颂雪中蜡梅的诗篇和绘画,蜡梅也是中国传统文化中"梅文化"和"梅史"的重要组成,与梅花并称"二梅",栽培历史悠久,文化底蕴深厚。

蜡梅花色相对单调,花色对多数植物的观赏价值和经济价值有决定性的作用。蜡梅新品种'鸿运'(*C. praecox* 'Hongyun')是河南省林业科学研究院蜡梅团队实生选育的国内首个红花蜡梅新品种,并获国家林业和草原局植物新品种权保护(品种权号:20210125)。本书以蜡梅新品种'鸿运'为材料,基于 PacBio Sequel Ⅱ 三代测序平台,Illumina 二代数据纠错,利用 Hi-C 进行辅助基因组组装,并进行注释,获得了高质量的染色体水平的基因组序列,为蜡梅基因组编辑和分子标记辅助育种提供了宝贵资源;通过比较基因组鉴定了蜡梅等木兰类的 WGD 事件与物种分化关系,并利用该基因组和已发表过的木兰类植物、真双子叶植物、单子叶植物、被子植物基部群及外群裸子植物代表物种基因组数据,在充分考虑多种可能影响木兰类进化位置多种因素的基础上,重构了以蜡梅为代表的木兰类植物系统进化地位,为木兰类进化提供了新见解;通过整合多组学数据并结合关键基因克隆、分析及实验验证,解析了红花蜡梅花被片呈色机制,为蜡梅花色遗传改良奠定了基础。全书共分 6 章,主要内容包括绪论,红花蜡梅全基因组测序、组装与注释,红花蜡梅比较基因组与系统进化分析,蜡梅不同花色类型花被片类黄酮靶向代谢组、转录

组与联合分析，蜡梅花被片类黄酮合成途径关键基因挖掘与调控机制分析，主要研究结论、创新点与展望。

本书在完成过程中得到了河南省林业科学研究院、中南林业科技大学林学院、鄢陵县林业科学研究所等单位的大力支持和帮助。尹伟伦院士还为本书作序，并给予指导。多名同志参与了本书的相关实验与分析，另外本书还引用了大量的参考文献。在此，对本书完成过程中各有关单位、各位领导与专家、所有参与人员和参考文献的各位作者致以诚挚的谢意！

由于作者水平有限，书中难免有疏漏和不足之处，敬请读者朋友批评指正。

作　者

2023 年 1 月

缩略词

英文缩写符号及中英文对照表

英文缩写	英文名称	中文名称
Hi-C	High-throughput chromosome conformation capture	高通量染色质构象捕获
WGD	Whole-genome duplication	全基因组复制
NGS	Next generation sequencing	下一代测序
HTS	High-throughput sequencing	高通量测序
MPS	Massive parallel sequencing	大规模平行测序
PCR	Polymerase chain reaction	聚合酶链反应
SMRT	Single molecule real time	单分子实时测序
ZMW	Zero-mode waveguide	零模波导
HMW	High molecular weight	高分子量
APG	Angiosperm phylogeny group	被子植物系统发育组
CDS	Coding sequence	编码序列
ILS	Incomplete lineage sorting	不完全谱系分选
GUS	β-glucuronidase	β-葡萄糖苷酸酶
UPLC-MS/MS	Ultra performance liquid chromatography tandem mass spectrometry	超高效液相色谱-串联质谱
TE	Transposable element	转座子
LTR	Long terminal repeat	长末端重复
LINE	Long interspersed nuclear elements	长散在重复序列
SINE	Short interspersed nuclear elements	短散在重复序列
CTAB	Cetyltrimethylammonium bromide	十六烷基三甲基溴化铵
BLAST	Basic local alignment search tool	序列相似性快速搜索工具
SNP	Single nucleotide polymorphis	单核苷酸多态性
Ks	Synonymous substitution	同义替换
LBA	Long branch attraction	长枝吸引效应
RW	Rubrum wintersweet	红花蜡梅
RWM	Rubrum wintersweet middle tepals	红花蜡梅中被片

英文缩写	英文名称	中文名称
RWI	Rubrum wintersweet inner tepals	红花蜡梅内被片
PW	Patens wintersweet	红心蜡梅
PWM	Patens wintersweet middle tepals	红心蜡梅中被片
PWI	Patens wintersweet inner tepals	红心蜡梅内被片
CWM	Concolor wintersweet middle tepals	素心蜡梅中被片
CWI	Concolor wintersweet inner tepals	素心蜡梅内被片
MRM	Multiple reaction monitoring	多反应监测
PCA	Principal component analysis	主成分分析
HCA	Hierarchical clustering analysis	层次聚类分析
ANS	Anthocyanidin synthase	花青素合成酶
OPLS-DA	Orthogonal partial least squares discriminant analysis	正交偏最小二乘法判别分析
VIP	Variable importance in the projection	变量投影重要度
KEGG	Kyoto encyclopedia of genes and genomes	京都基因与基因组百科全书
SBS	Sequencing by synthesis	边合成边测序
FPKM	Fragments per kilobase of transcript per Million fragments mapped	每千个碱基的转录每百万映射读取的片段数
FDR	False discovery rate	错误发现率
TIC	Total ion chromatogram	总离子流图
WGCNA	Weighted gene co-expression network analysis	加权基因共表达网络分析

目录

第1章 绪 论

1.1 研究背景及意义

蜡梅科属木兰类，是樟目演化过程中的一个独立支系，包括蜡梅属（*Chimonanthus*）、夏蜡梅属（*Calycanthus*）和奇子树属（*Idiospermum*）3 个属，为第三纪孑遗植物。其中蜡梅属和夏蜡梅属的夏蜡梅（*C. chinensis*）为中国特有；夏蜡梅属的美国蜡梅（*C. floridus*）、西美蜡梅（*C. occidentalis*）分布于北美；奇子树属分布于澳大利亚。蜡梅科植物大多花香浓郁，具有极佳的观赏价值和重要的经济价值，含有丰富的挥发性成分及生物碱、倍半萜和香豆素类等成分。

蜡梅（*C. praecox*）是蜡梅属落叶灌木或小乔木，自然分布于湖北、湖南、河南、四川、安徽、江西、福建、江苏、浙江、陕西、贵州、云南、山东等省，栽培历史悠久，是我国特有的传统名花和特用经济树种，具有重要的观赏价值、经济价值和深厚的文化内涵，河南鄢陵素有“鄢陵蜡梅冠天下”的美誉。蜡梅姿态优美、花香浓郁，生命力强且于冬季开放，可谓色、香、形俱佳，既可露地栽植，也可盆栽或作为切花利用，栽培普遍，应用广泛，深受广大人民群众喜爱，既是我国也是世界上绿化、美化、香化及装饰室景的名贵观赏花木，被引种到日本、美国、英国等进行栽培，从蜡梅的英文名“Wintersweet”可看出西方人对蜡梅的喜爱。蜡梅花是精油提取的重要原料，花、叶在民间还常作为制茶的原料。蜡梅作为药用植物被载入《本草纲目》，几乎全株均可入药，根皮外用治伤口出血，根主治风寒感冒、腰肌劳损、风湿关节炎等；花解暑，治头晕、麻疹、百日咳等症；果实可治腹泻久痢等。蜡梅栽培始于宋代，不少诗人和画家吟咏和描绘出赞颂雪中蜡梅的诗篇和绘画，蜡梅也是中国传统文化中“梅文化”和“梅史”的重要组成，与梅花并称“二梅”，栽培历史悠久、文化底蕴深厚。

蜡梅花器官是品种分类的主要依据，其外花被片退化成鳞片，所称的花瓣实为中被片、内被片。内被片位于花内部，颜色从黄色到红色不等，总体上难以被观察到，因此蜡梅花的整体颜色主要由中被片决定，多为黄色或浅黄色，少数为黄白色或黄绿色，俗称黄梅。蜡梅在长期的栽培过程中形成了众多优良的品种和变异类型，在生产中多以内被片颜色辨别品种，分为素心蜡梅品种群（Concolor Group）、晕心蜡梅品种群（Intermedius Group）以及红心蜡梅品种群（Patens Group）（见图 1-1）。

花色对多数植物的观赏价值和经济价值有决定性的作用，培育新花色品种是观赏植物育种的主要目标之一，花色的形成也是几个世纪以来广泛研究的焦点。类黄酮是广泛存在于植物中的一类多酚类次生代谢物，是高等植物的主要色素之一，是许多花的主要成分，类黄酮化合物作为植物中主要的红色、蓝色和紫色色素，引起了人们的广泛关注。大量研究表明，类黄酮具有抗炎、抗氧化、抗病毒、抗衰老、调节机体免疫力等多种功效，可预防癌症、冠心病、中风等，被称为“植物营养素”。同时类黄酮参与植物生长发育和抵抗胁迫的过程。

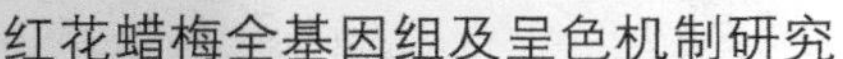

图 1-1　蜡梅 3 大品种群代表

蜡梅花色单调，但内被片中存在矢车菊素糖苷（Cy 型色素）为主的代谢途径，如果能育成红色调为主的新品种，将丰富蜡梅花色。因此，使花青素在黄色的中被片上积累是蜡梅花色分子育种方面需解决的关键问题之一。几个世纪以来，蜡梅育种的其中一个主要目标是获得红花蜡梅新品种。课题组在资源调查中发现了一些中被片为红（紫）色的红花蜡梅资源类型，并对选出的优良单株进行持续跟踪观测，进行了多次无性系扩繁，其花色性状稳定。为便于与上述品种群区别，定为红花蜡梅品种群（Rubrum Group）。通过实生选育，对筛选出的优良单株进行多次无性扩繁并连续多年观测，发现其特异性状稳定，按照《植物新品种特异性、一致性、稳定性测试指南 蜡梅》（LY/T 2098—2013）的规定，选育出了红花蜡梅新品种'鸿运'（*C. praecox*'Hongyun'）（见图 1-2）。其株形半开张，花呈喇叭形，单生于叶腋，花径中等，香味浓；中被片蜡质，长条形，长度中等，数量中等，先端尖而平直，边缘内扣，呈镊合状排列，伸展角度中等，紫红色；内被片卵形，长度短，先端尖而平直，紫红色；花药卵形，黄白色，花药花丝长度比约 1∶1；花期较晚，为 1 月下旬至 3 月初。'鸿运'蜡梅花朵中被片大多数为紫红色，伴有极少数红黄色中被片，与以往报道蜡梅品种相比，表现出明显的特异性，且具有稳定性和一致性，系首次发现的中被片为红色的蜡梅。2019 年 8 月国家林业和草原局新品种保护办公室发布保护公告（申请号：20190219；公告号：第 201903 号），2021 年 6 月获国家林业和草原局植物新品种权保护（品种权号：20210125）。

Shang 等报道了 *C. praecox* H29 基因组，该基因组属于红心蜡梅品种群（Patens Group）。红花蜡梅系首次发现的新资源类型，与传统的蜡梅品种相比，其遗传背景以及与颜色密切相关的类黄酮类代谢途径尚不清楚，严重制约蜡梅遗传改良及产业发展。开展红花蜡梅全基因组测序、组装与注释，可为进一步研究蜡梅花色等农艺性状提供重要的数据资源平台；整合多组学数据，解析红花蜡梅花被片类黄酮代谢途径，挖掘关键基因，可为下一步开展花色调控、遗传改良和类黄酮开发利用奠定理论基础。

图 1-2 蜡梅新品种'鸿运'

真双子叶和单子叶植物是核心被子植物中最大、最多样的两个分支,分别约占核心被子植物数的 75%和 22%,木兰类是除真双子叶和单子叶植物外最大的开花植物分支,约占比不到 3%,超过 10 000 多种(http://www.theplantlist.org/),包括木兰目(Magnoliales)、樟目(Laurales)、白樟目(Canellales)和胡椒目(Piperales)4 个目,该分支在全球都有分布,包含一些在早期研究中定义的"最早期被子植物"。木兰类的一些种类具有很高的经济价值,此外许多生物(包括各种蝴蝶和甲虫群)高度依赖这一类群来取食或繁殖。迄今为止,已测序植物中,主要为单子叶和真双子叶植物(https://www.plabipd.de/plant_genomes_pa.ep)。截至目前,木兰类植物已报道的全基因组测序物种包括樟目樟科的牛樟(*Cinnamomum kanehirae*)、鳄梨(*Persea americana*)、山苍子(*Litsea cubeba*)、楠木(*Phoebe bournei*)、香樟(*Cinnamomum camphora*)、豹皮樟(*Litsea coreana*),蜡梅科的蜡梅(*C. praecox*)、柳叶蜡梅(*C. salicifolius*);木兰目木兰科的鹅掌楸(*Liriodendron chinense*)、望春玉兰(*Magnolia biondii*);毛茛目番荔枝科的刺果番荔枝(*Annona muricata*);胡椒目胡椒科的黑胡椒(*Piper nigrum*),马兜铃科的流苏马兜铃(*Aristolochia fimbriata*)等,大多对木兰类的进化地位进行了探讨,但结果并不一致。单子叶、真双子叶及木兰类是核心被子植物的三大支系,它们之间的系统发育,关系着被子植物的早期演化,是最为引人关注的问题之一。长期以来,关于单子叶、真双子叶和木兰类 3 个类群之间的进化关系问题一直存在争议。因此,利用红花蜡梅基因组数据,选择现有类群的代表性物种,进行系统分析,对于进一步深入研究木兰类乃至整个被子植物进化具有重要意义。

本书中,采用选育的红花蜡梅新品种'鸿运'为测序材料,基于 PacBio Sequel Ⅱ 三代测序平台,经 Illumina 二代数据纠错,利用 Hi-C 进行辅助基因组组装,并进行注释,获得了高质量的染色体水平的基因组序列;通过比较基因组鉴定了蜡梅等木兰类的 WGD 事件,并利用该基因组和已发表过的木兰类植物、真双子叶植物、单子叶植物、被子植物基部群及外群裸子植物代表物种基因组数据，重构了以蜡梅为代表的木兰类植物的系统进化地位；整合基因组、代谢组、转录组多组学数据并结合关键基因克隆、分析及实验验证，解析了红花蜡梅花被片类黄酮生物合成途径。

1.2 植物基因组测序技术研究进展

全基因组测序为揭示植物重要性状形成的遗传和分子机制提供了强大工具。首个高等植物拟南芥(*Arabidopsis thaliana*)全基因组测序工作于2000年由第一代Sanger测序技术完成，拉开了植物全基因组测序的帷幕。自2005年以来，第二代高通量、测序技术渐渐成为全基因组测序的主流，相比第一代测序技术，第二代测序技术实现了高通量、大规模平行测序，测序效率得到了极大提高。随着技术进步，第三代测序技术飞速发展，测序读长大幅度提升，对进一步提升基因组组装水平提供了极大的裨益。

迄今，包括水稻(*Oryza sativa*)、小麦(*Triticum aestivum*)、玉米(*Zea mays*)、白菜(*Brassica rapa*)、西瓜(*Citrullus lanatus*)、葡萄(*Vitis vinifera*)、梅(*Prunus mume*)、牡丹(*Paeonia suffruticosa*)、挪威云杉(*Picea abies*)、构树(*Broussonetia papyrifera*)、油茶(*Camellia oleifera*)、油桐(*Vernicia fordii*)等在内的数百种植物基因组测序相关的文章被陆续发表出来(https://www.plabipd.de/timeline_view.ep)。这些植物基因组序列，特别是高质量基因组序列的获得，促进了植物生物学，尤其是功能基因组学和群体遗传学方面的研究。植物全基因组测序不仅可获得基因组序列信息，为从分子水平研究物种进化、基因功能和调控等提供依据，还可对其他测序植物提供借鉴。

1.2.1 测序技术的发展及应用

1.2.1.1 第一代DNA测序

第一代DNA测序技术包括双脱氧链终止法和化学降解法。其特点是以待测DNA为模板，根据碱基互补规则，采用DNA聚合酶体外合成末端掺入带有标记碱基类似物的新链，在凝胶电泳时可形成彼此仅差一个碱基的梯形条带，从而读取序列。因化学降解法试剂有毒性，不再被广泛使用，双脱氧链终止法成为第一代测序的主流，该方法因由Sanger等提出，因此一般称为Sanger测序法。

此后随着相关技术的成熟，在Sanger测序法的基础上，产生了几次大的变革，主要包括荧光染料取代放射性同位素标记，奠定了自动化测序的基础；毛细管电泳取代平板凝胶电泳，改进后的装置可达96或384泳道，实现了测序规模化，极大地提高了测序效率。拟南芥(*Arabidopsis thaliana*)、水稻、毛果杨(*Populus trichocarpa*)、葡萄、番木瓜(*Carica papaya*)、巨桉(*Eucalyptus grandis*)等植物均由第一代测序技术完成。总的来说，第一代测序具有读长较长、精度高的特点，但因存在效率低、成本高等缺点，限制了其应用范围，目前常用于PCR产物测序等。

1.2.1.2 第二代 DNA 测序

为了克服 Sanger 测序不足，第二代测序技术得到了开发应用，又称下一代测序（NGS）、高通量测序（HTS）、大规模平行测序（MPS），与第一代测序技术相比，第二代测序技术采用矩阵分析技术实现了大规模平行测序，无须电泳，边合成边测序，成本大大降低，测序速度大幅提高。第二代测序中比较有代表性的是 Roche 公司的 454、Illumina 公司的 Solexa、ABI 公司的 SOLID 系统。经过逐年发展，其中 Illumina 测序逐渐占据了第二代测序市场的主流。

Illumina 测序主要分为 4 个步骤：①DNA 待测文库构建。超声波打断待测 DNA，两端加接头构建单链 DNA 文库。②单链 DNA 的固定。测序芯片上已提前连接与文库接头相配对的接头，将待测 DNA 片段放入流通池内时，因两端都有接头，根据碱基配对原则，可被吸附固定形成桥。③桥式 PCR。以芯片上固定的接头为引物进行桥式 PCR 扩增，依赖聚合酶的延伸和甲酰胺变性的交替循环，每个模板可产生约 1 000 个拷贝，最终形成成簇的待测模板。④测序。以待测的成簇 DNA 为模板，边合成边测序。每次延伸 1 个核苷酸，未使用的核苷酸和 DNA 聚合酶分子被洗脱，光学系统通过称为 tiles 的成像单元扫描流池的每一条通道，一旦成像完成，开始另一轮循环。利用 Illumina 测序，完成的植物基因组测序包括胡杨（*Populus euphraica*）、银杏（*Ginkgo biloba*）、茶（*Camellia sinensis* var. *assamica*）、挪威云杉和石榴（*Punica granatum*）等。

相比第一代 Sanger 测序技术，第二代测序实现了高通量、大规模平行测序，测序效率得到了极大提高，降低了测序成本，得到了广泛应用。第二代测序技术的迅猛发展，加速了物种全基因组研究的进程。但相比较第一代测序技术，第二测序技术也有明显的不足之处，如测序读长短，对于后续拼接与组装等生物信息学分析带来了较大难度；同时因依赖于 PCR 扩增，原始精度较差。

1.2.1.3 第三代 DNA 测序

第三代测序技术具有读长长、通量高等优点，以 Helicos 公司的 Heliscope 单分子测序技术、太平洋生物科学（Pacific Biosciences，PacBio）公司的单分子实时测序（Single molecule real time，SMRT）技术和牛津纳米孔技术（Oxoford Nanopore Technologies，ONT）公司的纳米孔技术（Nanopore sequencing）为代表。当前市场占有率较高的是 PacBio SMRT 测序技术和纳米孔测序技术。

1. 单分子实时测序（SMRT）技术

SMRT 应用了边合成边测序的原理，其核心是零模波导（ZMW）纳米结构。每个 ZMW 下固定有 DNA 聚合酶，将荧光标记的核苷酸合并到互补的测序模板上，对单个荧光分子进行光学研究。首先将待测序 DNA 打断，通过将通用发夹环连接到片段末端，杂交上接头测序引物，大片段的 DNA 片段生成 SMRTbell 模板，无须模板扩增可对双链 DNA 片段的意义链和反义链进行连续测序，缩短了样品制备时间。每个 ZMW 底部固定的 DNA 聚合酶可与模板的任一发夹接头序列结合，序列合成时，当荧光染料标记的核苷酸掺入新生的链中时，因 4 种核苷酸荧光基团不同，标记的磷酸基团产生的光谱可被检测到，而识别

出相应的碱基。基于单分子实时测序技术,已完成了向日葵列当(*Orobanche cumana*)、埃及列当(*Phelipanche aegyptiaca*)、乌桕(*Triadica sebifera*)和洋桔梗(*Eustoma grandiflorum*)等植物的全基因组测序。

2. 纳米孔测序技术(Nanopore sequencing)

纳米孔测序技术由牛津纳米孔技术(ONT)公司开发,将蛋白质纳米孔(nanopore)镶嵌在高电阻率的薄膜上,马达蛋白在膜两侧电压作用下解螺旋核酸分子形成单链分子穿过纳米孔,由于4种碱基的空间构象不同,通过纳米孔时会产生不同的离子流波动,判断出对应的碱基,实现高速实时测序。

纳米孔技术测序具有实时监测、读长超长等优点。然而,较高的错误率仍是阻碍其应用的关键,DNA单链通过纳米孔是随机的,再加上离子阻碍电流信号,致使错误率难以控制,因而需要与成熟的测序技术联合使用以提高准确率。单分子纳米孔测序技术需要向着更高通量、更高的准确率以及更高的自动化程度方向发展。随着技术的不断提升,将在科学研究中发挥越来越重要的作用。基于纳米孔测序技术,已完成了绿春钟萼草(*Lindenbergia luchunensis*)、枇杷(*Eriobotrya japonica*)、常绿越橘(*Vaccinium darrowii*)、狭叶油茶(*Camellia lanceoleosa*)等植物的全基因组测序。

第三代测序技术与第二代测序技术相比有着进一步的模式转变,包括两个突出特点:一是测序过程无须PCR扩增,二是荧光或电流信号都可以在互补链加核苷酸的酶反应中被检测到。其读取序列更长、测序通量更高且节省试剂成本,缺点是错误率较第二代测序高,这一问题可通过提高测序覆盖度加以纠正。

1.2.1.4 三代测序技术的比较

第一代测序技术具有精度高的特点因测序效率低、费用高等原因,目前常用于PCR产物的测序等;第二代测序技术因具有高通量、较高准确率等优势,仍有广泛应用,目前常用于基因组调研、三代数据的纠错、全基因组重测序、甲基化测序、转录组测序等;第三代测序技术凭借超长读长等独特优势,得到了快速发展,目前已成为基因组从头测序(*de novo*)的首选,通常用于全基因组重测序,甲基化测序、全长转录组测序等。三代测序技术在市场中都有各自的应用领域,目前利用第三代+第二代测序技术是植物全基因组测序的主流策略。

1.2.2 基因组辅助组装技术的发展及应用

近年来,Hi-C技术、BioNano光学图谱、10X Genomics等基因组辅助组装技术的应用,显著提升了基因组组装的质量。

1.2.2.1 Hi-C 测序

Lieberman-Aiden等于2009年、Belton等于2012年均报道了一种叫作Hi-C的方法。主要过程包括细胞与甲醛交联;交联的DNA由限制性内切酶处理产生黏性末端;生物素补平末端;连接酶连接DNA片段;纯化DNA并剪切,捕获生物素标记的DNA,制作文库;Illumina双端测序可以获得全面的染色质相互作用数据。

在得到的测序数据集中，染色体内的互作远大于染色体间的互作，且同一染色体内线性距离越近互作越强，即使相互作用的概率随线性距离迅速衰减，在同一染色体上相距200 Mb的位点也比在不同染色体上的位点更有可能互作。Burton等开发了连接相邻染色质使支架在原位（Ligating adjacent chromatin enables scaffolding in situ，LACHESIS）的算法，首先Contig或Scaffold按照染色体分组进行聚类；其次，对每个染色体组内的Contig或Scaffold进行排序；最后为单个Contig或Scaffold分配相对方向，可实现染色体水平的组装。近年来，Hi-C技术凭借比物理图谱和遗传图谱方法更高的覆盖率、可靠性、准确性和操作简便性，在基因组组装方面得到了广泛的应用。

1.2.2.2 BioNano 光学图谱

Schwartz等于1993年提出了一种利用光学显微镜快速构建染色体物理图的方法。在琼脂糖凝胶中固定后，用荧光显微镜对限制性酶切的细长的单个DNA分子（大小为0.2~1.0 Mb）成像。所得限制性片段的大小由相对荧光强度和表观分子轮廓长度决定。在不依赖克隆或扩增序列进行杂交或分析凝胶电泳的情况下，从基因组DNA中创建了有序的限制性图谱。随着技术的发展，光学图谱有了飞速的突破。Riehn等于2005年报道了在直径为100~200 nm的纳米通道中使用限制性内切酶对DNA分子进行了限制性映射，即纳米流体设备限制性酶切作图。Lam等于2012年报道一种含有纳米通道的纳米流控芯片，可以使长DNA分子保持一致的、均匀的伸长状态。荧光标记的DNA分子被吸引到纳米通道中，静止不动，并在仪器上自动成像。当前最新的BioNano Saphyr光学基因组图谱仪，不仅简化了操作流程，而且通量大幅提升，能更好地进行基因组组装拼接应用。

1.2.2.3 10X Genomics 技术

10X Genomics公司开发了一种新型的用于基因组辅助组装测序技术，利用微流体技术来进行微滴分离，并在高分子量（HMW）DNA上添加标签序列制备文库，通过Illumina二代测序，生成一种能够提供短读长测序数据在基因组中上下文信息的全新数据类型Linked-Reads（https://www. 10xgenomics. com/cn/linked-reads/）。Zheng等2016年报道了Linked-Reads的测序流程：将载有引物和条形码寡核苷酸的凝胶珠与DNA和酶的混合物混合，然后在微流控双十字节点上混合油表面活性剂溶液；含有小滴的凝胶珠流向一个储液器，凝胶珠溶解，启动引物延伸，纯化后构建文库，进行Illumina测序。具有相同条形码标记（Barcode）的短读序可产生数十到上百KB的Linked-Reads，可以得到原先的长片段DNA序列信息用于基因组辅助组装。近年来，10X Genomics技术凭借可提供超长的跨度信息，在植物基因组辅助组装方面得到了不少应用。

1.3 木兰类系统进化研究进展

1.3.1 被子植物分类概述

随着分子生物学的兴起，被子植物系统发育研究取得了举世瞩目的进展，被子植物分类学的观点发生了革命性的变化。1998 年,由多名学者组成的被子植物系统发育组(APG)提出了基于分子数据的 APG 系统,该系统是以分支分类学和分子系统学为研究方法提出的被子植物新分类系统,之后进行了 3 次修订。APG 系统改变了传统的以化石记录、物种形态和生理学特征的系统发育研究,对被子植物系统学研究产生了重大影响,目前 APG 系统是被广泛接受的被子植物分类系统。依据 APG 最新分类系统,被子植物包括被子植物基部群和核心被子植物,核心被子植物包括真双子叶植物(Eudicots)、单子叶植物(Monocots)、木兰类植物(Magnoliids)、金粟兰目(Chloranthales)、金鱼藻目(Ceratophyllales)5 个分支。其中真双子叶和单子叶植物最为丰富,木兰类植物为第三大分支。

1.3.2　木兰类在被子植物中的系统进化

近年来关于木兰类的进化地位已成为植物系统发育研究的热点。总体来说,真双子叶、单子叶和木兰类三个分支之间进化关系的拓扑结构包括以下 3 种:①[木兰类+(真双子叶+单子叶)];②[单子叶+(真双子叶+木兰类)];③[真双子叶+(木兰类+单子叶)],如图 1-3 所示。

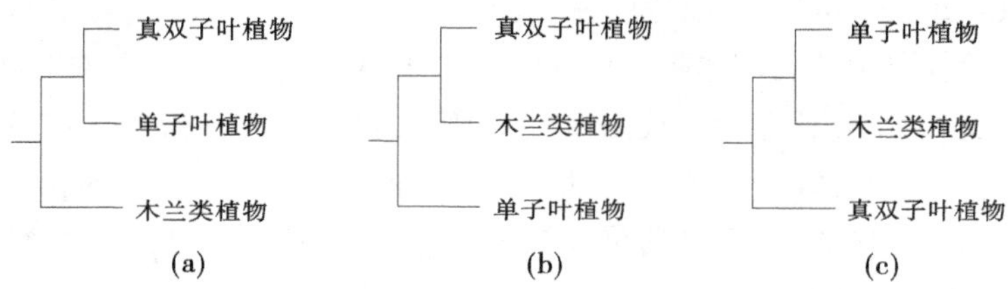

图 1-3　木兰类、真双子叶、单子叶植物之间的进化关系

植物细胞中包含核基因组、质体基因组和线粒体基因组 3 套基因组,其中核基因组蕴含丰富的遗传信息,在系统发育研究中应用潜力更大,可加深对植物系统发育和进化的理解。在被子植物中,已测序的核基因组(https://www.plabipd.de/plant_genomes_pa.ep)大都为真双子叶植物或单子叶植物。当前木兰类植物仅有牛樟、鳄梨、山苍子、楠木、香樟、豹皮樟、蜡梅、柳叶蜡梅、鹅掌楸、黑胡椒、流苏马兜铃、望春玉兰、刺果番荔枝等少数植物被公开报道并进行了全基因组测序,大多对木兰类的进化地位进行了探讨,但结果并不一致。

1.3.2.1　支持木兰是单子叶+真双子叶植物的姐妹[见图 1-3(a)]

Chen 等对鹅掌楸核基因组进行了测序,基于 17 个物种的 502 个低拷贝(每个物种不超过 2 个)基因树共得出了 3 种拓扑结构,分析表明任一种均缺乏统计学意义,并认为是木兰类、真双子叶、单子叶植物共同的祖先快速多样化造成的,为此利用氨基酸并联法构建了物种树,同时分别利用 78 个叶绿体基因及单子叶、真双子叶植物特有的基因进行了系统发育分析,均支持木兰类是单子叶+真双子叶植物的姐妹。Hu 等在对黑胡椒核基因组测序的基础上,基于 21 个物种中确定的 82 个单拷贝基因集,利用氨基酸串联法,支持木兰类是单子叶+真双子叶植物的姐妹。Rendón-Anaya 等对鳄梨核基因组进行了测序,基于 19 个物种确定的 176 个单拷贝,基于蛋白序列认为鳄梨是单子叶+真双子叶植物的姐妹;CDS 序列认为鳄梨是单子叶植物的姐妹。利用 4 694 个低拷贝基因组认为鳄梨是真双子叶植物的姐妹。利用成千的共线性直系同源对邻接法,认为鳄梨是单子叶+真双子叶植物的姐妹。通过对鳄梨在被子植物中 3 种位置的评估,最终认为纯粹从生物学的原因可能是无法区分的。而基于 FR 模型下的 AIC 对比认为鳄梨是单子叶+真双子叶植物的姐妹是优选的。Chen 等对楠木核基因组进行了测序,基于 18 个物种的 292 个单拷贝基因组构建了 5 种进化树,其中 3 个树(贝叶斯法、氨基酸串联和并联法)支持木兰类是单+双单子叶+真双子叶植物的姐妹;2 个树(核苷酸串联法和并联法)支持木兰类是单子叶植物的姐妹。本书观点支持贝叶斯树。Zhang 等对豹皮樟核基因组进行了测序,利用 13 个物种(无油樟作为外群)核基因组的 71 个单拷贝基因集,构建的核苷酸与氨基酸串联树,支持木兰类是真双子叶的姐妹;构建的氨基酸并联树支持木兰类是单子叶+真双子叶植物的姐妹,且认为黑胡椒与单子叶和真双子叶植物关系更近。并认为由于 ILS 存在的可能性,更倾向于木兰类为单子叶+真双子叶植物的姐妹。此外,Yin 等在厚朴、Dong 等在望春玉兰的基因组测序分析结果均支持木兰类是单子叶+真双子叶植物的姐妹。

1.3.2.2 **支持木兰类是真双子叶植物的姐妹[见图 1-3(b)]**

Chaw 等对牛樟核基因组进行了测序,基于 13 个物种确定的 211 个单拷贝基因集,利用氨基酸串联法和并联法 2 种方法支持木兰是真双子叶植物的姐妹,同时该拓扑结构还得到了包括 22 个木兰类植物的转录组数据的支持(尽管 BS 有点低)。在柳叶蜡梅基因组测序分析中,Lv 等基于 17 个物种的 103 个单拷贝基因集的氨基酸串联树以及 1 420 低拷贝基因并联树的 2 种方法均支持木兰是真双子叶植物的姐妹,Shang 等对蜡梅基因组进行了测序,利用 Ortho MCL 软件鉴定基于 17 个物种的 213 个单拷贝,以及为避免同源鉴定中可能出现的错误,利用 Sonic Paranoid 软件鉴定了 216 个单拷贝,基于 2 套单拷贝基因集,分别构建了氨基酸串联树和氨基酸并联树共计 4 种树形均支持木兰类是真双子叶植物的姐妹。然而,基于 26 个物种的 38 个叶绿体单拷贝基因,利用氨基酸串联法构树结果支持木兰类为真双子叶+单子叶植物的姐妹。基于 2 420 个串联基因树,建立了 29 种植物(含转录组数据)的系统发育树,重新支持木兰类是真双子叶植物的姐妹。经进一步分析,认为木兰类是真双子叶植物的姐妹系统发育关系是相对准确的。在香樟基因组测序分析中,Sun 等基于 29 个物种(包括 12 个真双子叶植物、8 个木兰类植物、7 个单子叶植物及 2 个 ANA 级植物)的 96 个单拷贝基因集构建的多个系统发育树,主要支持木兰类是真双子叶植物的姐妹类群。

1.3.2.3 **支持木兰类是单子叶植物的姐妹[见图 1-3(c)]**

Qin 等将流苏马兜铃(*Aristolochia fimbriata*)与被子植物主要类群的代表物种进行基因组结构比较,支持木兰类为单子叶植物的姐妹群。

1.3.2.4 **认为三者关系仍未解决的**

Chen 等对山苍子核基因组进行了测序,从 BUSCO 数据库中获得了 34 种被子植物的

160个常见单拷贝基因家族,分别基于核苷酸串联和并联、氨基酸串联和并联构建了4种树。其中氨基酸并联树支持木兰类是单子叶植物的姐妹,其余3种树支持木兰类是真双子叶植物的姐妹。通过ASTRAL软件分析,提示早期核心被子植物快速分化中存在可能的ILS,因此认为三者进化关系仍未解决。

在被子植物系统发育组系统(APG)的4个不同版本中,APGⅠ、Ⅲ和Ⅳ中均认为木兰类是单子叶+真双子叶植物的姐妹,APGⅡ认为木兰类是单子叶植物的姐妹。尽管对木兰类与单子叶、真双子叶植物的系统发育进行了多年的研究,但三者之间的进化关系至今未得到很好解决,同时因木兰类植物的基因组序列样本仍然较少,也阻碍了相关研究。随着测序技术的飞速发展、测序成本的降低,越来越多的植物基因组测序数据将被公布,特别是更多木兰类植物基因组数据的破译,以及系统发育研究手段的更加成熟,相信不远的将来,关于木兰类系统发育地位会有一个业界公认的结果。

1.4 蜡梅品种分类与类黄酮生物合成途径研究进展

1.4.1 基于花色的蜡梅品种分类研究进展

蜡梅花色是品种分类的重要依据。20世纪80年代以来,蜡梅品种分类的研究十分活跃,多名学者均对蜡梅品种分类进行过研究与探讨,并对蜡梅品种分类研究进行了综述。目前尚未形成学界普遍认可的统一的分类体系。主要依据内被片颜色分类的研究有:冯菊恩依据蜡梅内被片紫纹将蜡梅品种分为素心、乔种、红心3类;姚崇怀提出以种型为一级分类标准、内被片颜色为二级分类标准,并依据内被片紫纹将蜡梅品种分为红心组、乔种组及素心组3组;孙钦花经对多地蜡梅品种形态特征的认真比较,提出以内被片紫纹作为划分品种群的一级标准,将蜡梅品种划分为素心、乔种、红心3个品种群;熊钢、芦建国等也认为内被片紫纹相对稳定、易于察觉,是蜡梅品种分类的重要依据,与孙钦花观点一致,认为该分类方法更为科学和简单实用。依据中被片颜色为一级分类标准的研究有:赵天榜以中外被片颜色为一级分类标准将蜡梅品种划分为蜡梅品种群(Praecox Group)、绿花蜡梅品种群(Viridiflorus Group)、白花蜡梅品种群(Albus Group)和紫花蜡梅品种群(Purpureus Group),同时提出以内被片紫纹作为二级分类标准;程红梅也以中被片颜色作为一级分类标准,并将蜡梅品种划分为蜡梅品种群、白花蜡梅品种群和绿花蜡梅品种群,同时提出以内被片颜色作为二级分类标准。因此,中被片及内被片颜色均是重要的分类依据,多数学者将其作为一级或二级分类标准。

蜡梅属品种国际登陆权威陈龙清教授也多次就蜡梅品种分类问题发表观点,但最终认为由于蜡梅无论是花大小、花型、花色以及内被片颜色均存在连续变异,相对而言内被片颜色变化更为明显,将蜡梅品种分为素心、晕心、红心3个品种群。本书根据研究及生产实践,也较为赞同该观点。

1.4.2 蜡梅类黄酮生物合成途径及花色研究进展

1.4.2.1 蜡梅花色成分及类黄酮合成途径

关于蜡梅花色成分研究，周明芹等认为决定蜡梅花色的成分主要是类黄酮化合物，内被片含有花色素及其苷类，与颜色深浅呈正相关。Iwashina 等检测到了槲皮素、异槲皮素、芦丁、槲皮素-3-*O*-芸香糖苷-7-*O*-葡萄糖苷和山奈酚-3-*O*-芸香糖苷（烟花苷）等 5 种黄酮醇类化合物。Li 等在蜡梅花中检测到 8 种酚类化合物中包括 3 个黄酮醇类化合物，分别为芦丁、山奈酚和槲皮素。葛雨萱等在蜡梅红色内瓣中检测到了 3 种黄酮醇和 2 种花青苷，在黄色外瓣中检测到了相同的 3 种黄酮醇。其中花青苷为矢车菊素-3-*O*-葡萄糖苷和矢车菊素-3-*O*-芸香糖苷；黄酮醇为槲皮素-3-*O*-芸香糖苷（芦丁）、山奈酚-3-*O*-芸香糖苷和槲皮素苷元。余莉和 Yang 等也得出了同样的结论，并认为中、内花被片中的黄酮醇含量无显著差异，黄酮醇合成不受花青素积累的影响。综上，蜡梅黄色花被片显色成分主要为黄酮醇类化合物，红色内花被片包括黄酮醇及矢车菊苷类化合物，红色由矢车菊苷所贡献。关于花色成分在花开放过程中的动态变化，余莉认为红心蜡梅内被片黄酮醇含量随花朵开放先升后降，而素心蜡梅则逐渐降低，红心蜡梅内被片花色苷含量随花朵开放逐渐上升；盛开期的蜡梅中被片黄酮醇含量较内被片高。葛雨萱等认为 4 个蜡梅变种黄色外瓣的总黄酮醇含量在蕾期最高，花朵开放后下降，颜色变浅；红色内瓣总黄酮醇含量也在蕾期为最高，到初花期下降幅度较大，而后趋于平稳。Yang 等研究表明红心和素心蜡梅中被片和内被片总黄酮醇含量，从绿蕾期至黄蕾期到盛花期均表现为先增后减的趋势。

花青苷是一类水溶性的类黄酮化合物，广泛存在于植物的各种器官中，使这些组织器官呈现出红、蓝、紫等不同的颜色。花青苷合成途径是植物中研究最为广泛深入的次生代谢途径，在主要模式植物中已经很清楚。花青素经一系列结构基因编码的酶（CHS、CHI、F3H、F3′H、F3′5′H、DFR、ANS 和 3GT）催化而成，经各种修饰后被转运储存至液泡等部位。Yang 等利用转录组+蛋白质组学的方法，根据代谢产物及结构基因所编码的蛋白种类，推测了蜡梅类黄酮的生物合成途径：蜡梅类黄酮途径中主要为黄酮醇支路和花青素支路，并且花青素支路主要产物为矢车菊苷。

1.4.2.2 蜡梅花色呈色分子机制及关键基因

花青苷的生物合成受结构基因和调节基因两套基因的控制，这些基因的变异可导致多种颜色变异品种的形成。结构基因编码合成途径中的酶；调节基因通过与结构基因启动子结合调节结构基因的表达，主要包括编码 MYB、bHLH 和 WD40。Yang 等比较了红心蜡梅与素心蜡梅类黄酮代谢途径结构基因表达差异，发现花青素合成酶基因 *CpANS* 是红色色素积累的开关，*CpANS* 基因在红心蜡梅品种红色内被片中特异表达，在黄色品种花被片中未检测到 *CpANS* 的表达。当 *CpANS* 表达时，花青素途径被打开，消耗二氢槲皮素和白花色素，导致花青素的积累。*ANS* 基因的结构变异或表达水平差异对植物花青素的合成及积累至关重要。如龙胆草（*Gentiana triflora*）、紫茉莉（*Mirabilis jalapa*）等植物中 *ANS* 基因是花中花青素合成的关键基因。已有研究表明，颜色较深或鲜艳的组织部位 *ANS* 基

因的表达量较高，*ANS* 基因品种特异性表达水平为深色>浅色>白色/无色品种。一般来讲，*FLS* 和 *ANS* 之间对底物二氢槲皮素的竞争决定了代谢通量向黄酮醇或花青苷生物合成的方向。在蜡梅花中，*CpFLS* 的表达模式与 *CpANS* 的表达模式呈正相关，二者不是竞争关系，由于 *F3'H* 高表达催化形成足够的底物二氢槲皮素，保证了黄酮醇支路和花青素支路生物合成途径的顺利进行。

在蜡梅花青素代谢通路关键基因研究方面，方子义克隆了红心蜡梅 *CpCHS* 启动子序列，并克隆得到可能与其互作的 MYC 类型转录因子。俞美丽在红心蜡梅中克隆得到了 *CpF3'H* 基因的全长及其启动子片段，将该基因转入其突变体的拟南芥，茎部及叶柄基部呈现出紫红色，并证实启动子片段能够与 MYB 类转录因子相互作用。宋晓惜在素心和红心蜡梅中克隆了 *CpbHLH1* 和 *CpbHLH2* 两个基因，推测其是蜡梅花被片类黄酮合成途径中的调节基因，并通过构建超量表达载体，认为两个 *CpbHLH* 基因在拟南芥中参与了调控花青素的合成。Zhao 等研究证实在转基因拟南芥和烟草植株中过表达的 *CpbHLH1* 显著降低了花青素的含量，表明 CpbHLH1 是一种抑制花青素积累的转录因子。赵世萍克隆了蜡梅 ANL2 转录因子的全长片段，并推测 CpANL2 可能调控类黄酮代谢途径中影响槲皮素合成的上游基因的表达，进而影响花青素的合成。CpANL2 可以恢复拟南芥突变体茎干颜色的表型，总体表明 CpANL2 在花青素的合成和分布方面有一定作用。

蜡梅花色研究在花色素组成、代谢通路、呈色分子机制、部分重要基因克隆及表达等方面均取得了一定的进展，但总体上还处于较为浅显的认知水平。下一步关于更多的花色素种类的分离鉴定及相关基因功能研究，有助于对花色素合成途径及调控网络有更深入的理解。虽然已清楚 2 种矢车菊苷是蜡梅内被片红色的特征代谢物，但红花蜡梅中被片呈红色的代谢物成分尚不清楚。*CpANS* 基因可能是红心蜡梅与素心蜡梅颜色差异的关键基因，但其背后的转录调控机制还需研究，因此不同花色类型蜡梅花色合成及转录调控机制还亟待深入研究。整合基因组学、转录组学、代谢组学等多组学数据，并进行基因功能验证，对于深层次解析蜡梅呈色机制及花被片类黄酮合成途径具有重要意义。

1.5 研究目的与研究内容

1.5.1 研究目的

通过研究，获得高质量的基于染色体水平的红花蜡梅基因组，为基因编辑和分子标记辅助育种提供宝贵资源；多种策略系统发育分析，为木兰类进化提供新见解；整合多组学数据，挖掘关键基因，解析红花蜡梅花色形成机制及花被片类黄酮生物合成途径，为蜡梅花色遗传改良和类黄酮开发利用奠定基础。

1.5.2 研究内容

本研究以红花蜡梅新品种‘鸿运’（*C. praecox* ‘Hongyun’）为材料，基于 PacBio 三代

测序，Illumina 二代数据纠错，Hi-C 辅助组装，开展了全基因组测序、组装和注释；通过比较基因组学研究，开展了以蜡梅为代表的木兰类植物系统进化分析；通过整合多组学数据，开展了蜡梅花被片类黄酮合成途径关键基因挖掘及调控机制分析。

1.5.2.1 红花蜡梅全基因组测序、组装与注释

利用二代 Illumina 测序技术，开展基因组调研，进行基因组大小、杂合度、重复性评估，基于 PacBio Sequel Ⅱ 测序平台进行全基因组测序，初步组装后经二代数据纠错及 Hi-C 辅助基因组组装，获得红花蜡梅染色体水平的高质量基因组序列；根据同源性、从头预测和转录组数据，进行基因组重复序列的识别、非编码 RNA 的鉴定、基因结构预测和功能注释。

1.5.2.2 红花蜡梅比较基因组与系统进化分析

利用红花蜡梅基因组，选择不同谱系的其他代表性物种，进行基因家族聚类；在直系同源基因鉴定的基础上，根据 timetree. org 查找标定时间，估算物种系统进化分歧时间；进行共线性和 Ks 分析，研究 WGD 事件与物种分化关系；选择木兰类植物、真双子叶植物、单子叶植物、被子植物基部群及外群裸子植物等不同类群的代表性植物，基于核苷酸、氨基酸串联法与并联法等多种策略，构建不同类型的物种进化树，系统研究以蜡梅为代表的木兰类进化地位。

1.5.2.3 蜡梅不同花色类型花被片靶向代谢组和转录组联合分析

选取初花期不同蜡梅花色类型的中、内花被片为实验材料，基于 UPLC-MS/MS 检测平台，开展靶向类黄酮代谢物检测，筛选不同花色类型差异代谢物，并进行差异代谢物通路分析。选取与代谢组检测相同的实验材料进行转录组测序，在基因表达定量、差异基因筛选、差异表达基因功能注释等生信分析的基础上，筛选不同花色类型花被片类黄酮生物合成途径差异表达基因。开展代谢组和转录组联合分析，筛选关键基因，解析与花色相关的蜡梅不同花色类型类黄酮代谢途径差异机制。

1.5.2.4 红花蜡梅花被片类黄酮生物合成途径关键基因挖掘与调控机制分析

根据确定的类黄酮代谢途径候选关键基因，利用基因组中注释的外显子序列及基因上游 2 000 bp 序列设计引物，克隆不同花色类型的编码及启动子序列，通过序列比较分析，研究不同花色类型的基因及启动子序列差异。基于系统发育树及共表达分析，筛选调控结构基因的转录因子，比较不同花色类型转录因子基因的编码及启动子序列差异，同时对筛选出的转录因子开展酵母双杂交、转基因及 GUS 染色等功能研究，以期深层次解析蜡梅不同花色类型花被片呈色分子机制。

1.6 技术路线

技术路线见图 1-4。

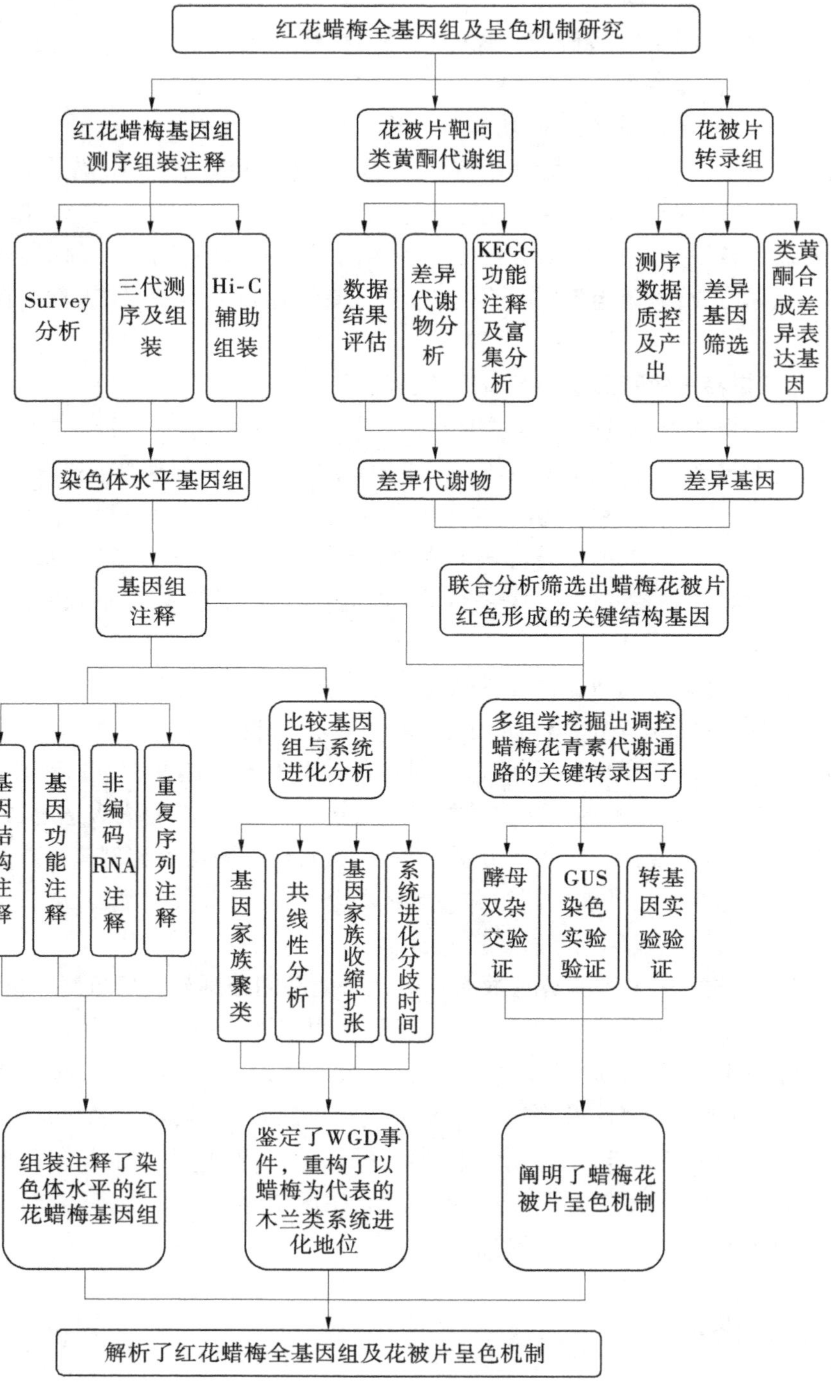

红花蜡梅全基因组及呈色机制研究

红花蜡梅基因组测序组装注释
花被片靶向类黄酮代谢组
花被片转录组

Survey分析
三代测序及组装
Hi-C辅助组装
数据结果评估
差异代谢物分析
KEGG功能注释及富集分析
测序数据质控及产出
差异基因筛选
类黄酮合成差异表达基因

染色体水平基因组
差异代谢物
差异基因

基因组注释
联合分析筛选出蜡梅花被片红色形成的关键结构基因

基因结构注释
基因功能注释
非编码RNA注释
重复序列注释
比较基因组与系统进化分析
多组学挖掘出调控蜡梅花青素代谢通路的关键转录因子

基因家族聚类
共线性分析
基因家族收缩扩张
系统进化分歧时间
酵母双杂交验证
GUS染色实验验证
转基因实验验证

组装注释了染色体水平的红花蜡梅基因组
鉴定了WGD事件，重构了以蜡梅为代表的木兰类系统进化地位
阐明了蜡梅花被片呈色机制

解析了红花蜡梅全基因组及花被片呈色机制

图 1-4　技术路线

第2章　红花蜡梅全基因组测序、组装与注释

基因组序列是开展遗传研究重要的信息基础。迄今为止,已测序植物中,主要为单子叶植物和真双子叶植物,已报道的木兰类测序物种较少。蜡梅属木兰类,依据内被片颜色,蜡梅品种被分为素心、晕心和红心 3 个品种群。Shang 等已报道了 *C. praecox* H29 基因组,测序材料属于红心品种群。红花蜡梅系新选育的资源类型,然而其遗传背景及与花色相关的类黄酮类生物合成途径尚不清楚,因此开展红花蜡梅全基因组测序、组装与注释,对于木兰类系统进化研究和蜡梅分子育种具有重要意义。

本章采用红花蜡梅新品种'鸿运'(*C. praecox* 'Hongyun')作为测序材料。利用二代 Illumina 测序数据进行基因组大小、杂合度、重复性评估,基于三代 PacBio SMRT 的策略,开展蜡梅 *De novo* 组装,经二代数据纠错,并利用 Hi-C 辅助组装,获得红花蜡梅染色体水平的高质量基因组序列。根据同源性、从头预测和转录组数据,进行基因组重复序列的识别、非编码 RNA 的鉴定、基因结构预测和功能注释。

2.1　材料与方法

2.1.1　植物材料与核酸提取

2.1.1.1　植物材料

从 7 年生的红花蜡梅新品种'鸿运'植株上采集植物材料(红花蜡梅 Rubrum wintersweet, RW),采集嫩叶用于基因组调研和全基因组测序。不同时节采集根、茎、叶、花和果实进行转录组测序。所有采集的组织用锡箔纸包好后立即用液氮速冻,带回实验室后于-80 ℃冰箱保存。

2.1.1.2　DNA 提取方法

总 DNA 提取采用十六烷基三甲基溴化铵(CTAB)法,样品通过 Qubit dsDNA HS 分析试剂盒(Invitrogen,Thermo Fisher Scientific,美国)、NanoDrop 及琼脂糖凝胶电泳质检合格后用于后续建库测序。

2.1.1.3　RNA 提取方法

总 RNA 提取使用 RNA prep pure Plant RNA Purification Kit 试剂盒(天根生物科技,中国北京),按说明书操作。样品经 NanoDrop2000(NanoDrop Technologies,美国)、琼脂糖凝胶电泳及安捷伦 2100 生物分析仪(Agilent Technologies,美国)质检合格后用于建库测序。

2.1.2　基因组调研

2.1.2.1　实验流程

实验流程按照 Illumina 公司的标准 Protocol 执行,提取基因组 DNA,构建小片段文库进行测序,分为以下四个步骤:

(1)文库构建。将合格的基因组 DNA 通过物理破碎法(超声波震荡)破碎至目的片段(350 bp),经片段筛选、两端加引物和 PCR 扩增等步骤构建小片段测序文库。

(2)文库质检。利用安捷伦生物分析仪 2100 和 Q-PCR 检测文库。

(3)芯片固定。将文库加到芯片上进行桥式 PCR 扩增。

(4)上机测序。基于 Illumina Novaseq 6000 platform 平台进行双端测序(PE 150),测序数据经质控后用于下一步生信分析。

2.1.2.2 信息分析流程

PE 150 数据经评估(GC 分布、Q20 与 Q30 评估)过滤后得到有效数据(Clean date 或 Clean reads),用于与 GC 含量与杂合率统计、基因组大小及组装后的评估等。分析流程为:数据过滤与统计→GC 含量统计→污染评估→质体含量评估→K-mer 分析(包括基因组大小、杂合度及重复序列估计)→确定基因组精细图组装策略。

2.1.3 基因组测序

2.1.3.1 PacBio 建库三代测序

使用 Sequel Ⅱ Binding Kit 1.0、Sequel Ⅱ Sequencing Kit 1.0 与 Sequel Ⅱ SMRT Cell 8M 进行测序,使用 SMRT LINK 7.0 软件进行数据处理。

2.1.3.2 Hi-C 建库二代测序

实验流程为:多聚甲醛处理细胞,固定 DNA 构象→裂解细胞,限制性内切酶处理产生黏性末端→补平修复 DNA 末端,生物素标记寡核苷酸末端→连接 DNA 片段→解除交联,纯化 DNA 随机打断成 300~500 bp 片段→亲和素磁珠捕获生物素标记的 DNA,建库、质检→基于 Illumina Novaseq 6000 平台双端(PE 150)测序。

对质控得到的 Clean Data,使用 BWA 软件数据比对至基因组草图(Draft genome),过滤掉单端比对 Read,使用 Lachesis 软件去除酶切位点 500 bp 以外的序列,获得用于辅助组装的数据。

2.1.4 基因组组装

2.1.4.1 组装流程

首先使用组装软件 mecat2 组装得到原始结果;采用 Smrtlink 7.0 的软件 Arrow(参数 MinCoverage=15,其余参数为默认)对组装结果进行纠错,通过软件 Pilon(v1.22)基于二代数据再进行 Polish;再利用 Hi-C 进行辅助组装,获得辅助组装基因组。

2.1.4.2 辅助组装结果准确性评估及纠错

利用 Juicer 软件将辅助组装后的基因组构建互作图谱,按照互作图谱染色体内互作强、线性距离近互作强的特点,校正互作图谱中发现的 Contig 顺序、方向或内部的组装错误。

2.1.5 基因组注释

基因组注释主要包括重复序列注释、基因结构预测和功能注释、非编码 RNA 的注释

三个方面。

重复序列注释是结合基于重复序列特征的 *De novo* 从头预测（Trf 与 LTR-FINDER 软件）、基于 RepBase 库（http://www.girinst.org/repbase）的同源预测（Repeat Masker 与 Repeat Protein Mask 软件）以及基于自身序列比对的预测（Repeat Modeler、Piler 与 Repeat Scout 软件）。

基因结构预测包括：*De novo* 从头预测（Augustus、Genscan、Glimmer HMM 等软件）；利用至少 2~3 个近缘种的 homolog 同源预测；cDNA/EST、三代全长转录组、二代 RNA-seq 预测等。然后利用 MAKER 软件，将以上方法预测结果整合成一个非冗余完整的基因集，同时通过整合 BUSCO 结果，使用 HiCESAP 流程获得最终可靠的基因集。最后利用 SwissProt、TrEMBL、KEGG、InterPro、GO 和 NR 等外源蛋白数据库对获得的基因集进行功能注释。

非编码 RNA 的注释包括：①rRNA 注释。根据 rRNA 的高度保守性，基于近缘物种 rRNA 序列，通过 BLASTN 比对搜寻。②tRNA 注释。根据 tRNA 结构特征，利用 tRNAscan-SE 软件在基因组中搜寻。③miRNA 和 snRNA 注释。基于 Rfam 数据库，使用比对软件 INFERNAL 在基因组中搜寻。

2.2　结果与分析

2.2.1　基因组特征评估

2.2.1.1　测序结果统计

测序并过滤得到 68.76 Gb 高质量的数据，测序结果见表 2-1。由表 2-1 可知测序深度约 89×，Q20 和 Q30（指测序质量值在 20 和 30 以上的碱基比例）分别达 97.49% 和 92.74%。

表 2-1　测序结果统计

文库	数据量/Gb	测序深度/×	Q20/%	Q30/%
350 bp	68.76	89.75	97.49	92.74

2.2.1.2　样本质量评估

1. 样品污染评估

受到污染的样品会影响对基因组特征的评估。为此，随机取 10 000 条单端 Read，利用 BLAST 软件与 NT 库进行比对。如果比对上动物、微生物等进化距离较远物种的 Read 占有一定比例，说明可能存在污染。能够比对上 NT 库的 Read 占总数的 12.5%（见表 2-2）。由表 2-2 可知，比对到光叶红蜡梅（*C. fertilis*）的 Read 占比数为 44%，且未发现异常比对，表明该样品不存在污染，可用于基因组调研图分析。

表 2-2　350 bp 文库 NT 库比对

物种	比对百分比/%
光叶红蜡梅 *C. fertilis*	44.00
北美鹅掌楸 *Liriodendron tulipifera*	5.60
白野槁树 *Litsea glutinosa*	4.80
番茄 *Solanum lycopersicum*	3.20
美国蜡梅 *C. floridus*	2.40
鹅掌楸 *L. chinense*	2.40
杜仲 *Eucommia ulmoides*	1.60
浙江蜡梅 *C. zhejiangensis*	1.60
陆地棉 *Gossypium hirsutum*	1.60
塞子木 *Leitneria floridana*	1.60
蜡梅 *C. praecox*	1.60
潘那利番茄 *Solanum pennellii*	1.60
蒺藜苜蓿 *Medicago truncatula*	1.60
白果槲寄生 *Viscum album*	1.60
无油樟 *Amborella trichopoda*	1.60
葡萄 *Vitis vinifera*	1.60
柳叶蜡梅 *C. salicifolius*	1.60
其他物种	20.00

2. 核外 DNA 含量评估

测序文库中核外 DNA 含量过高会影响调研图的分析和后期基因组组装的准确性。为此，利用 SOAP 软件将测序结果与蜡梅的叶绿体序列（D89558.1，1 462 bp）进行比对。比对上的单端 Read 数为 132 714，双端 Read 数为 147 362，占总 Read 数约 0.03%，比例均远远低于经验值 5%，比对统计结果见表 2-3。表明核外 DNA 含量很低，不影响后续分析。

表 2-3　350 bp 文库 SOAP 比对结果统计

类别	比对上 Read 数	总 Read 数	占比/%
双端比对	147 362	918 183 280	0.03
单端比对	132 714	918 183 280	0.03

2.2.1.3　基因组特征评估

根据基因组测序数据的碱基分布情况，可以大致估计基因组的基本特征，包括基因组大小、重复序列比例、杂合情况、GC 含量评估。

1. 基因组大小、重复序列比例和杂合率评估

Kmer 是长度为 k 的寡聚核苷酸序列，由测序数据滑窗提取。使用 350 bp 文库构建 $k=17$ 的 Kmer 分布图（见图 2-1），标准的 Kmer 深度分布曲线呈正态分布，基因组杂合度和重复序列比例可根据实际曲线偏离正态分布的程度进行估算。由图 2-1 可知，主峰对应的 Kmer 深度（平均 Kmer 深度）为 78。主峰对应深度 2 倍以上的序列即深度大于 156 的序列为重复序列；主峰对应深度一半处的序列即深度 39 附近的序列为杂合序列。项目总 Kmer 数为 61 401 892 752 个，去除深度异常的 Kmer 后，可用于基因组长度估计的 Kmer 数为 60 068 794 638 个，估算出基因组长度约 766.16 Mbp，重复序列约占 62.53%，无明显杂合峰，杂合度约 0.13%，杂合度较低。因此，红花蜡梅基因组属高重复的复杂基因组。

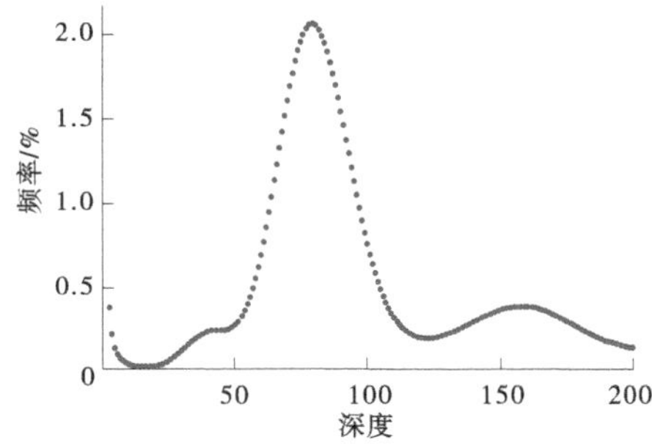

图 2-1　$k=17$ 的 Kmer 分布

2. GC 含量评估

基因组 GC 含量是评估调研图分析准确性和基因组组装难度的重要指标之一，过高（>65%）或过低（<25%）均会导致测序偏向性，严重影响分析结果。通过对测序数据分析，基因组 GC 含量约 37.39%，较为适中，不影响分析。

综上所述，红花蜡梅基因组大小约为 766.16 Mbp，重复序列约占 62.53%，杂合率约为 0.13%，GC 含量约为 37.39%，属高重复的复杂基因组。

2.2.2　测序数据统计分析

2.2.2.1　PacBio 建库三代测序数据

1. ZMW 孔内分子数据统计

SMRTbell 文库分子随机进入零模波导（ZMW）孔内，分子数量分布见表 2-4。只有包含一个分子的 ZMW 产出的才是有效的数据。

表 2-4　ZMW 孔内分子数量情况

芯片孔	ZMW 总数	不含 Read 的 ZMW 占比/%	包含一条 Read 的 ZMW 占比/%	包含两条或多条 Read 的 ZMW 占比/%
B01	8 014 654	37.40	61.51	1.09

2. 测序数据质量统计

PacBio 原始的测序 Read 称为 Polymerase reads(包含哑铃型文库两端接头),从接头处打断并过滤掉接头后的序列为 Subread。本次测序有效数据量(Polymerase reads bases)、有效数据数目(Polymerase reads)、序列平均长度(Average polymerase reads length)、序列 N50 长度(Polymerase reads N50)、最长 Subread 的平均长度(Average longest subreads length)、最长 Subread 的 N50 长度(Longest Subreads N50)见表 2-5。由表 2-5 可知红花蜡梅样本产出数据量为 149.5 Gb。

表 2-5 样本测序数据质量统计

有效数据量/bp	有效数据数目	序列平均长度/bp	序列 N50 长度/bp	最长 Subread 的平均长度/bp	最长 Subreads N50 长度/bp
149 532 779 952	4 929 441	30 335	51 587	22 869	34 447

3. 测序数据聚合酶序列长度分布

过滤低质量数据后,Polymerase reads 的长度分布见图 2-2。

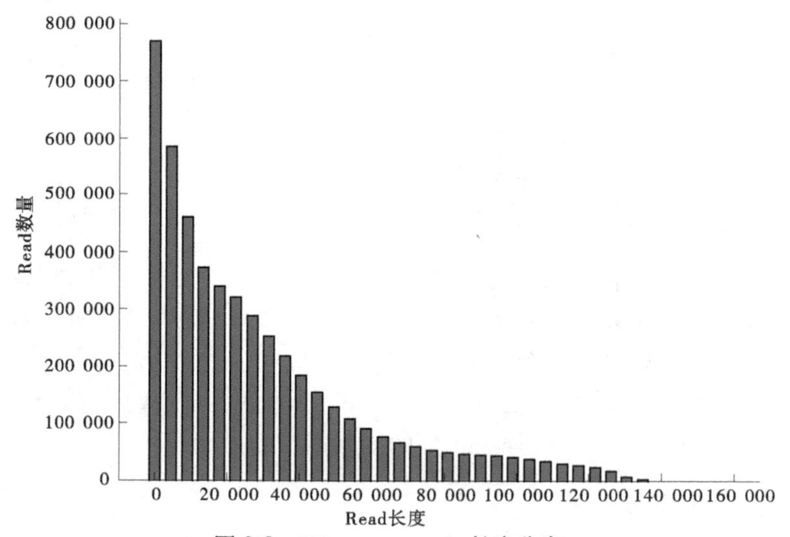

图 2-2 Polymerase reads 长度分布

4. 测序数据 Subread 统计

Subread 的数据统计见表 2-6。

表 2-6 Subread 的数据统计

总数据量/bp	Subread 数目	平均 Subread 长度/bp	Subread N50 长度/bp
149 449 628 151	6 767 070	22 085	32 112

2.2.2.2 Hi-C 建库二代测序数据

1. 测序数据质量评估

该项目总共测序了 1 组数据,去除低质量 Read 获得 Clean reads(见表 2-7)。

表 2-7　测序数据质控

Read 数量	碱基数/bp	Read 长度/bp	Q20/%	Q30/%
516 125 510×2	76 585 113 307;76 740 207 718	148;148	98.0;97.8	93.5;92.8

注:表中的 2 个数值分别代表双端测序 Read1 和 Read2 对应的值。

(1)测序碱基含量分布。根据碱基互补原则,A 和 T 的比例、C 和 G 的比例应该接近,碱基 ATGC 的含量分布可在一定程度上反映测序是否正常,而 N 的含量反映了测序质量的好坏。从图 2-3 可知碱基含量分布正常。

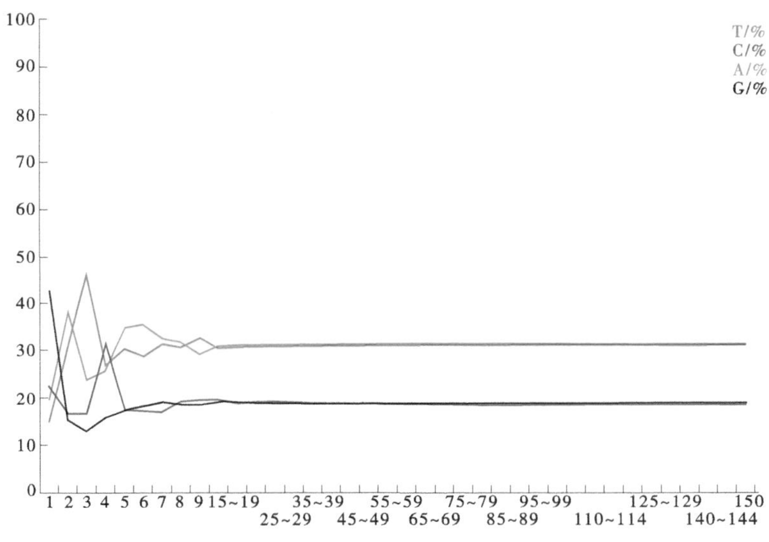

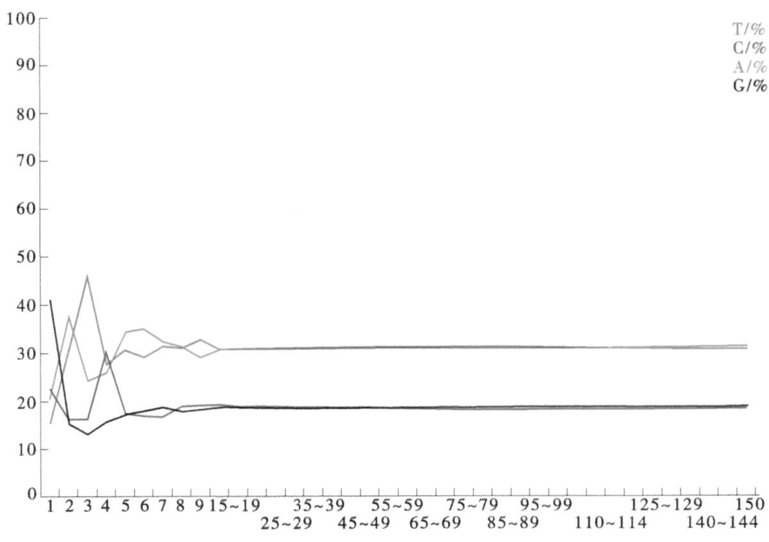

注:横坐标表示碱基在 Read 中的位置,纵坐标表示在所有碱基中的含量。

图 2-3　测序碱基含量分布示意

（2）测序质量分布。测序数据的每一个碱基都有一个质量值，质量值的高低决定了测序的准确性。沿5′-3′方向统计测序Read每个碱基的质量值（见图2-4），根据测序特点，片段末端的碱基质量值一般会比前端的低。

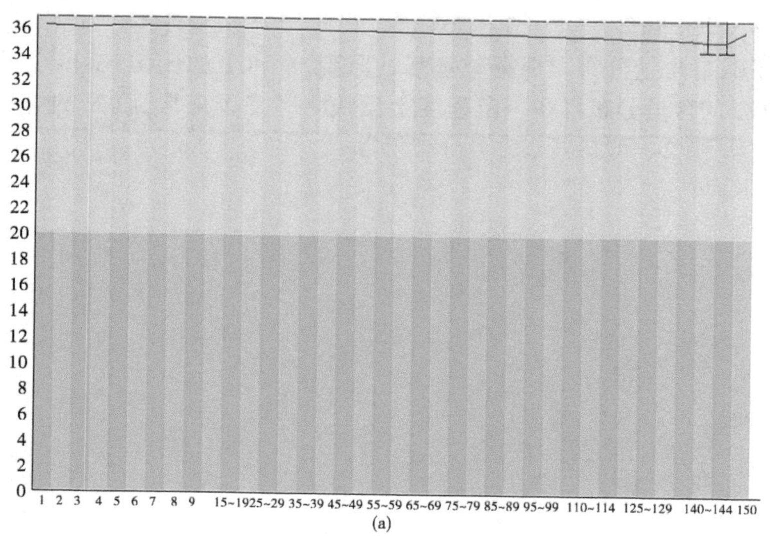

(a)

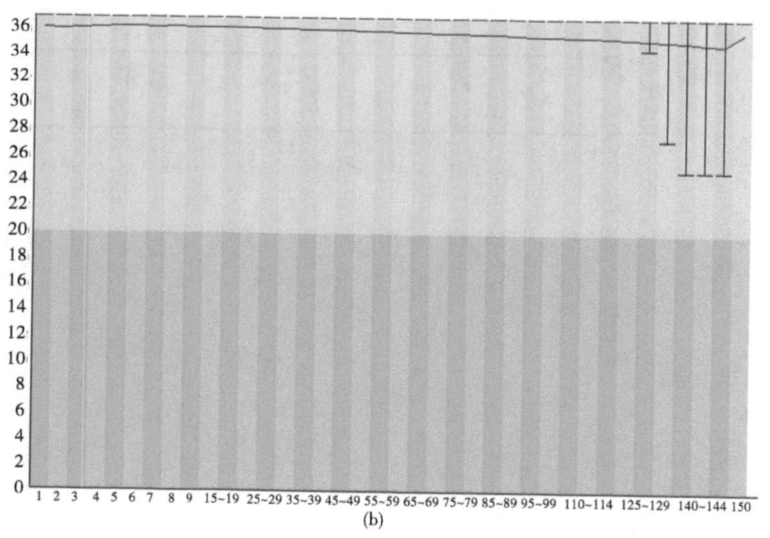

(b)

注：横坐标表示碱基在Read上的位置，纵坐标表示所有碱基的质量值。

图2-4 测序质量分布示意

（3）测序数据GC含量分布。PCR扩增效率受GC含量影响，会造成测序中对不同GC含量的测序片段存在一定的偏好性。但整体上测序结果应该与该物种全部GC含量理论分布一致。本次测序GC含量分布情况见图2-5，表明结果正常。

2. 数据比对及过滤

数据比对到Contig上的结果见表2-8，由表2-8可知，比对到Contig上且成对的Read

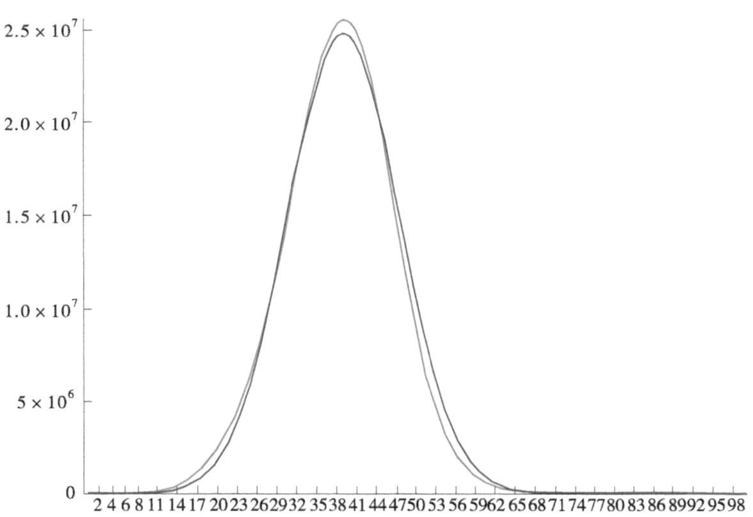

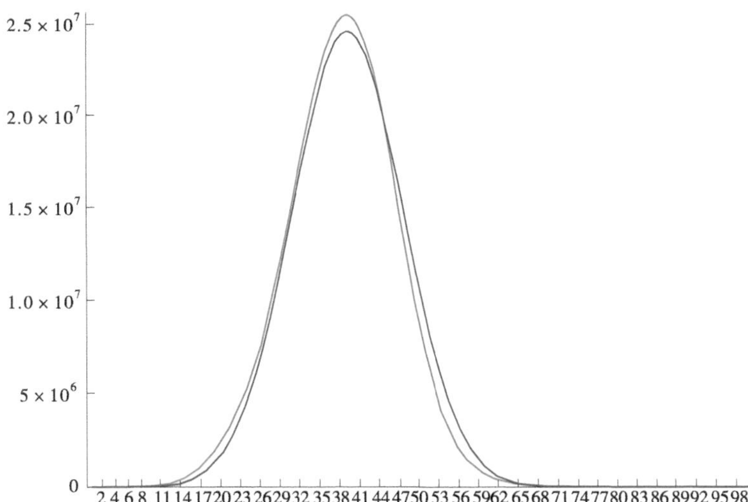

注：横坐标表示平均 GC 含量，纵坐标表示所有序列的 GC 分布；
红线为每条 Read 的 GC 含量分布；蓝线为 GC 含量理论分布

图 2-5　测序数据 GC 含量分布示意

pairs 占比达 96.61%，说明测序数据质量较高。

表 2-8　数据比对及过滤统计

类别	Read 数量	百分比/%	说明
有效数据	1 032 251 020	100	占有效数据的比例
可比对到 Contig 上且成对的 Read pairs	997 308 687	96.61	

续表 2-8

类别	Read 数量	百分比/%	说明
PE reads 中两条分别比对到不同的 Contig（或 scaffold）的 Read 数	325 402 356	32. 63	占可比对到 Contig 上且成对的 Read pairs 的比例
PE reads 中两条分别比对到不同的 Contig（or scaffold）的 Read 数（比对质量≥5）	256 160 251	25. 69	

2. 2. 3　基因组组装结果与评估

2. 2. 3. 1　Hi-C 辅助组装结果与评估

1. 组装结果

红花蜡梅基因组序列原始草图长度 0. 74 Gb；初步组装的 Contig N50 = 8. 13 Mb，共 661 条 Contig。表 2-9 中统计了辅助组装后各 Superscaffold 中 Contig 数量、长度及 Superscaffold 长度。组装纠错过程中将原始的 661 条 Contig 中依据互作图谱将错误 Contig 打断（共形成 667 条 Contig），对其排序后，构建全基因组互作图谱（见图 2-6），符合互作规律，表明 Hi-C 辅助组装结果良好。

表 2-9　红花蜡梅基因组 Hi-C 辅助组装结果

Superscaffold	Contig 数量	Contig 长度	Superscaffold 长度
Superscaffold1	77	73 966 448	74 004 448
Superscaffold2	107	73 140 615	73 193 615
Superscaffold3	45	69 867 178	69 889 178
Superscaffold4	14	69 335 901	69 342 401
Superscaffold5	58	66 225 269	66 253 769
Superscaffold6	19	63 904 627	63 913 627
Superscaffold7	41	63 360 190	63 380 190
Superscaffold8	24	58 939 043	58 950 543
Superscaffold9	43	58 104 491	58 125 491
Superscaffold10	20	55 586 088	55 595 588
Superscaffold11	45	48 332 400	48 354 400
总计	493	700 762 250	701 003 250

注：Superscaffold 长度为将 Contig 连在一起且每两个 Contig 之间插入 500 个“N”之后的总长度。

经 Hi-C 辅助组装，确定红花蜡梅基因组染色体长度为 0. 70 Gb，Contig N50 = 8. 52 Mb，Superscaffold N50 = 66. 25 Mb，Contig 长度锚定率为 95. 11%，Contig 数量锚定率为 73. 91%（见表 2-10）。

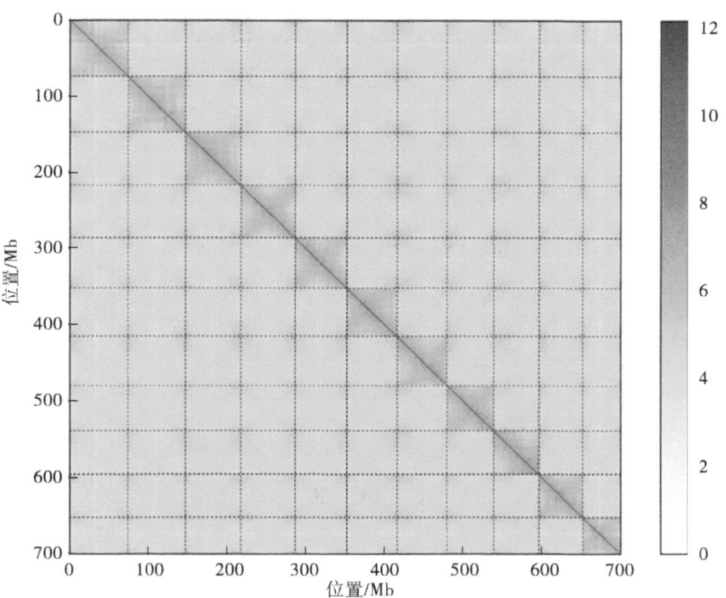

注：图中颜色深表示互作强，11 个深色方块为红花蜡梅的 11 对染色体。

图 2-6　Hi-C 互作热图

表 2-10　Hi-C 辅助组装总体统计

类别	总长度/bp	Contig 数量	Contig N50 长度/bp	Scaffold 数量	Scaffold N50 长度/bp
Hi-C 辅助组装前草图序列	736 789 454	661	8 125 651	—	—
Hi-C 辅助组装后锚定到染色体序列	700 762 250	493	8 522 180	11	66 253 769

表 2-11 中大于 100 kb 的 Contig 的长度锚定率为 95.41%，表明结果较好。

表 2-11　大于 100 kb 的 Contig 锚定率统计

类别	Contig 数量 (>100 kb)	Contig 长度 (>100 kb)/bp	Contig 锚定率 (>100 kb)
Hi-C 辅助组装前草图序列	347	724 800 214	—
Hi-C 辅助组装后锚定到染色体序列	269	691 511 420	95.41%

2. BUSCO 评估

基于直系同源数据库 OrthoDB，BUSCO(Benchmarking Universal Single-Copy Orthologs)软件用于预测基因并统计完整度、碎片化程度及可能的丢失率。采用 BUSCO 基因集 Embryophyta_odb10，评估结果见表 2-12。

表 2-12　BUSCO 评估结果

类别	BUSCO 数量	百分比/%
完整比对 BUSCO 的基因	1 307	95.05
一个 BUSCO 完整比对上一个基因	1 220	88.73
一个 BUSCO 完整比对上多个基因	87	6.33
部分序列比对上 BUSCO Profile 基因	26	1.89
没有比对上 BUSCO Profile 基因	42	3.05
BUSCO Groups 基因总数	1 375	100.00

2.2.3.2　红花蜡梅基因组组装结果与评估

1. 组装结果

组装后得到的基因组各项指标见表 2-13。由表 2-13 可知，红花蜡梅基因组大小为 737.03 Mb。

表 2-13　基因组组装信息统计

品名	Scaffold 长度/bp	Scaffold 数量	Contig 长度/bp	Contig 数量
最大长度	74 004 448	—	39 878 082	—
N10	74 004 448	1	29 214 177	3
N20	69 889 178	3	20 540 133	6
N30	69 342 401	4	13 771 245	10
N40	66 253 769	5	10 658 476	16
N50	63 913 627	6	8 125 651	24
N60	63 380 190	7	4 415 057	36
N70	58 950 543	8	2 685 223	57
N80	58 125 491	9	1 663 545	92
N90	48 354 400	11	691 150	159
总长	737 030 454	185	736 789 454	667

2. 组装评估

（1）碱基组成统计。A、T、C、G、N 五种碱基在基因组中的占比和 GC 含量（计算 GC 含量的基因组大小不含 N）见表 2-14，由表 2-14 可知碱基组成分布正常。

（2）组装完整性与测序均匀性评估。利用比对工具 minimap2（默认参数）将红花蜡梅的 CLR（Continuous Long Reads）Subread 比对回组装好的基因组，比对结果见表 2-15，比对效果良好。

表 2-14　碱基组成统计

碱基	长度/bp	占基因组百分比/%
A	233 869 535	31.73
T	233 304 495	31.65
C	134 841 116	18.30
G	134 774 308	18.29
N	241 000	0.03
GC	269 615 424	36.58
总计	737 030 454	100.00

表 2-15　比对情况统计

比对率/%	平均测序深度	覆盖度/%	5×覆盖度（深度≥5 碱基占比）/%	10×覆盖度（深度≥10 碱基占比）/%	20×覆盖度（深度≥20 碱基占比）/%
96.94	183.35	99.94	99.85	99.76	99.59

（3）测序深度分布与 GC 含量。用大小为 10 k 的滑动窗口统计平均测序深度及 GC 含量（见图 2-7）。图 2-7 中点颜色越深代表数量越多，由图 2-7 可知指标值正常。

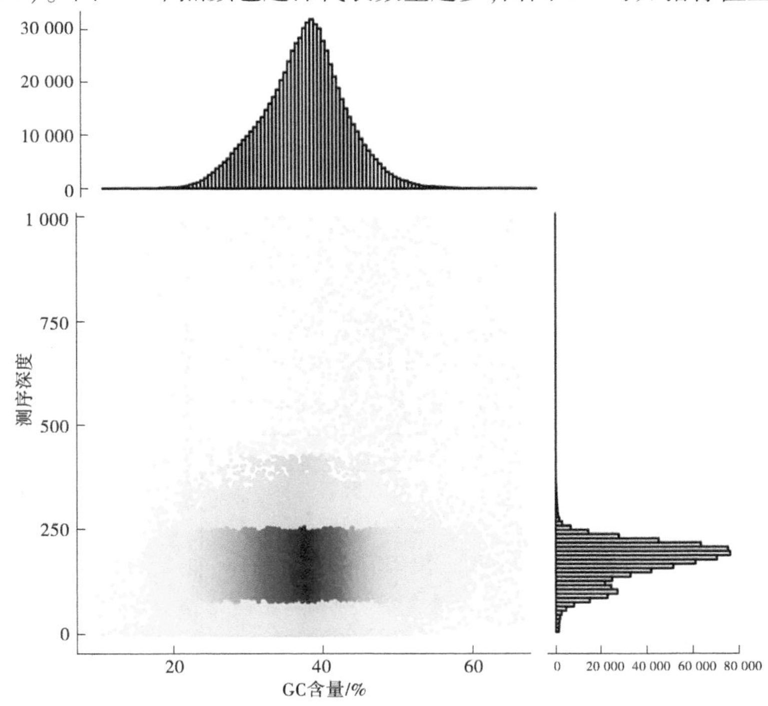

图 2-7　Contig GC 含量和测序深度分布密度图

(4)组装准确性评估。利用 BWA 软件将 Read 比对到组装结果,利用 GATK 软件进行 SNP calling 并过滤,杂合和纯合 SNP 数量见表 2-16。依据比对结果统计插入片段(Inser size),并绘制插入片段长度分布图(见图 2-8)。

表 2-16 SNP 类型统计

SNP	数量	SNP 占比/%	占基因组百分比/%
所有 SNP	1 086 073	100.000 0	0.147 4
杂合 SNP	1 057 388	97.358 8	0.143 5
纯合 SNP	28 685	2.641 2	0.003 9

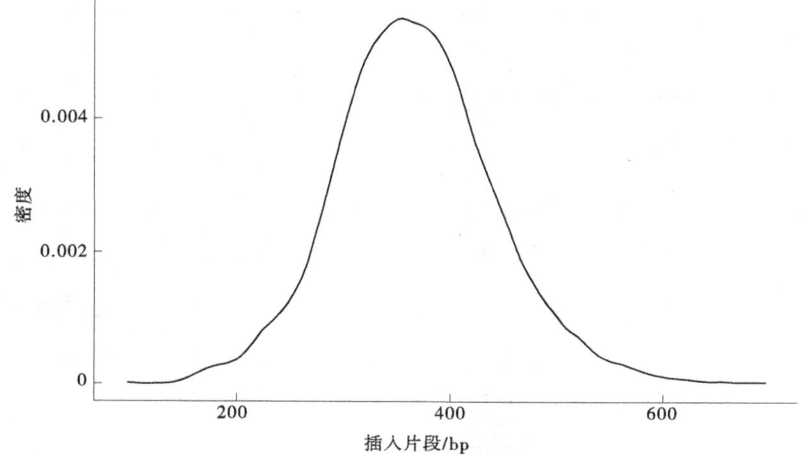

图 2-8 插入片段长度分布

综上所述,本项目获得了高质量的染色体水平的红花蜡梅基因组。

2.2.4 基因组注释结果与评估

2.2.4.1 重复序列注释

重复序列包括串联重复和散在重复(又称转座子,TE)。串联重复包括微卫星和小卫星序列等;转座子包括 DNA 转座子、LTR、LINE 和 SINE 等。注释结果见表 2-17、表 2-18。

表 2-17 重复序列注释结果

类别	重复序列大小/bp	基因组占比/%
TRF(Tandem repeat finde)软件	34 290 552	4.65
Repeatmasker 软件	72 981 416	9.90
Repeatproteinmask 软件	50 213 148	6.81
De novo 方法	471 715 633	64.00
总计	486 637 864	66.03

注:总计为去掉以上各种方法重叠后的非冗余结果。

表 2-18　重复序列分类统计

类别	Repeatmasker 软件		Repeatproteinmask 软件		*De novo* 方法		整合以上三种方法并去冗余后的结果	
	长度/bp	基因组占比/%	长度/bp	基因组占比/%	长度/bp	基因组占比/%	长度/bp	基因组占比/%
DNA	8 121 239	1. 10	53 704	0. 01	61 193 733	8. 30	66 454 332	9. 02
LINE	10 239 520	1. 39	414 846	0. 06	50 596 006	6. 86	52 518 212	7. 13
LTR	49 589 180	6. 73	49 745 377	6. 75	333 345 821	45. 23	338 033 146	45. 86
SINE	42 710	0. 01	0	0	2 261 929	0. 31	2 303 678	0. 31
其他	1 225	0	0	0	0	0	1 225	0
未知	171 913	0. 02	0	0	69 955 863	9. 49	70 123 379	9. 51
总 TEs	67 240 603	9. 12	50 213 148	6. 81	461 481 196	62. 61	466 236 157	63. 26

利用 Repeat Masker 软件，以 Repbase 为库注释的转座子分歧度见图 2-9。

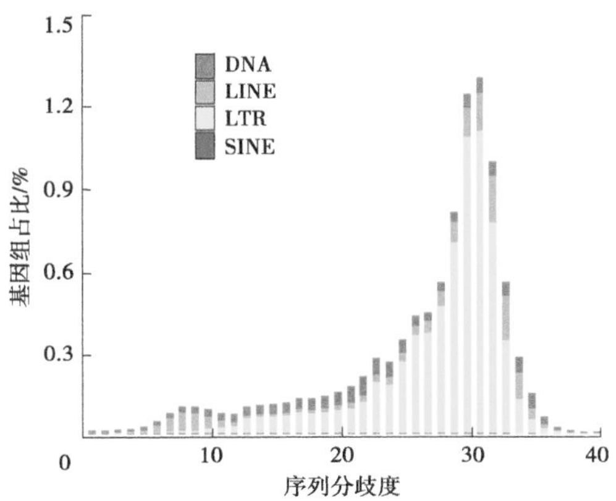

图 2-9　四种转座子序列分歧度分布

De novo 方法预测得到的转座子分歧度见图 2-10。

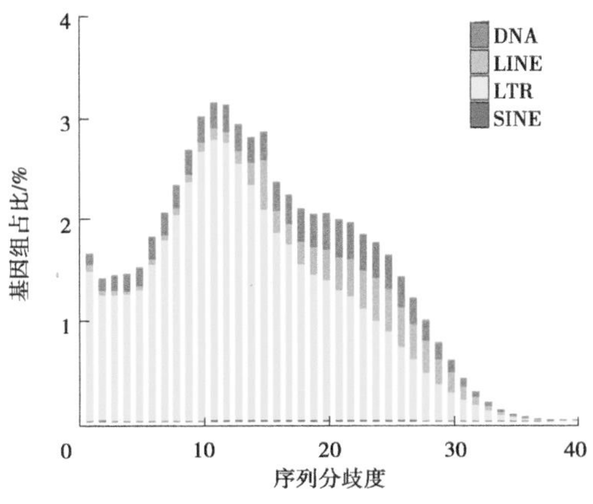

图 2-10　四种转座子序列分歧度分布

2.2.4.2 **基因注释**

根据从头预测、同源性和转录组数据进行基因结构与功能注释。同源注释选用牛樟(*Cinnamomum kanehirae*)、水稻(*Oryza sativa*)、浮萍(*Lemna minor*)和拟南芥(*Arabidopsis thaliana*)4个物种。注释结果见表2-19~表2-21。

表2-19 基因预测结果

基因集		数量	平均基因长度/bp	平均CDS长度/bp	每个基因的平均外显子数量	平均外显子长度/bp	平均内含子长度/bp
De novo	AUGUSTUS	26 850	8 589.03	1 229.64	5.61	219.36	1 597.89
	Glimmer HMM	39 169	17 030.02	849.56	4.69	181.09	4 383.48
同源基因	浮萍	26 681	5 669.38	845.64	3.79	223.23	1 730.10
	水稻	30 881	5 944.09	911.02	3.97	229.62	1 696.11
	拟南芥	30 703	5 912.58	918.08	3.98	230.70	1 676.26
	牛樟	40 213	6 989.02	956.40	3.75	254.90	2 192.11
trans.orf/RNA-seq		15 601	10 372.88	1 124.55	5.71	339.46	1 791.09
trans.orf/ISO-seq		18 188	8 787.97	935.28	5.19	311.88	1 713.01
BUSCO		1 434	16 414.04	1 680.76	10.79	155.73	1 504.49
MAKER		25 538	10 944.03	1 206.45	5.95	262.36	1 894.93
HiCESAP		25 832	9 965.35	1 255.71	5.90	264.44	1 716.44

表2-20 最终基因集的证据结果

证据种类	≥20% overlap		≥50% overlap		≥80% overlap	
	数量	占比/%	数量	占比/%	数量	占比/%
仅有1种 *De novo* 软件支持	66	0.26	489	1.89	2 831	10.96
仅有2种以上 *De novo* 软件支持	784	3.03	1 229	4.76	1 221	4.73
仅有1个近源物种支持	17	0.07	43	0.17	95	0.37
仅有多个近源物种支持	79	0.31	108	0.42	186	0.72
仅有 RNA-seq 或 ISO-seq 支持	136	0.53	227	0.88	585	2.26
仅有 RNA-seq 和 ISO-seq 同时支持	69	0.27	119	0.46	403	1.56
仅有 *De novo* 和同源同时支持	2 869	11.11	3 014	11.67	2 429	9.40
仅有 *De novo* 和转录同时支持	1 194	4.62	1 629	6.31	3 068	11.88
仅有 *De novo* 和同源同时支持	1 131	4.38	1 583	6.13	3 038	11.76
De novo、同源、转录同时支持	19 487	75.44	17 385	67.30	11 877	45.98

注:overlap表示每种结果与最终基因集编码区重叠比率。

表 2-21　不同数据库功能注释结果

类别		数量	占比/%
总计		25 832	100.00
注释的	InterPro 数据库	20 599	79.74
	GO 数据库	14 319	55.43
	KEGG_ALL 数据库	24 539	94.99
	KEGG_KO 数据库	9 942	38.49
	Swissprot 数据库	19 148	74.13
	TrEMBL 数据库	24 559	95.07
	NR 数据库	24 724	95.71
注释的小计		24 756	95.83
未注释的		1 076	4.17

2.2.4.3　非编码 RNA 注释

非编码 RNA 均具有重要的生物学功能，共鉴定了 1 723 个非编码 RNA，注释结果见表 2-22。

表 2-22　非编码 RNA 注释结果

类别		拷贝数	平均长度/bp	总长度/bp	基因组占比/%
miRNA		98	120.64	11 823	0.001 6
转运 RNA		973	75.00	72 971	0.009 9
核糖体 RNA	小计	402	454.16	182 574	0.024 8
	18S	84	1 564.50	131 418	0.017 8
	28S	127	197.76	25 115	0.003 4
	5.8S	70	156.94	10 986	0.001 5
	5S	121	124.42	15 055	0.002 0
	8S	0	0	0	0
小核 RNA	小计	250	122.75	30 687	0.004 2
	CD-box	71	105.44	7 486	0.001 0
	HACA-box	8	143.50	1 148	0.000 2
	splicing	171	128.96	22 053	0.003 0
	scaRNA	0	0	0	0

2.2.4.4　注释结果 BUSCO 评估

BUSCO（Benchmarking Universal Single-Copy Orthologs）是利用直系同源数据库 OrthoDB 对基因组组装的完整性进行定量评估的软件。注释结果 BUSCO 评估基因集为

embryophyta_odb10，结果见表 2-23。

表 2-23 BUSCO 注释评估结果

类别	组装		注释	
	数量	占比/%	数量	占比/%
完整比对 BUSCO 的基因	1 314	95.6	1 323	96.2
一个 BUSCO 完整比对上一个基因	1 221	88.8	1 213	88.2
一个 BUSCO 完整比对上多个基因	93	6.8	110	8.0
部分序列比对上 BUSCO Profile 基因	19	1.4	27	2.0
没有比对上 BUSCO Profile 基因	42	3.0	25	1.8
BUSCO Groups 基因总数	1 375	100.0	1 375	100.0

由表 2-23 可知，能完整比对 BUSCO 的基因占比在 95%以上，说明红花蜡梅基因注释结果良好。

2.2.5 基因组全景图

利用 Circos 软件绘制红花蜡梅基因组组装和注释全景图（见图 2-11），以直观展示基因组特征。

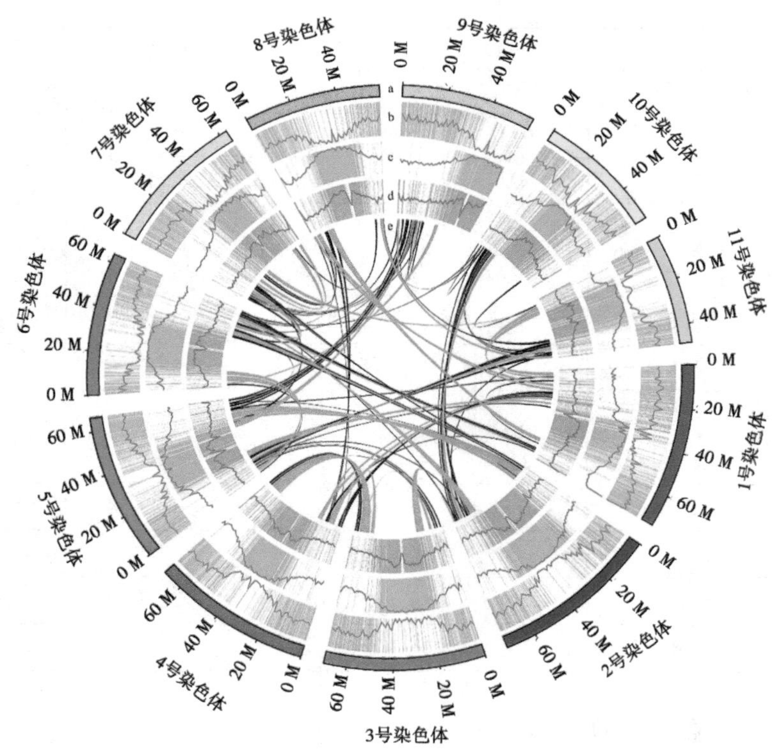

注：从外至内分别对应：a—组装的染色体；b—基因密度；c—重复密度；d—GC 含量；e—同线性关系。

图 2-11 红花蜡梅基因组组装和注释全景图

2.3 讨　论

开展植物全基因组测序与组装，获得基因组序列，对于开展植物遗传育种及演化研究具有重要意义。随着 DNA 测序技术的进步，不少具有重要经济价值及理论研究价值的植物种类全基因组序列被破译，为开展基因编辑和分子标记辅助育种等相关研究提供了宝贵资源。蜡梅依据内被片颜色被分为素心蜡梅品种群(Concolor Group)、晕心蜡梅品种群(Intermedius Group)和红心蜡梅品种群(Patens Group)。Shang 等已报道了蜡梅基因组的测序，所用测序材料 H29 为红心蜡梅品种群。本研究中采用了首次发现并选育的新品种红花蜡梅'鸿运'(*C. praecox* 'Hongyun')作为红花蜡梅代表进行全基因组测序，对于解析红花蜡梅遗传机制具有重要意义。

通过基因组调研可了解拟测序物种的基因组基本信息，为全基因组测序策略提供依据。本研究基于 Illumina 高通量测序技术，通过生物信息学分析，评估的红花蜡梅基因组大小约为 766.16 Mb，重复序列比例约 62.53%，杂合率约 0.13%，基因组的 GC 含量约 37.39%，从基本结构特征上看，属高重复的复杂基因组。为得到高质量的基于染色体水平的红花蜡梅基因组，本研究采用 PacBio 第三代测序技术对红花蜡梅基因组进行测序，共产出 149.5 Gb 数据，利用二代数据纠错，经初步组装包括 661 个 Contig，覆盖 736.79 Mb，其中 Contig N50 为 8.13 Mb，约为基因组调查分析预测基因组大小(766.16 Mb)的 96.17%。近年来 Hi-C 技术在辅助基因组组装方面得到了广泛应用，经 Hi-C 辅助基因组组装，将原始的 661 条打断形成 667 条 Contig，493 条 Contig 锚定到 11 条染色体上，Contig 数量锚定率为 73.91%，最终确定基因组染色体长度为 0.70 Gb，Contig N50 = 8.52 Mb，Superscaffold N50 = 66.25 Mb，Contig 长度锚定率为 95.11%，大于 100 kb 的 Contig 的锚定率为 95.41%，最终得到基因组大小(scaffold 总长度)为 737.03 Mb。综合评估显示组装完整性和准确性较好，为其他类似高重复序列的复杂基因组组装提供了重要的指导。该参考基因组的质量高于近期已发表的蜡梅(*C. praecox*)、闽楠(*P. bournei*)、山苍子(*L. cubeba*)、柳叶蜡梅(*C. salicifolius*)、鹅掌楸(*L. chinense*)、黑胡椒(*P. nigrum*)、牛樟(*C. kanehirae*)、鳄梨(*P. americana*)等木兰类基因组。组装的高质量基因组主要归结于 Sequel Ⅱ测序平台，具有高通量、长读长和高精度的特点。红花蜡梅基因组为木兰类植物提供了丰富的基因组信息，为今后的系统进化、着色机制和分子育种研究提供了重要资源。

2.4 小　结

(1)评估的红花蜡梅基因组大小约为 766.16 Mb，重复序列比例约 62.53%，杂合率约 0.13%，基因组的 GC 含量约 37.39%，从基本结构特征上看，属高重复的复杂基因组。

(2)获得了红花蜡梅染色体水平的高质量基因组序列，基因组大小(scaffold 总长度)为 737.03 Mb，其中 Contig N50 为 8.13 Mb。

(3)鉴定并预测了 25 832 个蛋白质编码基因模型，平均 CDS 长度为 1 256 bp，平均基因长度为 9 965 bp。其中 24 756 个(占比 95.83%)预测蛋白编码基因可以通过公共数据

库进行功能注释。共鉴定出466.24 M 重复序列,占基因组大小的63.26%。重复序列中,DNA 转座子、LINE、SINE 和 LTR 分别占基因组大小的9.02%、7.13%、0.31%和45.86%。还鉴定了1 723 个非编码 RNA(ncRNAs),包括250 个核小 RNA(snRNAs)、98 个 micro RNA、973 个转运 RNA(tRNAs)和402 个核糖体 RNA(rRNAs)。

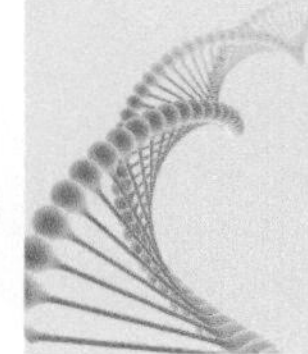

第3章 红花蜡梅比较基因组与系统进化分析

比较基因组学(Comparative genomics)是比较不同基因组结构、数量、排序，了解物种进化、基因功能的新兴科学，为林木基因组学研究提供了新途径。通过开展比较基因组研究，进行基因家族聚类，为物种进化与分歧时间及基因家族分析提供基础；开展基因家族收缩和扩张分析，可将宏观性状与微观层面变化相关联，为物种特异性状形成提供分子证据；开展共线性和 Ks 分析，研究 WGD 事件，可了解物种产生和多样性形成机制。木兰类与单子叶、真双子叶植物的系统发育关系是最为引人关注的问题之一，关系到核心被子植物三大支系之间的系统发育关系，也关系着被子植物的早期起源与演化。现有已公开发表的木兰类基因组文献中，多数研究者尝试用其基因组序列及相关代表性物种分子数据来阐述木兰类的系统发育地位，但结论并不一致。拓扑结构上的差异可能揭示了中生被子植物快速辐射背后的系统发育复杂性。目前，木兰类与单子叶、真双子叶植物之间的系统进化关系仍未得到很好的解决。

本章利用已获得的红花蜡梅基因组作为木兰类代表，选择不同谱系的其他代表性物种，进行基因家族聚类；在直系同源基因鉴定的基础上，根据 timetree. org 查找标定时间，估算物种系统进化分歧时间；进行共线性和 Ks 分析，研究 WGD 事件与物种分化关系；基于核苷酸、氨基酸串联法与并联法等多种策略，构建不同类型的物种进化树，系统研究以蜡梅为代表的木兰类进化地位，为木兰类进化提供了新见解。

3.1　材料与方法

3.1.1　基因家族聚类

利用红花蜡梅(RW)基因组，并选择不同谱系的其他 24 个有基因组数据的代表性物种，进行基因家族聚类。25 个物种包括 7 个木兰类植物、8 个真双子叶植物、6 个单子叶植物、2 个被子植物基部群植物和 2 个裸子植物(见表 3-1)。

表 3-1　基于基因组数据构建系统发育树的物种表

类别	目	科	种
裸子植物(2 种)	松杉目	松科	欧洲云杉 *Picea abies*
	银杏目	银杏科	银杏 *Ginkgo biloba*
被子植物基部群(2 种)	无油樟目	无油樟科	无油樟 *Amborella trichopoda*
	睡莲目	睡莲科	蓝星睡莲 *Nymphaea colorata*

续表 3-1

类别	目	科	种
木兰类植物(7 种)	樟目	蜡梅科	柳叶蜡梅 *C. salicifolius*
			蜡梅 *C. praecox*
		樟科	牛樟 *Cinnamomum kanehirae*
			山苍子 *Litsea cubeba*
			鳄梨 *Persea americana*
	木兰目	木兰科	鹅掌楸 *Liriodendron chinense*
	胡椒目	胡椒科	黑胡椒 *Piper nigrum*
单子叶植物(6 种)	泽泻目	天南星科	紫萍 *Spirodela polyrrhiza*
	禾本目	禾本科	水稻 *O. sativa*
			玉米 *Zea mays*
		凤梨科	菠萝 *Ananas comosus*
	棕榈目	棕榈科	油棕 *Elaeis guineensis*
	姜目	芭蕉科	小果野蕉 *Musa acuminata*
真双子叶植物(8 种)	毛茛目	罂粟科	博落回 *Macleaya cordata*
	龙胆目	茜草科	中果咖啡 *Coffea canephora*
	伞形目	伞形科	胡萝卜 *Daucus carota*
	葡萄目	葡萄科	葡萄 *Vitis vinifera*
	蔷薇目	蔷薇科	月季 *Rosa chinensis*
	金虎尾目	杨柳科	毛果杨 *Populus trichocarpa*
	十字花目	十字花科	拟南芥 *A. thaliana*
	锦葵目	锦葵科	可可树 *Theobroma cacao*

基于序列相似性通过 OrthoMCL 流程将各物种蛋白序列进行聚类。首先构建蛋白数据集(至少包含 50 个氨基酸),包括红花蜡梅和其他 24 个物种,使用蛋白集作自身 BLASTP 比对并过滤结果,E 值阈值为 1e-5,相似度阈值为 30%,覆盖度(比对长度除以序列长度)阈值为 30%。过滤后的比对结果通过 OrthoMCL v2. 0. 9 构建直系同源组(Orthologous groups)。

3. 1. 2　系统进化分歧时间

根据 TimeTree 查找标定时间,用 R8s 及 PAML 软件包中的 Mcmctree 估算物种分化时间。

3. 1. 3　基因家族收缩扩张

进化树上每个谱系的基因家族扩张和收缩事件,利用 CAFE 软件采用随机发生和死

亡模式去模拟。

3.1.4　共线性分析

使用 JCVI 包的 Jcvi. compara. catalog ortholog 工具对红花蜡梅自身及与其他五个物种(无油樟 *A. trichopoda*,牛樟 *C. kanehirae*,鹅掌楸 *L. chinense*,葡萄 *V. vinifera*,柳叶蜡梅 *C. salicifolius*)进行共线性分析。

3.1.5　Ks(Synonymous substitution)分析

选取蜡梅科、樟目、木兰类、真双子叶植物、被子植物基部群、裸子植物外群等代表性物种(见表 3-2),计算物种内旁系同源及物种间的直系同源 Ks 值,并绘制相应的 Ks 图。

表 3-2　进行 Ks 分析的 20 个代表性物种

类别	目	科	种
裸子植物(1 种)	银杏目	银杏科	银杏 *Ginkgo biloba*
被子植物基部群(1 种)	无油樟目	无油樟科	无油樟 *A. trichopoda*
木兰类植物(16 种)	樟目	蜡梅科	蜡梅 *C. praecox*
			柳叶蜡梅 *C. salicifolius*
			夏蜡梅 *C. chinensis*
			美国蜡梅 *C. floridus*
			西美蜡梅 *C. occidentalis*
			奇子树 *I. australiense*
		樟科	无根藤 *Cassytha filiformis*
			美国山胡椒 *Lindera benzoin*
			牛樟 *C. kanehirae*
			北美檫木 *Sassafras albidum*
			鳄梨 *P. americana*
			山苍子 *L. cubeba*
		玉盘桂科	波尔多树 *Peumus boldus*
		奎乐果科	奎乐果 *Gomortega keule*
	木兰目	木兰科	鹅掌楸 *L. chinense*
	胡椒目	胡椒科	黑胡椒 *P. nigrum*
真双子叶植物(2 种)	毛茛目	罂粟科	博落回 *M. cordata*
	葡萄目	葡萄科	葡萄 *V. vinifera*

首先使用 Blastp 找到相互最优比对(RBH)的基因对,然后通过 paml 包中的 codeml (model = 2,runmode = -2)计算同源基因对的 Ks 值,使用 R 语言进行作图。

选取选中的物种,重新进行聚类分析(使用 orthofinder 软件),用聚类得到的 47 个单

拷贝基因家族进行 codeml 分析,使用 free-ratio 模型(runmode=0,model=1,NSsites=0)构建 Ks 树,Ks 树每个分支的枝长表示 Ks 值。然后根据各物种自身 Ks 峰值的坐标,在 Ks 树中进行标注。Ks 峰值的 95%CI,是通过对峰值区域的 Ks 经过 100 次有放回的抽样,然后使用 R 中的 findpeaks 包计算出 100 次 bootstrap 的峰值得到。时间树根据 timetree 网站的参考分化时间,使用 mcmctree 估算得到。

3.1.6 基于基因组数据的木兰类系统进化分析

首先对聚类得到的 78 个单拷贝基因家族进行过滤,去掉包含氨基酸序列长度小于 100 bp 的基因家族,过滤之后剩下 70 个单拷贝家族。分别使用串联法和并联法对 70 个单拷贝家族的核酸序列和氨基酸序列构建系统发育树。首先使用 Muscle v3.8 软件对氨基酸序列进行多序列比对,并根据密码子的对应关系将氨基酸的比对转换成核酸的多序列比对,然后用 trimal 软件设置-automated1 过滤多序列比对结果,最后使用 Raxml 软件建树,对于核酸序列,设置-m GTRGAMMA,对于氨基酸序列,设置-m PROTGAMMAJTT。串联法中,将所有 70 个多序列比对合并成一个比对(串联起来),然后使用 Raxml 软件建树。并联法中,使用 Astral v5.6.3 对 70 个单基因树进行整合,设置-t 8 参数,可以得到每个分支三种拓扑结构的支持率 q1、q2 和 q3,若分支结构不稳定(存在 ILS),三个值就会比较接近。

3.2 结果与分析

3.2.1 基因家族聚类结果

25 个物种基因家族聚类情况见表 3-3,分类情况见图 3-1。分析得到共有单拷贝直系同源基因家族 78 个。

表 3-3 25 个物种基因家族聚类结果

物种	总基因数	未聚类基因数	聚类基因数	基因家族数	特有基因家族数	特有家族基因数	共有基因家族数	共有家族基因数	每家族平均聚类基因数
A. comosus	27 024	5 752	21 272	13 149	906	3 349	3 598	6 429	1.618
A. thaliana	27 404	3 792	23 612	13 032	778	3 079	3 598	7 373	1.812
A. trichopoda	17 022	1 424	15 598	11 841	224	723	3 598	5 428	1.317
C. canephora	25 574	4 606	20 968	13 394	569	1 923	3 598	6 487	1.565
C. kanehirae	26 531	3 292	23 239	14 219	234	634	3 598	7 595	1.634
C. salicifolius	36 651	8 038	28 613	16 208	1 183	3 517	3 598	8 106	1.765
C. praecox	25 832	3 269	22 563	14 736	167	398	3 598	7 566	1.531
D. carota	32 432	2 779	29 653	13 511	907	3 639	3 598	8 806	2.195
E. guineensis	26 059	4 145	21 914	11 860	331	2 223	3 598	7 582	1.848

续表 3-3

物种	总基因数	未聚类基因数	聚类基因数	基因家族数	特有基因家族数	特有家族基因数	共有基因家族数	共有家族基因数	每家族平均聚类基因数
G. biloba	41 309	14 416	26 893	12 714	1 753	7 791	3 598	7 310	2. 115
L. chinense	35 269	3 782	31 487	13 262	910	8 826	3 598	7 469	2. 374
L. cubeba	33 192	6 608	26 584	15 459	604	1 495	3 598	8 535	1. 72
M. acuminata	30 737	3 215	27 522	12 952	514	1 274	3 598	9 981	2. 125
M. cordata	21 911	2 693	19 218	12 486	341	1 315	3 598	6 334	1. 539
N. colorata	31 475	7 826	23 649	12 478	1 115	5 471	3 598	6 042	1. 895
O. sativa	27 912	3 655	24 257	15 025	656	2 147	3 598	7 224	1. 614
P. abies	66 632	26 007	40 625	16 795	4 171	17 250	3 598	7 512	2. 419
P. americana	22 441	3 298	19 143	14 119	85	183	3 598	6 635	1. 356
P. nigrum	63 466	18 770	44 696	16 390	4 715	16 592	3 598	10 297	2. 727
P. trichocarpa	34 699	4 105	30 594	14 248	529	1 615	3 598	9 790	2. 147
R. chinensis	45 469	13 493	31 976	16 131	2 242	7 475	3 598	7 694	1. 982
S. polyrrhiza	19 623	3 622	16 001	11 480	377	1 366	3 598	5 588	1. 394
T. cacao	21 437	1 202	20 235	13 756	197	671	3 598	6 387	1. 471
V. vinifera	25 676	2 119	23 557	13 806	410	1 687	3 598	7 001	1. 706
Z. mays	37 262	5 827	31 435	15 609	1 303	4 413	3 598	8 747	2. 014

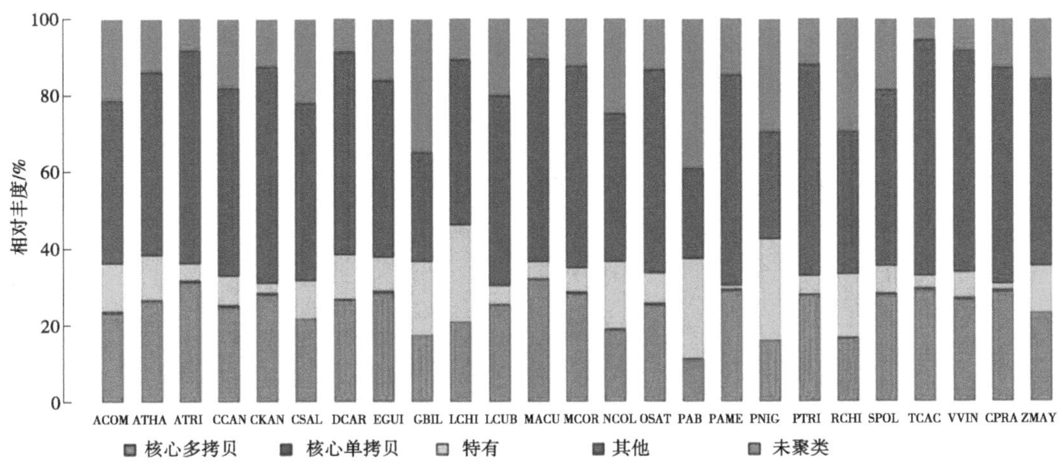

注：图中物种名由属名的第 1 个字母和种名的前 3 个字母组成。

图 3-1　25 物种间的同源基因家族分类分布

3. 2. 2　系统进化分歧时间

基于 CDS 并联树，估算物种系统进化的分歧时间（见图 3-2）。

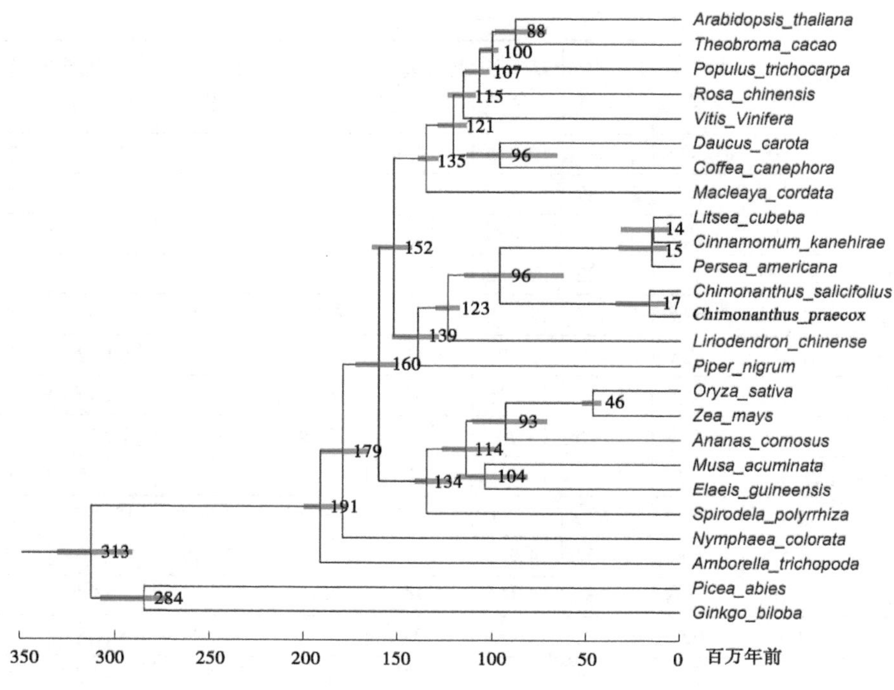

图 3-2 物种分化时间图(蓝条表示 95%置信区间)

由图 3-2 可知,蜡梅和柳叶蜡梅的分化时间为 1 700 万年前;蜡梅科和木兰科分化时间为 1.23 亿年前;樟目和胡椒目分化时间为 1.39 亿年前;木兰类和真双子叶分化时间为 1.52 亿年前。

3.2.3 基因家族收缩扩张

基于分化时间和聚类结果,使用 Café3 软件对 7 个木兰类植物进行基因家族收缩扩张分析(见图 3-3)。由图 3-3 可知,相比于柳叶蜡梅,红花蜡梅有更少的基因家族发生了扩张,更多的基因家族发生了收缩。

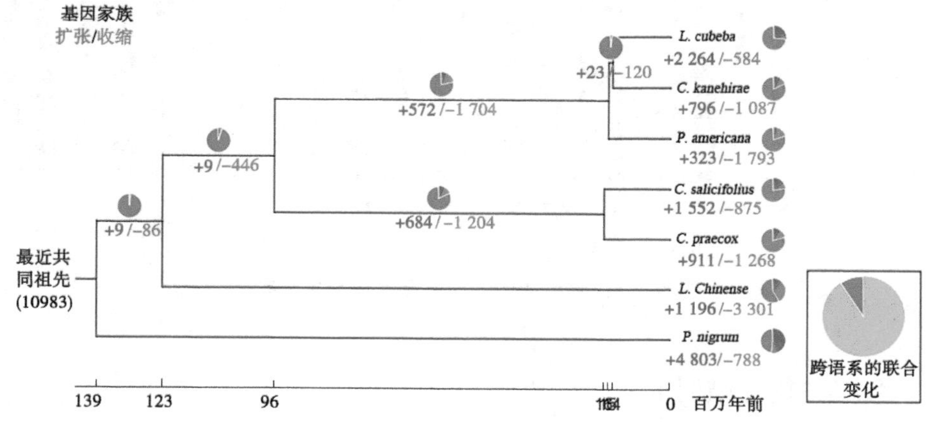

图 3-3 木兰类植物基因家族收缩扩张图

3.2.4　共线性分析结果

红花蜡梅与其他 5 个物种以及红花蜡梅自身的共线性分析结果见表 3-4 和图 3-4~图 3-9。在红花蜡梅自身 363 个共线性块中,36 个位于染色体内部,327 个位于染色体之间。

表 3-4　共线性分析结果

物种 1	物种 2	总基因数	共线性块	一个共线性块的平均基因对	共线性基因数	共线性基因数占比/%
C. praecox	*C. praecox*	25 832	363	11.72	7 376	28.55
C. praecox	*A. trichopoda*	42 854	956	11.27	18 721	43.69
C. praecox	*C. kanehirae*	52 363	882	20.37	27 790	53.07
C. praecox	*L. chinense*	61 101	1 328	11.29	23 836	39.01
C. praecox	*V. vinifera*	51 508	1 354	10.61	21 862	42.44
C. praecox	*C. salicifolius*	60 394	194	114.39	40 789	67.54
C. salicifolius	*C. salicifolius*	36 651	459	11.36	8 509	23.22

注:红花蜡梅和柳叶蜡梅的共线性分析中,只用了能够锚定到染色体上的基因。

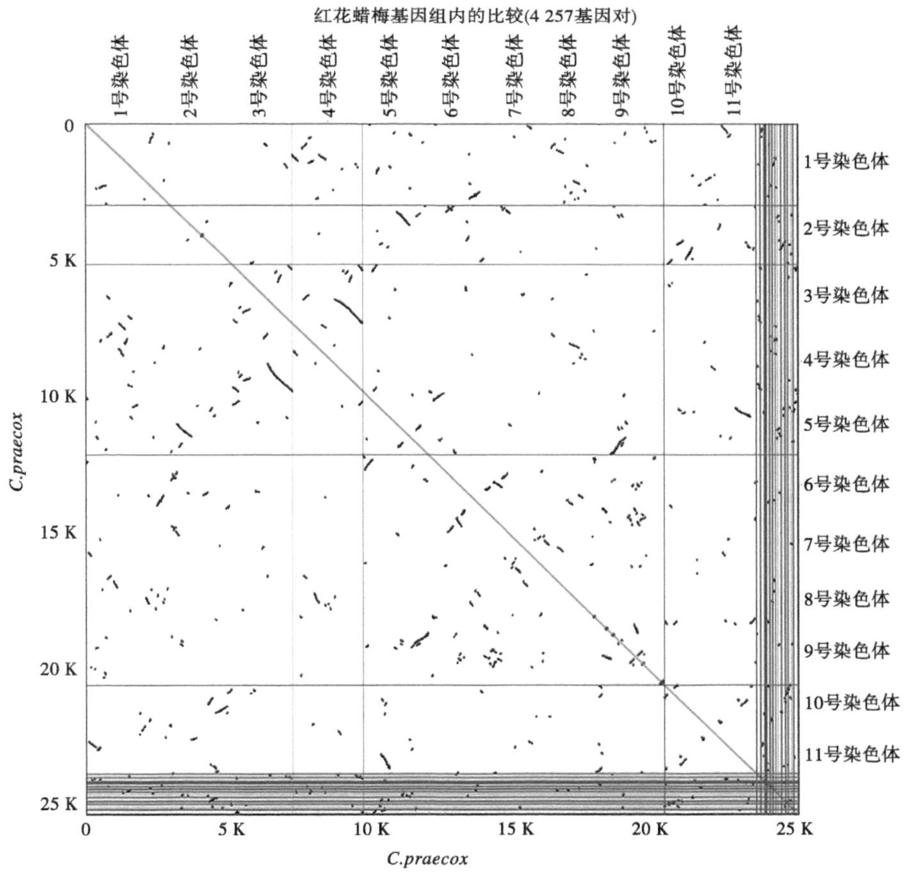

图 3-4　红花蜡梅共线性

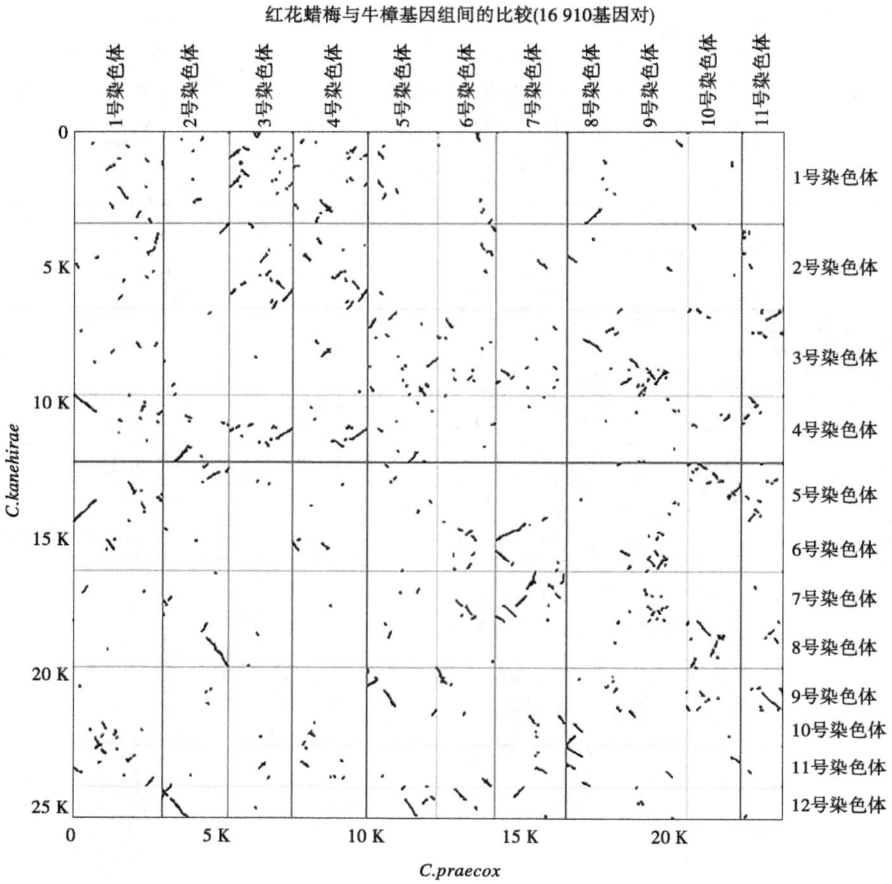

红花蜡梅与牛樟基因组间的比较(16 910基因对)

1号染色体 2号染色体 3号染色体 4号染色体 5号染色体 6号染色体 7号染色体 8号染色体 9号染色体 10号染色体 11号染色体

1号染色体
2号染色体
3号染色体
4号染色体
5号染色体
6号染色体
7号染色体
8号染色体
9号染色体
10号染色体
11号染色体
12号染色体

0
5 K
10 K
15 K
20 K
25 K

C.kanehirae

0 5 K 10 K 15 K 20 K

C.praecox

(a)

红花蜡梅VS牛樟共线性深度

3:3模式

基因组百分比/%

100 80 60 40 20

8% 20% 42% 21% 5% 1%

0 2 4 6

每牛樟基因的红花蜡梅共线性块/个

8% 22% 42% 19% 6%

0 2 4 6

每红花蜡梅基因的牛樟共线性块/个

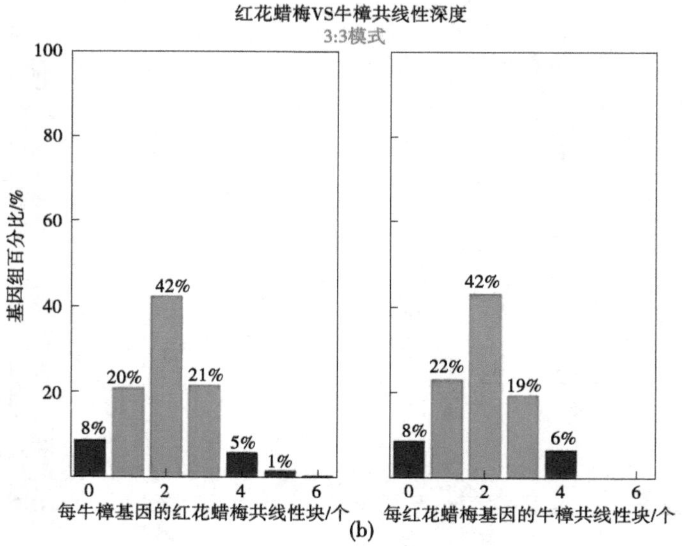

(b)

图 3-5 红花蜡梅与牛樟共线性块及共线性模式

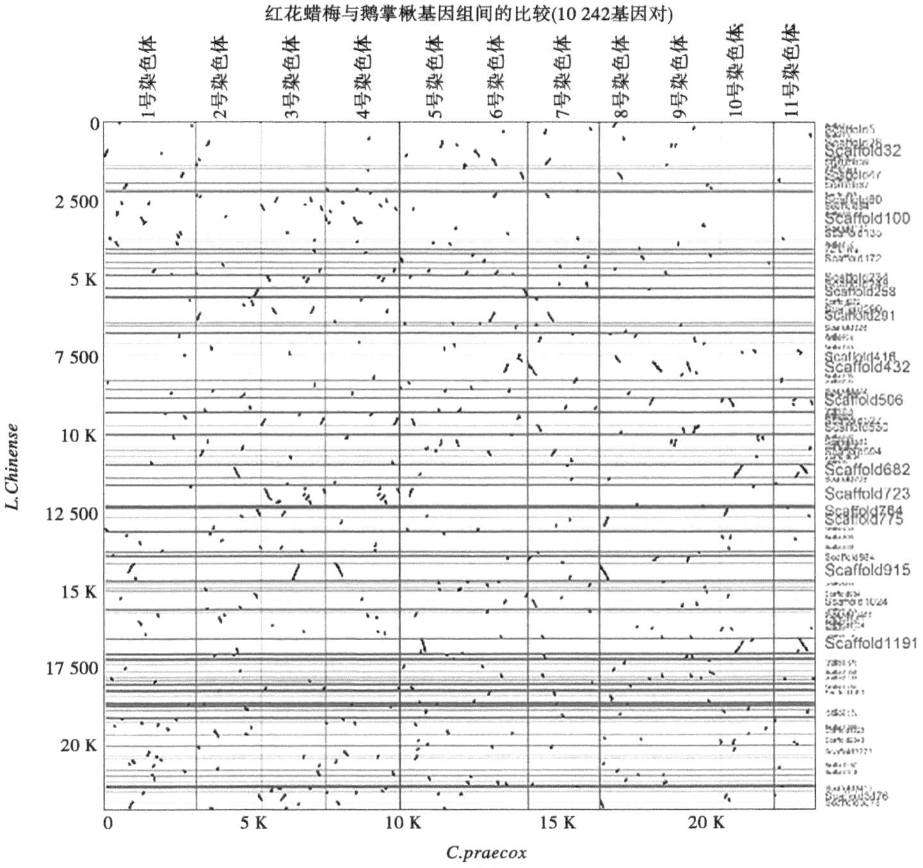

(a)

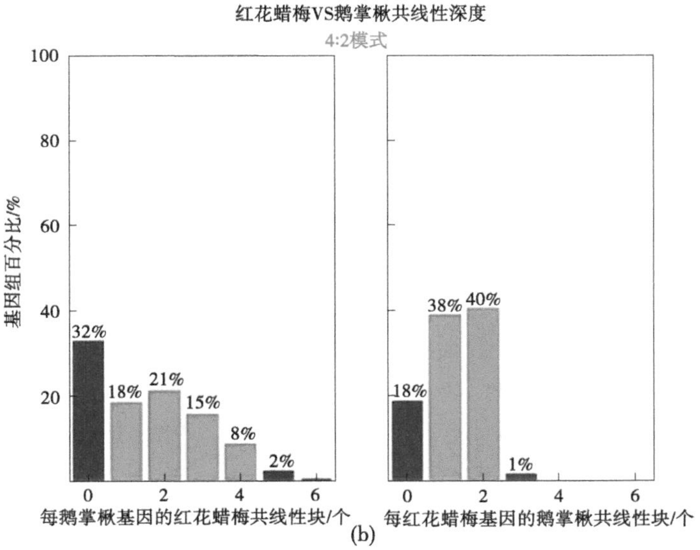

(b)

图 3-6　红花蜡梅与鹅掌楸共线性块及共线性模式

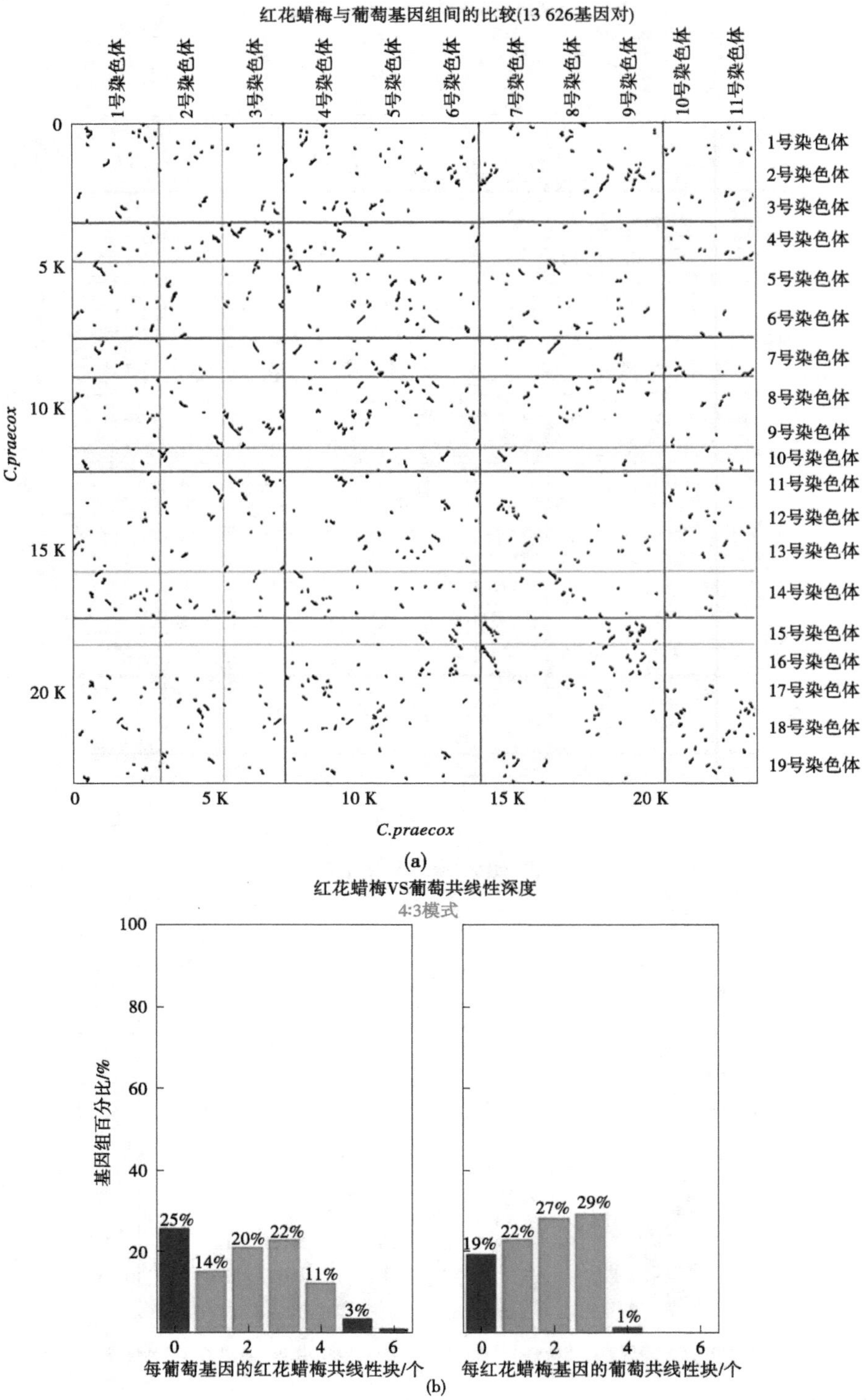

红花蜡梅与葡萄基因组间的比较(13 626基因对)

(a)

红花蜡梅VS葡萄共线性深度

4:3模式

(b)

图 3-7　红花蜡梅与葡萄共线性块及共线性模式

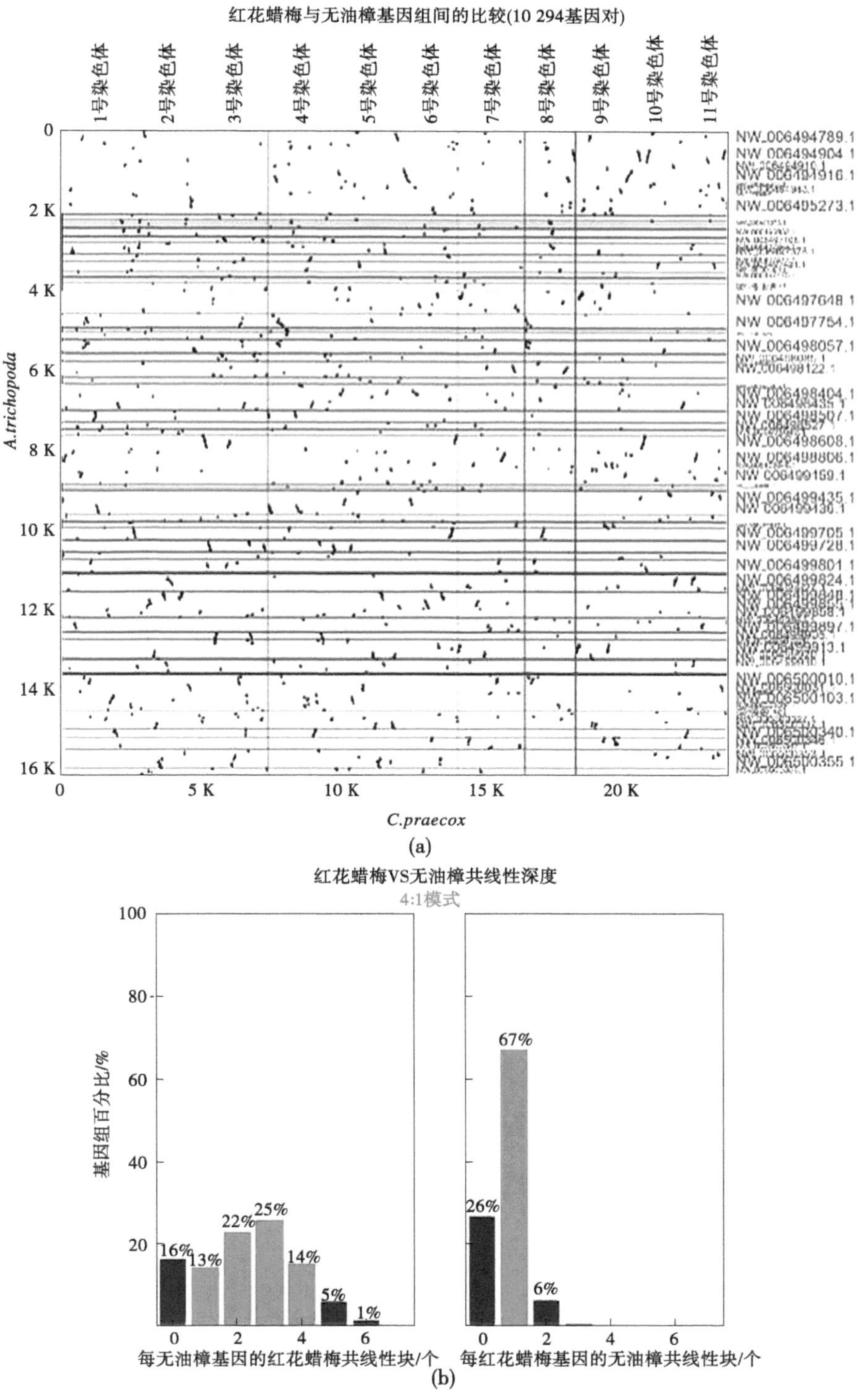

红花蜡梅与无油樟基因组间的比较(10 294基因对)

1号染色体　2号染色体　3号染色体　4号染色体　5号染色体　6号染色体　7号染色体　8号染色体　9号染色体　10号染色体　11号染色体

A.trichopoda

0　2 K　4 K　6 K　8 K　10 K　12 K　14 K　16 K

0　5 K　10 K　15 K　20 K

C.praecox

(a)

红花蜡梅VS无油樟共线性深度

4:1模式

基因组百分比/%

100　80　60　40　20

16%　13%　22%　25%　14%　5%　1%

26%　67%　6%

0　2　4　6

每无油樟基因的红花蜡梅共线性块/个

每红花蜡梅基因的无油樟共线性块/个

(b)

图 3-8　红花蜡梅与无油樟共线性块及共线性模式

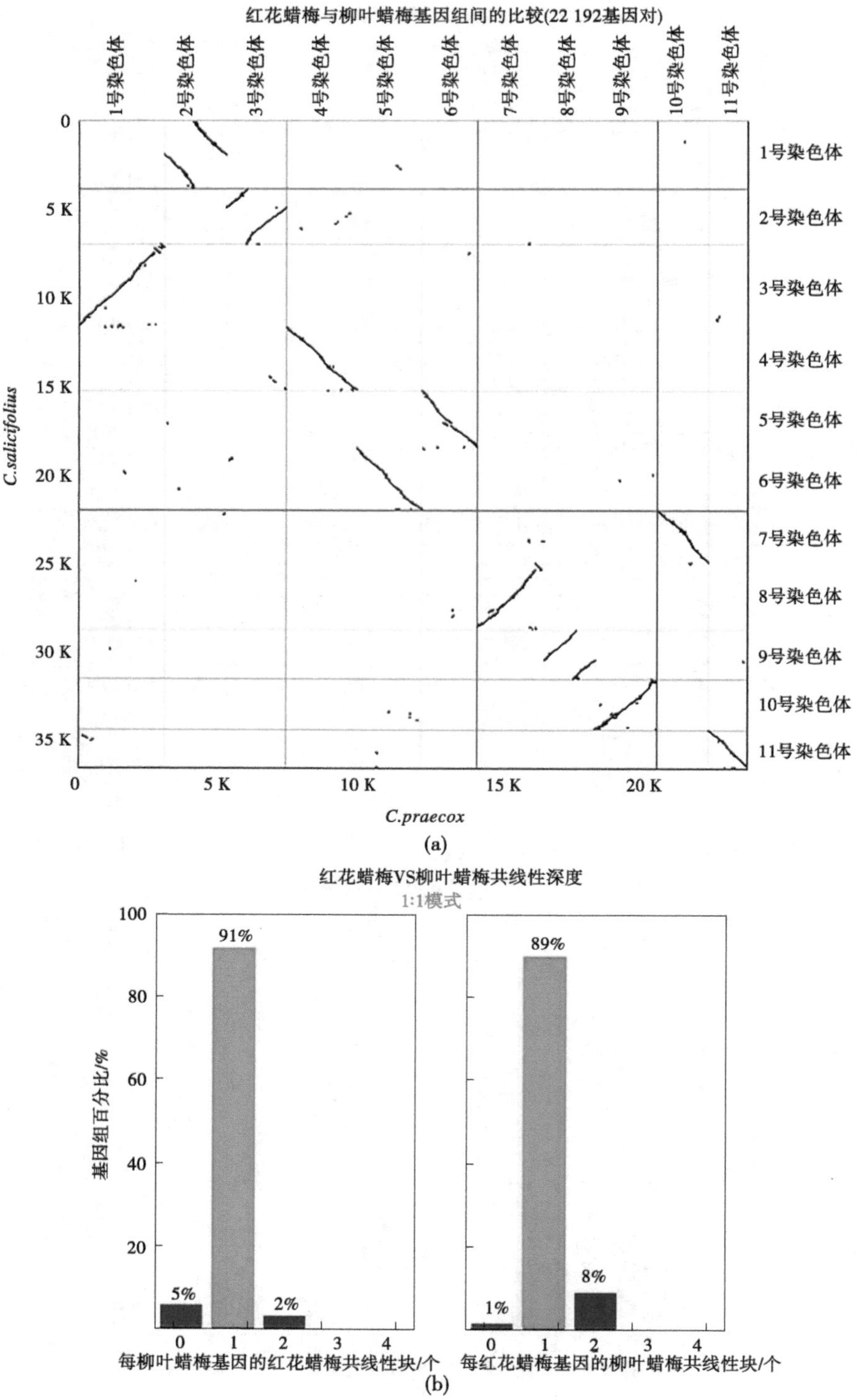

(a)

(b)

图 3-9 红花蜡梅与柳叶蜡梅共线性块及共线性模式

使用 dual 直观地展现物种之间的共线性关系，并且突出显示一段区域展现物种间的共线性拷贝数差异，红花蜡梅与 4 个物种共线性见图 3-10、图 3-11。

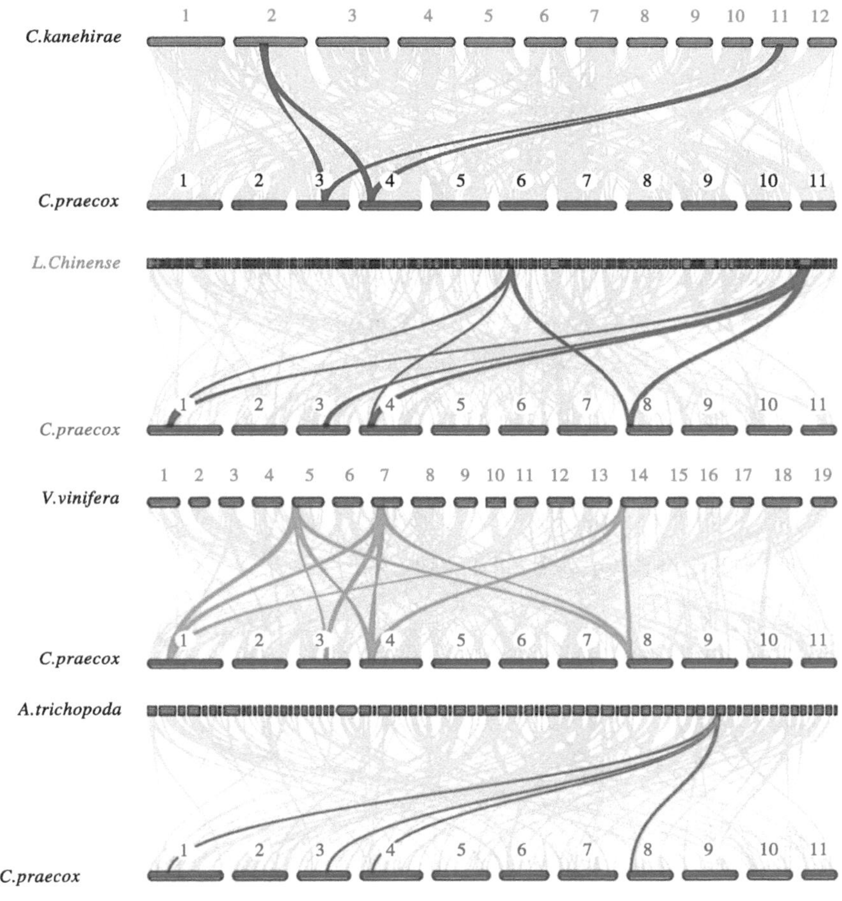

图 3-10　红花蜡梅分别与牛樟、鹅掌楸、葡萄、无油樟的共线性 dual 图

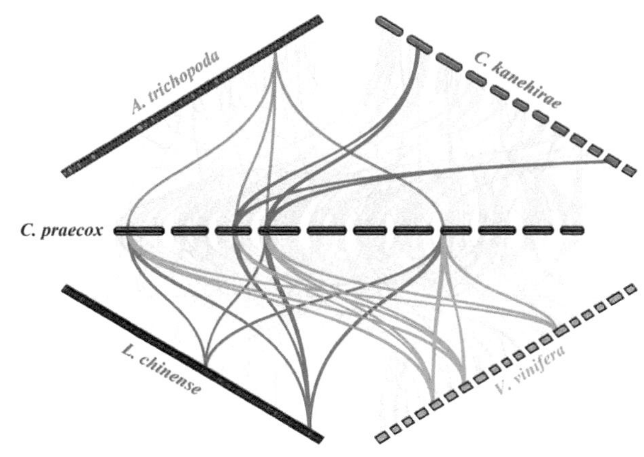

图 3-11　红花蜡梅与 4 个物种共线性 dual 整合图

由以上共线性图可知：

（1）蜡梅自身共线性图可以找到很多1∶2和少量1∶3的区域，说明蜡梅基因组至少经历过一次3倍化事件，或者两次2倍化事件。因为如果只发生过一次2倍化事件，应该几乎所有的区域都是1∶1的关系。

（2）蜡梅和鹅掌楸的4∶2共线性关系说明它们分化之后，鹅掌楸发生了一次2倍化事件，蜡梅分支发生了两次WGD事件。

（3）蜡梅和葡萄的4∶3的关系说明它们分化之后，葡萄发生了一次3倍化事件，蜡梅分支发生了两次WGD事件。

（4）蜡梅和无油樟的4∶1的关系说明它们分化之后，无油樟没有发生WGD事件，蜡梅发生了两次WGD事件。

（5）蜡梅与牛樟的3∶3关系，是JCVI软件默认的判断结果，根据与其他物种的共线性拷贝数，应不可能是3个拷贝。从图3-5(a)中可以找到很多2∶2到4∶4的区域。这种比例关系可能是两者分化之后，都单独发生了两次2倍化；也可能是两者共同祖先经历了一次2倍化，分化之后各自分支又经历了一次单独的2倍化事件。

3.2.5　Ks分析结果

20个物种各自的Ks分析结果见图3-12、表3-5；各物种与蜡梅间的Ks分布结果见图3-13和表3-6。

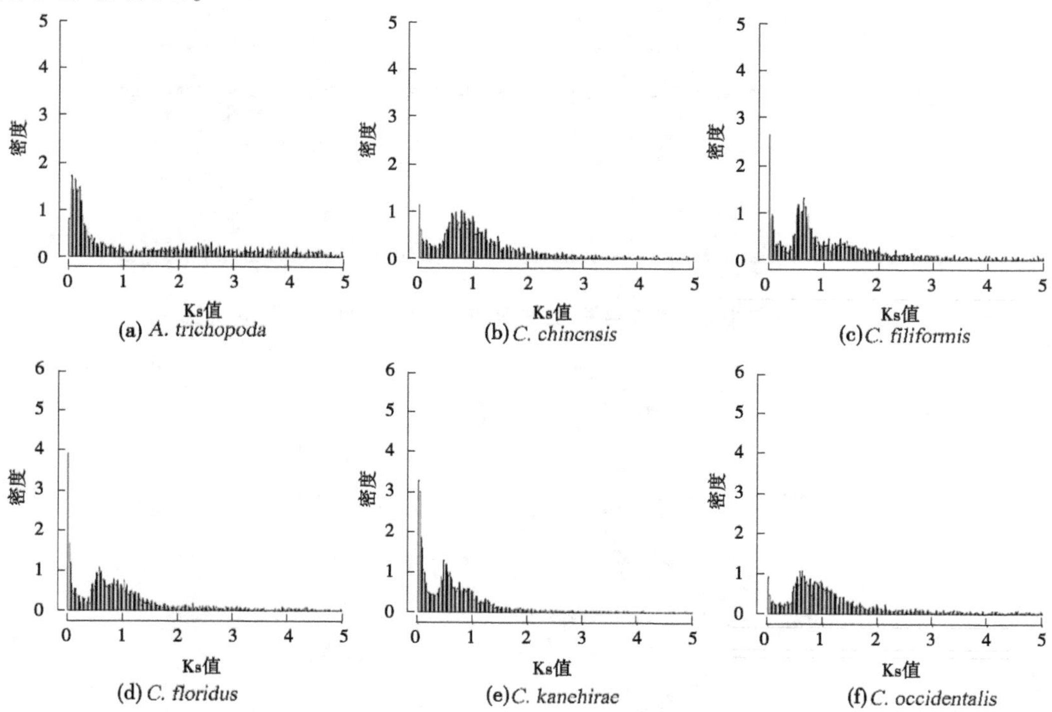

图3-12　20个物种各自的旁同源基因对的Ks分布

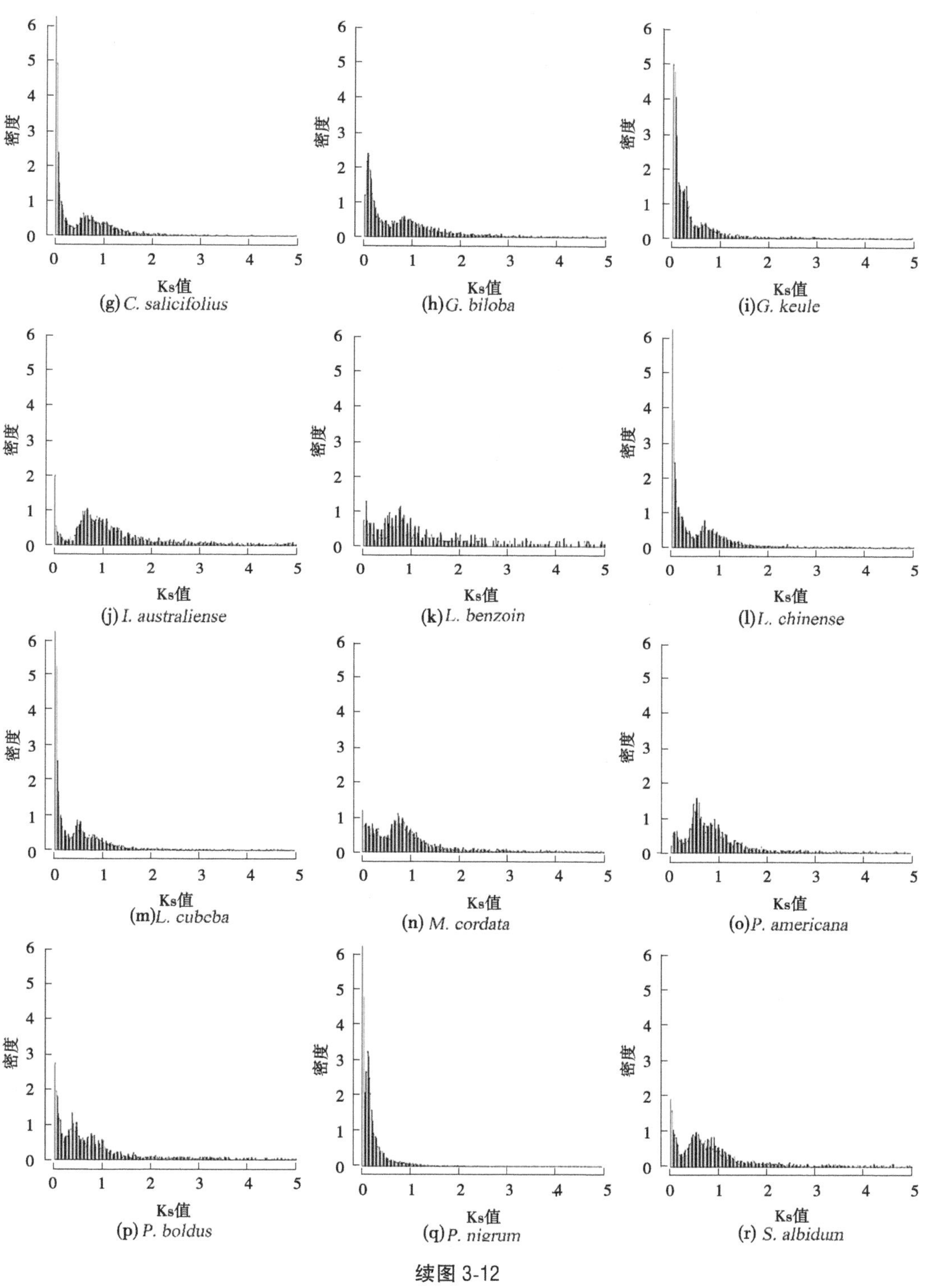
密度
Ks值
(g) C. salicifolius
(h) G. biloba
(i) G. keule
(j) I. australiense
(k) L. benzoin
(l) L. chinense
(m) L. cubeba
(n) M. cordata
(o) P. americana
(p) P. boldus
(q) P. nigrum
(r) S. albidum

续图 3-12

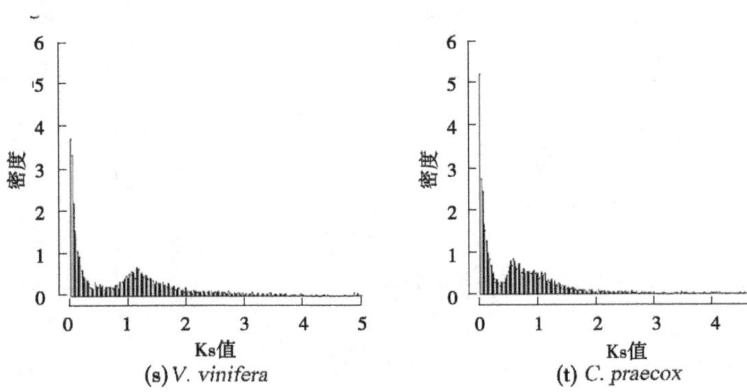

续图 3-12

表 3-5　20 个物种各自同源基因对的 Ks 值

物种	年轻的 WGD 峰	古老的 WGD 峰
C. praecox–C. praecox	0.55	0.92
C. salicifolius–C. salicifolius	0.63	1.00
C. chinensis–C. chinensis	0.63	0.81
C. floridus–C. floridus	0.57	0.87
C. occidentalis–C. occidentalis	0.62	0.93
I. australiense–I. australiense	0.67	0.94
C. filiformis–C. filiformis	0.62	1.32
C. kanehirae–C. kanehirae	0.49	0.89
P. americana–P. americana	0.53	0.88
L. cubeba–L. cubeba	0.52	0.82
L. benzoin–L. benzoin	0.75	
S. albidum–S. albidum	0.53	0.85
G. keule–G. keule	0.25	0.64
P. boldus–P. boldus	0.36	0.77
L. chinense–L. chinense	0.68	
P. nigrum–P. nigrum	0.02	
M. cordata–M. cordata	0.76	
V. vinifera–V. vinifera	1.21	
A. trichopoda–A. trichopoda	—	
G. biloba–G. biloba	0.07	0.86

由图 3-12 可知，从同义替换率（Ks）分布来看，蜡梅基因组表现出全基因组重复（WGD）事件的两个峰，包括一个古老事件，Ks 为 0.9~1，一个年轻事件，Ks 为 0.6。另外

5 种蜡梅科植物（*C. salicifolius*，*C. chinensis*，*C. floridus*，*C. occidentalis* 和 *I. australiense*）也在 Ks 值上检测到两个相似的峰，说明两个 WGD 事件是所有蜡梅科植物共有的。

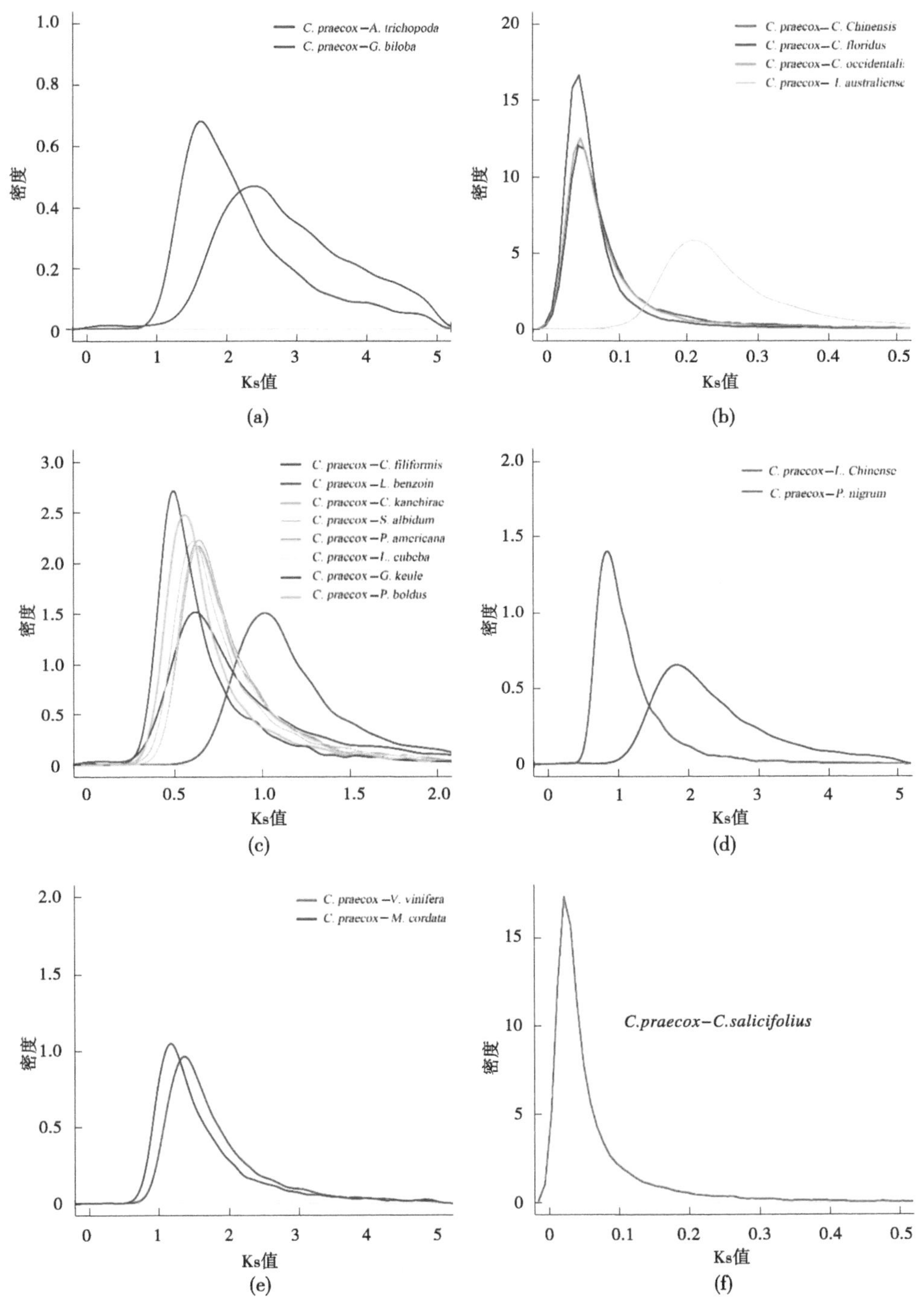

图 3-13　蜡梅与其他 19 个物种间的 Ks 分布

表 3-6　蜡梅分别与其他 19 个物种直系同源基因对的 Ks 值

物种	Ks 值
C. praecox-*C. salicifolius*	0. 02
C. praecox-*C. Chinensis*	0. 04
C. praecox-*C. floridus*	0. 05
C. praecox-*C. occidentalis*	0. 05
C. praecox-*I. australiense*	0. 22
C. praecox-*C. filiformis*	1. 02
C. praecox-*C. kanehirae*	0. 64
C. praecox-*P. americana*	0. 64
C. praecox-*L. cubeba*	0. 63
C. praecox-*L. benzoin*	0. 61
C. praecox-*S. albidum*	0. 60
C. praecox-*G. keule*	0. 49
C. praecox-*P. boldus*	0. 56
C. praecox-*L. Chinense*	0. 85
C. praecox-*P. nigrum*	1. 85
C. praecox-*M. cordata*	1. 18
C. praecox-*V. vinifera*	1. 38
C. praecox-*A. trichopoda*	1. 63
C. praecox-*G. biloba*	2. 40

由图 3-13 可知：

(1)蜡梅与柳叶蜡梅的 Ks 峰值最小，说明它们同源基因差异更小，两者最近分化。其次是夏蜡梅、美国蜡梅、西美蜡梅和奇子树，然后是樟科物种，真双子叶植物，与蜡梅遗传距离最远的是无油樟和银杏。从物种不同遗传距离看，与实际情况一致。

(2)蜡梅和樟科的分化峰大多在 0. 4~0. 6，但是结合物种自身的 Ks 分布发现蜡梅分支和樟科分支几乎所有物种 Ks 的第二个峰(Ks 较大的峰)都大于 0. 8，这一点暗示了樟科和蜡梅分支共享了一次 WGD 事件，此后才分化，接着各自分支才发生了近期的分支特有的 2 倍化事件。结合共线性的结果，认为蜡梅和牛樟共同祖先经历了一次 2 倍化，然后分化之后各自又经历了一次单独的 2 倍化事件。

通过比较蜡梅与这些物种的 Ks 值以及这些物种旁系同源基因对的 Ks 值可以解释 WGD 事件与樟目和木兰类物种的分化关系(见表 3-5 和表 3-6)。有趣的是，蜡梅与鹅掌楸之间的 Ks 值(0. 85)略小于蜡梅古 WGD 事件的 Ks 值(0. 92)，但大于鹅掌楸 WGD 事件的 Ks 值(0. 68)。因此，在判断木兰科和蜡梅科是否存在相同的 WGD 事件时，会得出相反的结论。因此,按照山苍子基因组论文中所描述的方法,研究了图 3-14 中物种(包括蜡梅科、樟科、樟目、木兰目直至木兰类、无油樟和银杏)Ks 值,并构建 Ks 树(见图 3-14)。

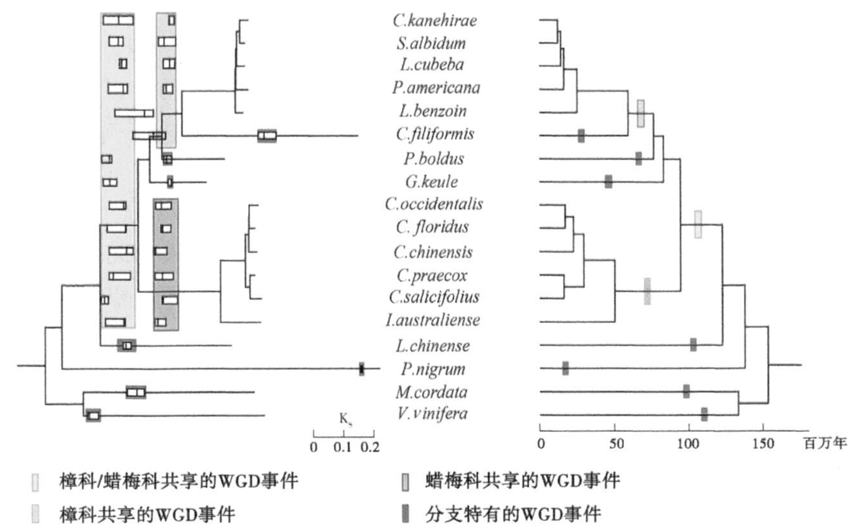

注:白色矩形框表示 Ks 峰值的 95%置信区间,中间黑线表示 Ks 峰值位置。
左图中 *C. filiformis* 和 *L. benzoin* 的 Ks 峰值区间介于红色和绿色块之间,
是由两次 WGD 的峰拟合在一起导致的。

图 3-14 依据 Ks 值的木兰类系统发育

由图 3-4 可知,蜡梅科植物共享了 2 次 WGD 事件。樟目的共同祖先经历了 2 倍化,分化为蜡梅科和樟科等,除无根藤(*Cassytha filiformis*)外经历了一次特有的 WGD 事件,奎乐果(*G. keule*)和波尔多树(*P. bolds*)经历了一次特有的 WGD 事件。木兰目、胡椒目和樟目未经历共同的 WGD 事件,分化后各自经历了一个特定的 WGD 事件。樟目古老的 WGD 事件与鹅掌楸属的 WGD 事件相对接近,但二者为独立的 WGD 事件。

3.2.6 木兰类系统进化分析

木兰类的进化状态仍然是争论的主题,红花蜡梅基因组提供了更多的数据来探索这个问题。为此,在 25 个基因组中(7 个木兰类植物、8 个真双子叶植物、6 个单子叶植物、2 个被子植物基部群植物和 2 个裸子植物)共鉴定出 70 个单拷贝同源基因集,首先利用 70 个单拷贝基因家族的全核苷酸序列(包括 0、1 和 2 相位点)的串联序列构建系统发育树[见图 3-15(a)]。结果表明,红花蜡梅与 5 个木兰类植物(鹅掌楸、柳叶蜡梅、山苍子、牛樟、鳄梨)聚在一起,而黑胡椒与单子叶植物聚为一类。去掉黑胡椒后,在新生成的树中,木兰类聚在一起形成一个姐妹群(见图 3-16),可能是由黑胡椒存在长枝吸引(LBA)引起的,因为黑胡椒的进化速率与选择的单子叶植物相似,但明显快于其他木兰类植物[见图 3-15(a)]。为了消除 LBA 的影响,使用除相位点 2 外的不同的相位位点,即 0 相位点和/或 1 相位点来重建发育树[见图 3-15(b)、(c)和(d)左]。在生成的 3 种树中,基于第 1 相位点和第 0、1 相位点的 2 种树显示出合理的结果,即 7 个木兰类植物形成一支[见

图 3-15(c)和(d)左]。随后,利用 70 个单拷贝基因家族的氨基酸序列构建了串联树[见图 3-15(d)右],所有的 3 种树[见图 3-15(c)、(d)]表明(BS 大于 60%)木兰类是真双子叶的姐妹,这与牛樟基因组、柳叶蜡梅基因组的分析结果一致。

不完全谱系分选(ILS)可能会影响被子植物早期分化分支的判断。因此,在书中,进一步采用并联的方法,使用 ASTRAL 软件分析了 70 个单拷贝基因树,以避免 ILS 的影响。在 70 个核苷酸序列的树中,发现了 3 种代表木兰类、单子叶和真双子叶之间不同关系的拓扑结构,即主(q1)、第一(q2)和第二(q3),Q 值分别为 0.34、0.33 和 0.33[见图 3-17(a)]。q1 拓扑结构是由基于核苷酸序列的并联树推荐的,支持真双子叶和木兰类之间的姐妹群关系[见图 3-15(e)左]。而基于氨基酸序列的并联树,值最高的 q1(0.37)表明木兰类和单子叶植物是姐妹关系[见图 3-15(e)右],其他两个拓扑结构 Q 值分别是 0.35 和 0.27[见图 3-17(b)]。

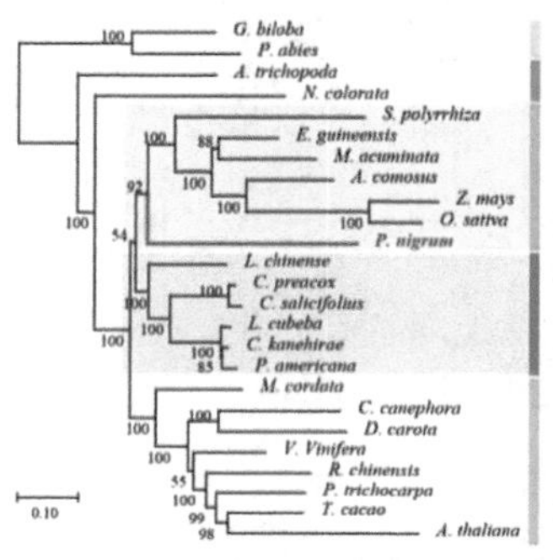

(a)基于核苷酸(0、1和2相位点)串联序列系统发育树

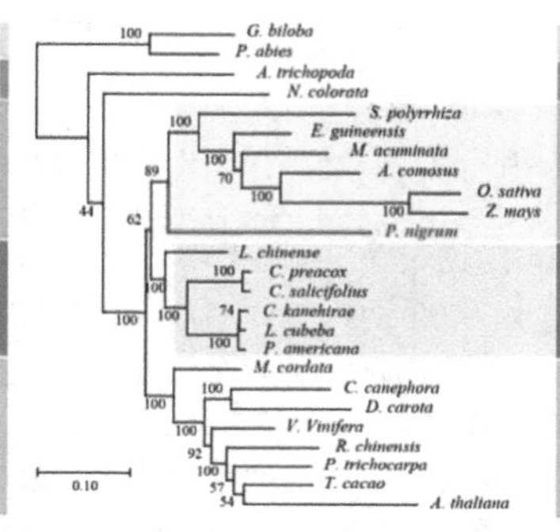

(b)基于部分核苷酸(0相位点)串联序列系统发育树

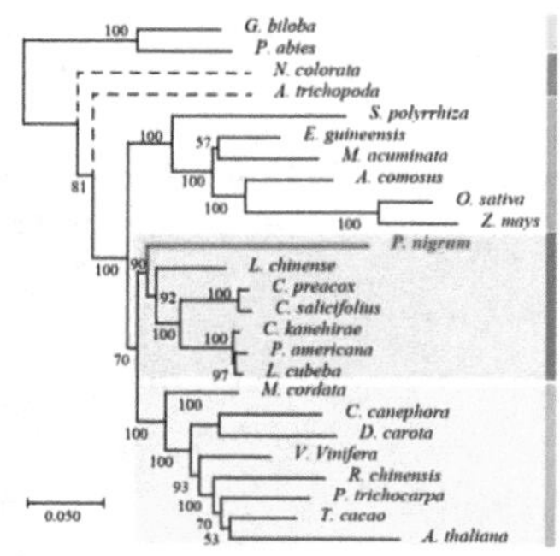

(c)基于部分核苷酸(1相位点)串联序列系统发育树

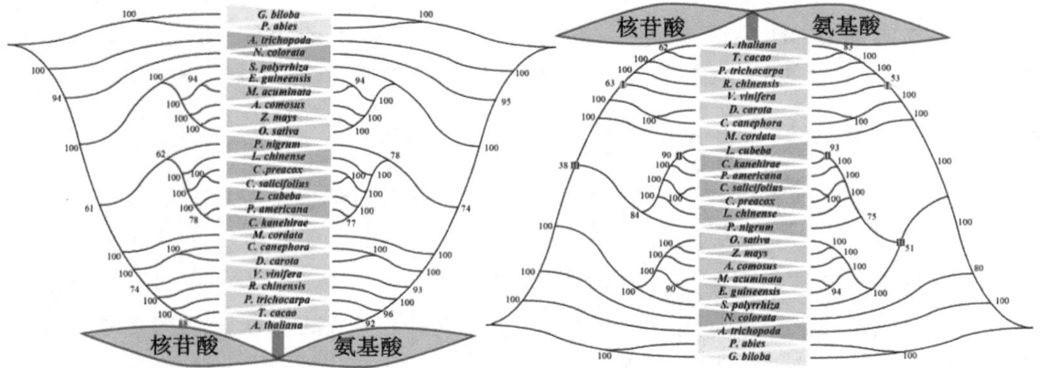

(d)基于部分核苷酸(0和1相位点)串联序列(左图)和氨基酸串联序列(右图)的系统发育树

(e)基于核苷酸(0、1和2相位点)并联序列(左图)和氨基酸并联序列(右图)的系统发育树;图e中标记为Ⅰ、Ⅱ和Ⅲ的绿点表示系统发育不一致

图 3-15　基于 25 个物种 70 个单拷贝基因家族核苷酸和氨基酸序列构建的系统发育树

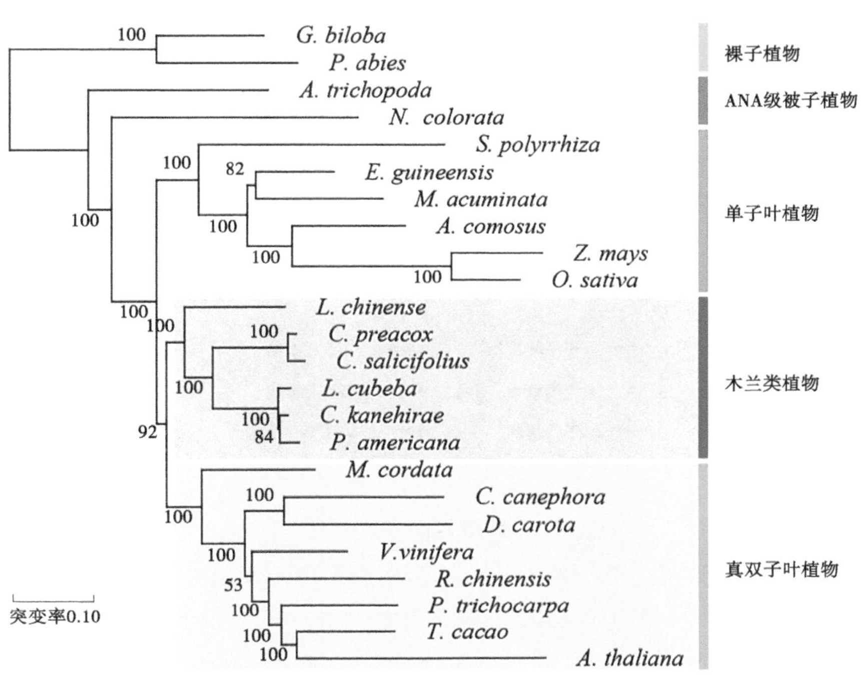

图 3-16　基于 70 个单拷贝基因家族全核苷酸(包括 0、1、2 相位点)串联序列系统发育树(黑胡椒除外)

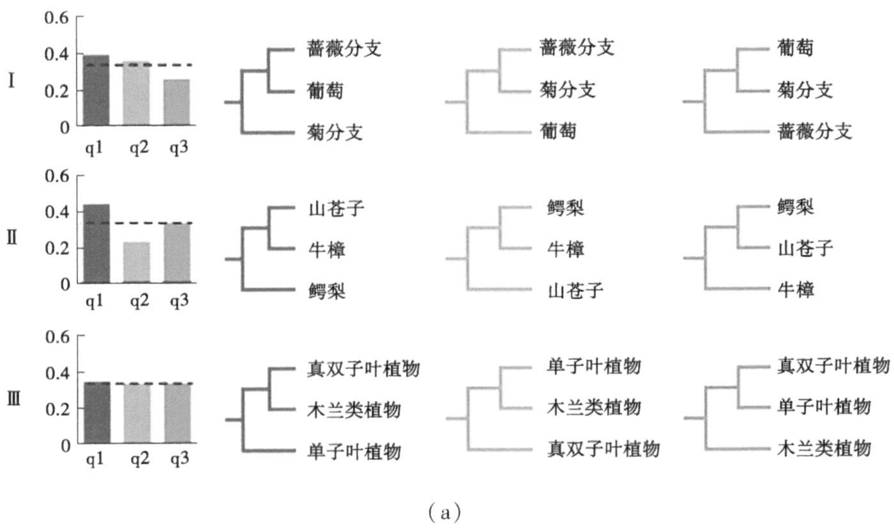

图 3-17　基于核苷酸(a)和氨基酸(b)序列 70 个单拷贝基因树不同拓扑结果的估算

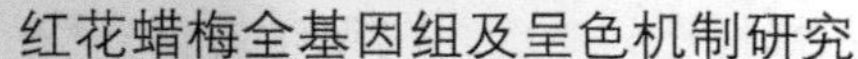

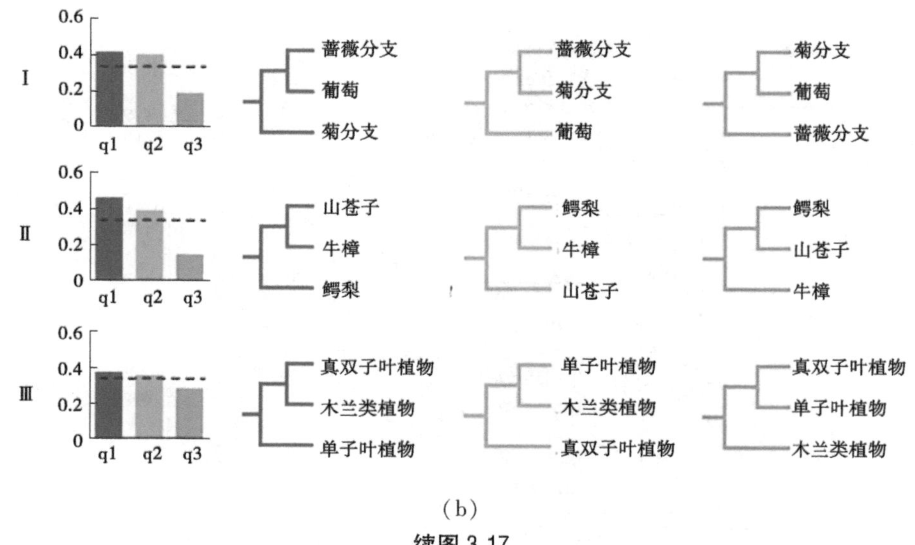

(b)

续图 3-17

在充分考虑可能导致木兰类植物进化位置错误的多种因素情况下,结果表明:基于二叉树的方法或不能完全代表被子植物的早期多样化,木兰类更可能是真双子叶的姐妹,这一观点得到了较多发育树的支持。

3.3 讨 论

红花蜡梅与牛樟、鹅掌楸、葡萄和无油樟的共线性与同线性分析也支持了红花蜡梅的两个 WGD 事件,并且揭示了无油樟的一个同源区对应于红花蜡梅的 4 个同源片段。此外,红花蜡梅与牛樟、鹅掌楸和葡萄的共线片段比较分别为 2:2、4:2和 4:3,红花蜡梅与柳叶蜡梅共线片段的详细比较显示出 1:1共线性的特殊模式。共线性分析表明,柳叶蜡梅与蜡梅经历了 2 次共享的 WGD 事件;牛樟也经历了两个 WGD 事件,古老事件与蜡梅共享,分化后各自分别经历了一个 WGD 事件;鹅掌楸分化后经历了 1 次 WGD 事件。这些结果也与 Ks 分析一致。

红花蜡梅两个 WGD 事件中年轻的 1 次可能与蜡梅科共同发生,说明年轻的 WGD 事件代表了蜡梅科基因组特有的独立事件。分析来自 5 个樟目基因组其中 1 个至少包含一对共线性区域旁系同源基因的基因树,来确定蜡梅 WGD 事件与柳叶蜡梅、牛樟、鳄梨和山苍子 WGD 在樟目分支上的位置,也证实了樟目的共同的 WGD 事件。这些结果进一步为所有樟目共享的 WGD 提供了强有力的证据,这可能只是比它们分化稍早一点,并可能与樟目的分化相关。另外,樟目和木兰目在从木兰类分化之前没有共享 WGD 事件。

在牛樟、山苍子、楠木、柳叶蜡梅和鹅掌楸基因组报道的 WGD 事件分析结果中指出,木兰目(木兰科)和樟目(樟科)共享了 1 次 WGD 事件。同时 Shang 等认为蜡梅古 WGD 事件发生在蜡梅科和木兰科分化之后。在本书中,基于直系同源性分歧、Ks 图和共线性分析,现有证据证实了胡椒目(胡椒)和木兰目(鹅掌楸)经历了一次 WGD 事件,它们都不

与樟目共享。蜡梅 2 个 WGD 事件中古老的 WGD 事件为樟目植物所共享，但蜡梅科、樟科、奎乐果、波尔多树各自经历了一个特定的 WGD 事件(见图 3-14)。

在被子植物系统发育组(APG)系统的 4 个不同版本中，木兰类具有不同的系统发育位置。例如，木兰类在 APGⅡ中是单子叶植物的姐妹，而在 APGⅠ、Ⅲ和Ⅳ中是单子叶植物和真双子叶植物的姐妹。到目前为止，在已发表的木兰类基因组物种中，Shang 等、Chaw 等、Lv 等支持木兰类是真双子叶的姐妹；同时，Rendón-Anaya 等、Chen 等、Dong 等、Hu 等支持木兰类是单子叶和真双子叶的姐妹。构树方法的不同可能导致木兰类植物进化位置的不同结果。真双子叶植物、单子叶植物和木兰类植物之间的进化关系尚未确定。许多因素可能导致拓扑差异，如检索的直系同源基因的数量、LBA、可能的 ILS 和不同类群样本量。

LBA 是系统发育重建的一个主要障碍，它可能导致远亲谱系被错误地推断为近亲。例如，柏亚科的刺柏属 *Juniperus*(J)、柏木属 *Cupressus*(C)和美洲柏木属 *Hesperocyparis*-北美金柏属 *Callitropsis*-金柏属 *Xanthocyparis*(HCX)之间的系统发育关系存在争议。Qu 等发现，J 和 C 的干枝都比 HCX 长得多，因此它们的姐妹关系可能归因于 LBA。在本书中，LBA 发生在使用 0、1、2 相位点的串联树中，将黑胡椒列入了单子叶植物，并支持木兰类为单子叶植物的姐妹[见图 3-15(a)]。为了求证这一观察结果，排除黑胡椒重新构建系统关系，新的系统树支持了木兰类是真双子叶植物的姐妹(见图 3-16)。为了解决 LBA 问题，分别对使用同源基因的相位点 0、1 以及 0 和 1 串联树来重建系统发育。

植物中许多物种有一个世纪长的生育期，种群规模较大，种间差异有限。这些因素产生了一个重要的进化网络，深受 ILS 的影响。ILS 是祖先群体等位基因多态性的结果。使用 ASTRAL 中的 Q 值显示了支持木兰类、真双子叶和单子叶 3 种不同分情况基因树的百分比。ASTRAL 核苷酸树中的 q1、q2 和 q3 值几乎相同，ASTRAL 氨基酸树中的 q1 和 q2 值非常接近(见图 3-17)，这表明因为不同的物种选择，利用以往研究中不同的同源基因集来研究 3 个分支之间的进化关系，ASTRAL 树可能会产生不同的结果。

以往对木兰类进化位置的研究结果不一致，可能是构树方法不同、ILS 的存在、分类单元取样的局限性以及木兰类植物在进化早期的快速分化等原因造成的。本书中虽然较多系统发育树支持木兰类植物是真双子叶植物的姐妹，但也表明早期被子植物的快速分化是复杂的。Yang 等也认为，完全分叉的树可能不足以代表被子植物的早期分化。

3.4　小　结

(1)基于 CDS 并联树估算蜡梅和柳叶蜡梅的分化时间为 1 700 万年前；蜡梅科和木兰科分化时间为 1.23 亿年前；樟目和胡椒目分化时间为 1.39 亿年前；木兰类和真双子叶分化时间为 1.52 亿年前。

(2)蜡梅科植物共享了 2 次 WGD 事件，樟目的共同祖先经历了 2 倍化，分化为蜡梅科和樟科等，除无根藤(*C. filiformis*)外经历了一次独立的 WGD 事件。木兰目、胡椒目和樟目未经历共同的 WGD 事件，分化后经历了一个特定的 WGD 事件。樟目古老的 WGD 事件与鹅掌楸属的 WGD 事件相对接近，但二者为独立的 WGD 事件。

(3)基于25个物种的基因组数据,使用0、1、2相位点的构建CDS串联树显示黑胡椒位置异常,并对木兰类地位产生了影响,证实黑胡椒存在长枝效应,使用1相位点以及0和1相位点构建的CDS串联树消除了长枝效应。

(4)以往对木兰类系统发育位置的研究结果不一致,可能是构树方法不同、ILS的存在、分类单元取样的局限性以及木兰类植物在进化早期的快速分化等原因造成的。在充分考虑多种可能影响木兰类植物进化位置多种因素的基础上,基于二叉树的方法或不能完全代表被子植物的早期多样化,木兰类更可能是真双子叶植物的姐妹,这一观点得到了较多发育树的支持。

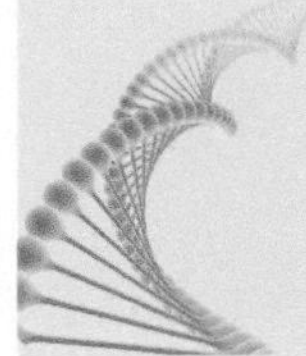

第4章　蜡梅不同花色类型花被片类黄酮靶向代谢组、转录组与联合分析

类黄酮(Flavonoids)是植物一类重要的次生代谢产物,在植物器官中普遍存在。许多类黄酮物质具有清除自由基、抗氧化、预防冠心病、保肝、抗炎、抗癌等活性,部分类黄酮还具有潜在的抗病毒活性。在植物中,类黄酮有助于对抗氧化应激,并作为生长调节剂。大多数花、水果和种子着色的色素是类黄酮化合物。类黄酮通过苯丙氨酸途径合成,苯丙氨酸转化为4-香豆素辅酶A,进入类黄酮生物合成途径,首先合成的前体物质二氢黄酮通过不同的分支代谢途径,可分别生成黄酮(Flavones)、异黄酮(Isoflavones)、黄酮醇(Flavonols)、花色素(Anthocyanins)和黄烷醇(Flavanols)等代谢物。已有研究证实,蜡梅花被片类黄酮物质主要为黄酮醇和花青苷类化合物,但现有研究中关于蜡梅花被片类黄酮物质检测的种类较少,花被片类黄酮代谢途径的中间产物及其他支路代谢物也鲜见报道,同时红花蜡梅花被片类黄酮代谢成分与传统品种的差异尚不清楚。

转录组学(Transcriptomics)从整体上研究全部转录本,改变了研究单一基因的传统模式。关于蜡梅花器官转录组测序,多名研究人员开展过相关研究,但测序材料大多为整个花蕾或花朵。蜡梅花色差异体现在花被片上,利用花被片开展代谢组及转录组分析,可排除花托、雌蕊、雄蕊等其他花器官的影响,使结果更加精准。同时初花期是蜡梅花被片颜色表型开始充分显现及多数相关基因高表达的时期,是开展转录组测序较好的时期之一。开展代谢组和转录组联合,可实现转录层面和代谢层面的相互验证,有助于深入解析基因与代谢物间的相互关系及代谢机制。

本章以分别代表不同花色类型的红花蜡梅、红心蜡梅、素心蜡梅 3 个栽培品种‘鸿运’蜡梅(*C. praecox* ‘Hongyun’)、‘豫香’蜡梅(*C. praecox* ‘Yuxiang’)、‘鄢陵素心’蜡梅(*C. praecox* ‘Yanlingsuxin’)初花期花朵为材料,将中花被片、内花被片分开取样,基于超高效液相色谱串联质谱(UPLC-MS/MS)技术,开展靶向类黄酮检测,分析不同花色类型花被片类黄酮物质差异,并进行功能注释与代谢通路分析;同时采用二代高通量 Illumina 测序平台,利用与代谢组相同的实验材料进行转录组测序,基于已有的基因组信息,通过生物信息学分析,重点筛选花被片类黄酮代谢途径差异表达基因。并开展靶向类黄酮代谢组和转录组联合分析,筛选关键基因,解析蜡梅不同花色类型花被片类黄酮代谢途径差异机制。

4.1　材料与方法

4.1.1　实验材料

采集红花品种(中花被片、内花被片均为红色)、红心品种(中花被片黄色、内花被片红色)、素心品种(中花被片、内花被片均为黄色)3 个品种初花期花朵,及时将中花被片、内花被片分开取样(见图 4-1),用液氮处理后放入-80 ℃冰箱保存。3 个品种 6 个处理,每个处理重复 3 次,共计 18 个样品。样品信息见表 4-1。

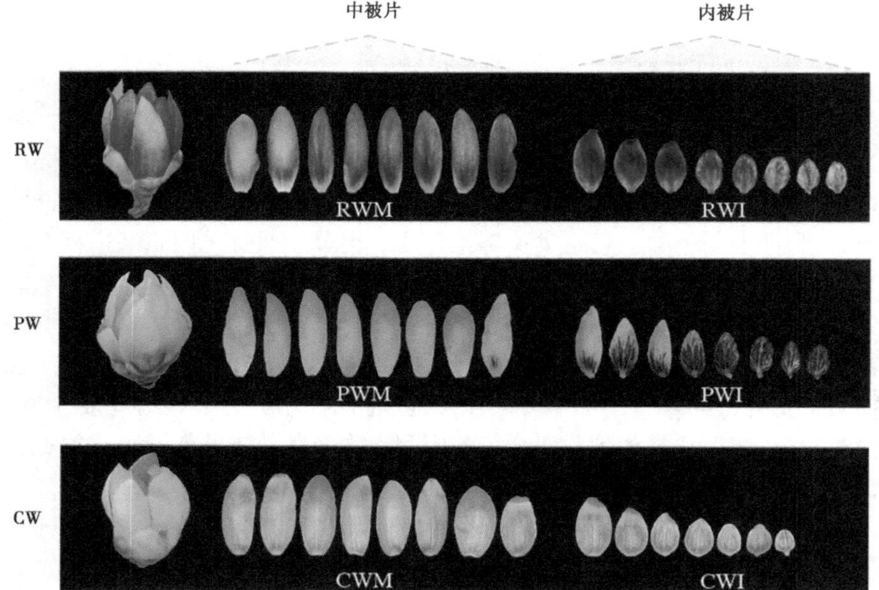

图 4-1　红花蜡梅、红心蜡梅、素心蜡梅初花期表型

表 4-1　样品编号信息

花色类型	组织部位	处理描述	样本名称	处理(组)
红花蜡梅(RW)	中花被片	无处理	RWM-1	RWM
	中花被片	无处理	RWM-2	
	中花被片	无处理	RWM-3	
	内花被片	无处理	RMI-1	RMI
	内花被片	无处理	RMI-2	
	内花被片	无处理	RMI-3	
红心蜡梅(PW)	中花被片	无处理	PWM-1	PWM
	中花被片	无处理	PWM-2	
	中花被片	无处理	PWM-3	
	内花被片	无处理	PWI-1	PWI
	内花被片	无处理	PWI-2	
	内花被片	无处理	PWI-3	

续表 4-1

花色类型	组织部位	处理描述	样本名称	处理(组)
素心蜡梅(PW)	中花被片	无处理	CWM-1	CWM
	中花被片	无处理	CWM-2	
	中花被片	无处理	CWM-3	
	内花被片	无处理	CWI-1	CWI
	内花被片	无处理	CWI-2	
	内花被片	无处理	CWI-3	

4.1.2 样品提取

4.1.2.1 代谢组

利用研磨仪(MM 400,Retsch)将真空冷冻干燥的花被片研磨(30 Hz,1.5 min)至粉末状;称取粉末 100 mg 溶解于 1.0 mL 70%的甲醇水溶液中,4 ℃条件下过夜提取;离心(转速 10 000 g,10 min)吸取上清液,微孔滤膜(0.22 μm pore size)过滤,用于后续分析。

4.1.2.2 转录组

总 RNA 提取使用 RNAiso Plus Total RNA 试剂盒(Takara,大连,中国),按说明书操作,样品经质检合格后用于建库测序。

4.1.3 检测分析

4.1.3.1 代谢组

利用超高效液相色谱串联质谱系统 UPLC-MS/MS(UPLC, Shim-pack UFLC SHIMADZU CBM30A, http://www.shimadzu.com.cn/; MS/MS, Applied Biosystems 4500 QTRAP, http://www.appliedbiosystems.com.cn/)进行数据采集。液相条件:进样量 5 μL,柱温 40 ℃,流速 0.4 mL/min;色谱柱:Waters ACQUITY UPLC HSS T3 C18(1.8 μm,2.1 mm×100 mm);流动相:水相为加入 0.04%乙酸的超纯水,有机相为加入 0.04%乙酸的乙腈。质谱条件:电喷雾离子源(electrospray ionization,ESI)温度 550 ℃,电压 5 500 V。

利用质谱的一级谱和二级谱,基于相关代谢物数据库进行定性分析,利用三重四级杆的质谱多反应监测(MRM)进行定量分析。首先筛选目标物质的母离子,经碰撞室诱导电离后形成碎片离子,由三重四级杆过滤出特征碎片离子,获得不同样本的代谢物质谱峰,并对同一代谢物在不同样本中的质谱峰进行峰面积积分校正,利用 Analyst 1.6.3 软件处理质谱数据,Multia Quant 软件进行积分和校正。

4.1.3.2 转录组

转录组建库测序流程为:总 RNA 样本检测→mRNA 富集→双链 cDNA 合成→末端修

复,加 A 和接头→片段选择和 PCR 扩增→文库检测→Illumina 测序。

4.1.4 信息分析流程

4.1.4.1 代谢组

分析流程包括数据前处理、统计分析及功能分析。其中数据前处理包括代谢物定性定量分析、样本质控分析、主成分分析(PCA)和层次聚类分析(HCA);数据合格后进行统计分析,包括分组主成分分析、正交偏最小二乘法判别分析(OPLS-DA)和差异倍数分析(Fold Change);筛选出差异代谢物后进行功能分析,包括差异代谢物功能注释和代谢通路分析。

4.1.4.2 转录组

测序原始数据(Raw data 或 Raw reads)经质控、过滤后得到有效数据(Clean data 或 Clean reads),有效数据与红花蜡梅基因组比对得到映射数据(Mapped Data)。基因表达定量分析后,根据不同样品中基因表达量筛选差异基因,进而开展差异基因功能注释,并筛选关键基因。

4.1.4.3 代谢组与转录组联合分析

计算差异基因和差异代谢物的相关性;选取类黄酮通路中相关性大于 0.8 的差异基因和差异代谢物绘制相关性网络图,展示基因和代谢物间的相关关系。

4.2 结果与分析

4.2.1 靶向类黄酮代谢组检测结果

4.2.1.1 代谢物定性定量分析

总离子流(TIC)见图 4-2,MRM 代谢物检测见图 4-3,不同颜色峰代表一个代谢物,峰面积(Area)代表对应物质的相对含量。同时根据代谢物 Rt 与峰型信息,对在不同样本中检测到每个代谢物的质谱峰进行校正,以便比较不同样本中的代谢物含量差异,以确保定性定量的准确。

经分析,本实验中共检测到 82 种代谢物,代谢物信息见表 4-2。代谢物中包括 2 种查耳酮、7 种二氢黄酮、14 种黄酮、2 种异黄酮、6 种二氢黄酮醇、41 种黄酮醇、7 种花青苷、3 种黄烷醇(原花青素),其中主要成分为槲皮素类的黄酮醇及黄酮化合物。按照植物类黄酮主要合成途径,花被片代谢物中的芦丁等黄酮醇类化合物属黄酮醇支路;矢车菊素 3-*O*-葡萄糖苷等花青苷类化合物属花青素支路;表儿茶素等黄烷醇类物质属原花青素支路;五羟黄酮等黄酮类物质属黄酮支路;异黄酮类化合物属异黄酮支路。其中查耳酮、二氢黄酮和二氢黄酮醇是植物类黄酮生物合成途径的中间产物。根据代谢物种类,表明蜡梅花被片类黄酮合成途径中几种主要合成途径可能均含有。

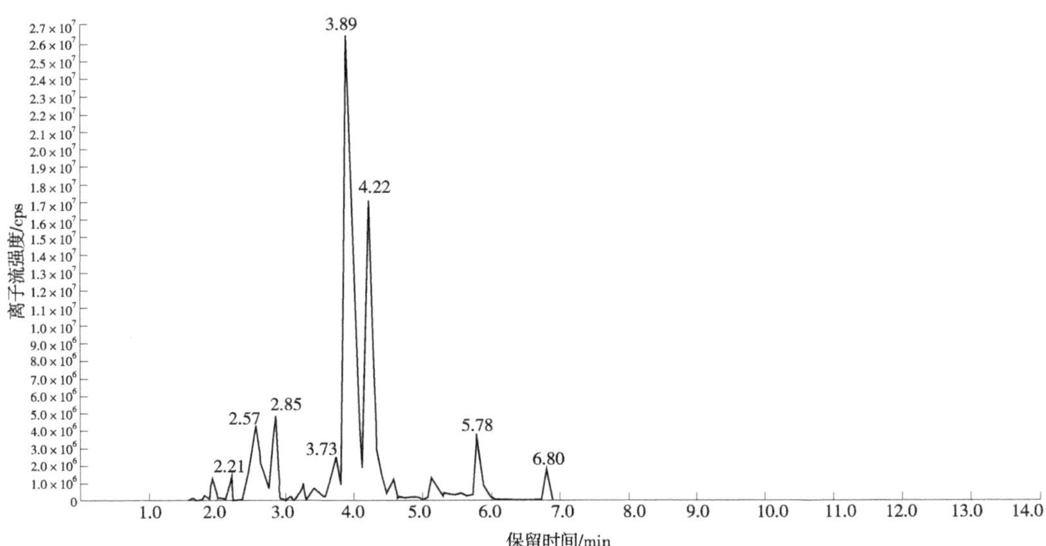

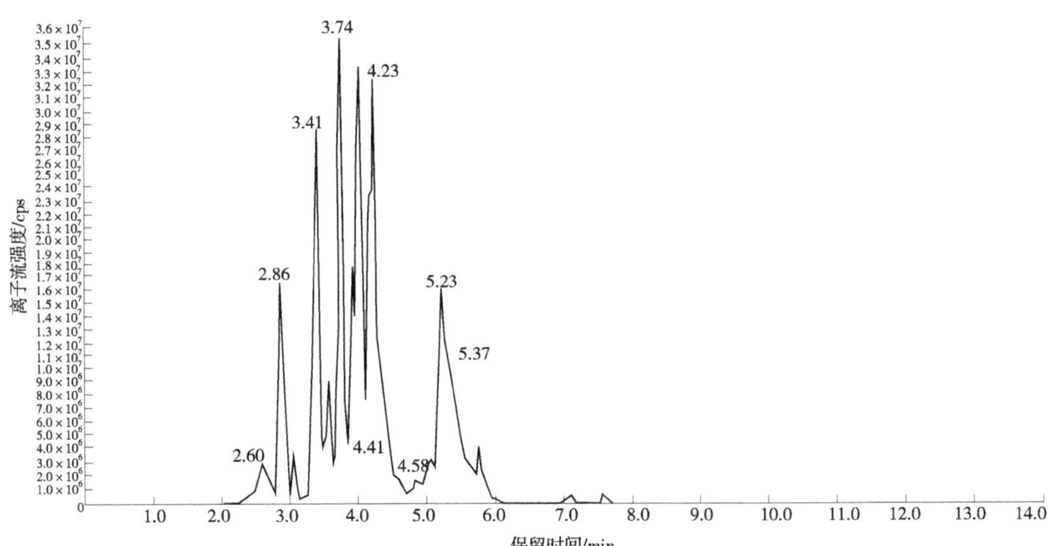

图 4-2　混样质谱总离子流图（正、负离子模式）

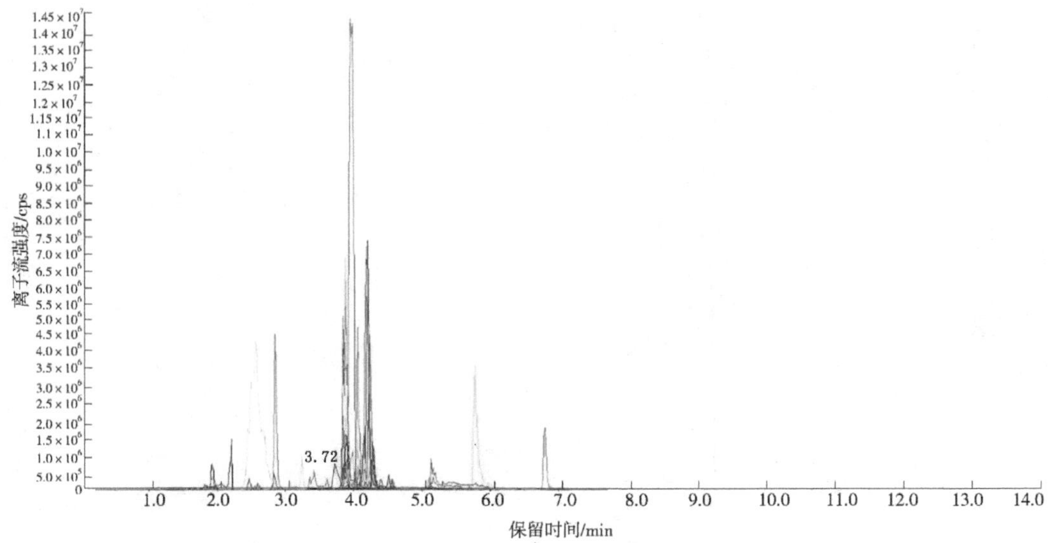

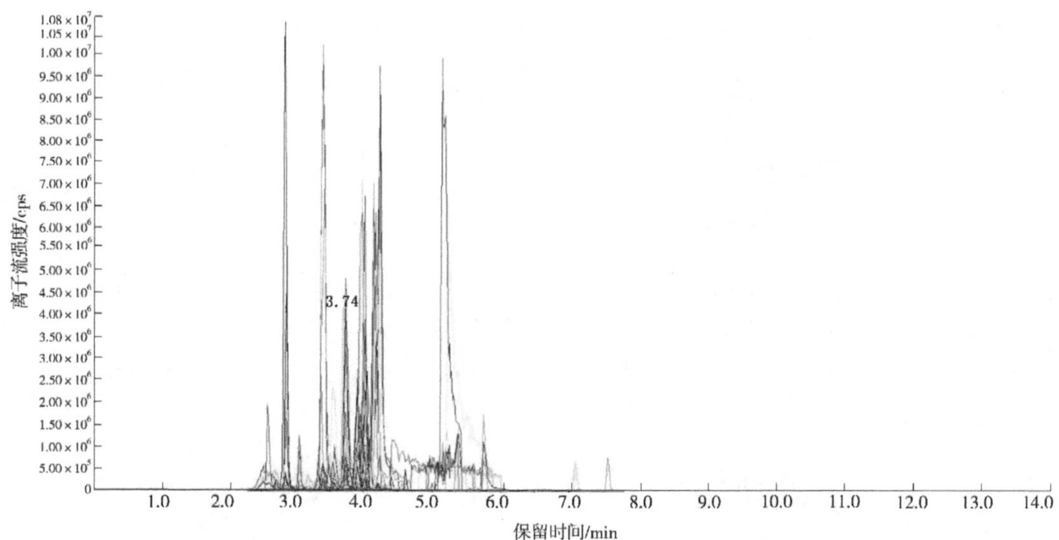

图 4-3　MRM 代谢物检测多峰图(正、负离子模式)

4.2.1.2　样本质控分析

在仪器分析的过程中,每 10 个检测样本中插入一个由样本提取物混合制备而成的质控(quality control, QC)样本,以监测分析过程的重复性。QC 样本质谱检测 TIC 的叠加见图 4-4。由图 4-4 可知,仪器重复性较好。

表 4-2　代谢物信息统计

序号	分子量/Da	物质	物质二级分类	CAS	含量					
					RWI	RWM	PWI	PWM	CWI	CWM
1	272.068	短叶松素*	二氢黄酮醇	548-82-3	67 277	118 247	128 460	78 893	88 983	94 191
2	272.068	柚皮素查耳酮*	查耳酮	73 692-50-9	141 793	264 903	251 120	162 027	151 590	198 457
3	272.068	柚皮素*	二氢黄酮	480-41-1	81 981	128 323	136 127	82 865	94 510	104 993
4	286.048	山奈酚	黄酮醇	520-18-3	8 593 933	15 910 667	14 853 667	19 994 000	10 628 333	14 299 667
5	288.063	二氢山奈酚(香橙素)	二氢黄酮醇	480-20-6	20 667	37 886	21 738	22 195	39 674	51 690
6	288.063	圣草酚	二氢黄酮	552-58-9	433 200	999 953	498 337	434 887	1 046 170	961 540
7	290.079	表儿茶素	黄烷醇类	490-46-0	22 242 333	6 618 667	11 643 667	436 060	2 081 633	559 453
8	290.079	儿茶素	黄烷醇类	154-23-4	953 457	81 214	703 547	57 368	1 113 867	203 910
9	302.043	桑色素*	黄酮醇	480-16-0	1 118 700	1 332 767	1 311 533	1 399 933	1 207 300	1 221 267
10	302.043	槲皮素*	黄酮醇	117-39-5	53 178 667	59 456 333	58 043 667	63 047 667	46 892 333	55 986 000
11	302.043	五羟黄酮	黄酮	520-31-0	177 797	298 983	325 950	560 347	102 200	184 790
12	304.058	二氢槲皮素(花旗松素)	二氢黄酮醇	480-18-2	763 657	1 452 633	352 887	190 530	255 153	740 737
13	316.058	异鼠李素*	黄酮醇	480-19-3	232 717	626 550	578 880	1 771 200	694 257	917 683
14	316.058	柽柳素*	黄酮醇	603-61-2	94 571	240 560	254 537	728 333	230 040	364 463
15	316.058	泽兰黄酮	黄酮	520-11-6	18 097	91 551	8 587	74 520	6 622	38 396
16	342.110	四甲基木犀草素-(3′,4′,5,7-四甲氧基黄酮)	黄酮	855-97-0	75 730	100 631	1 531	9	37 501	7 615

续表 4-2

序号	分子量/Da	物质	物质二级分类	CAS	含量					
					RWI	RWM	PWI	PWM	CWI	CWM
17	342.110	5,6,7,4′-四甲氧基黄酮*	黄酮	1 168-42-9	98 581	115 053	7 481	8 699	202 007	11 230
18	372.121	桔皮素	黄酮醇	481-53-8	3 467 733	4 108 467	193 743	214 410	4 766 933	253 863
19	372.121	异甜橙黄酮	黄酮	17 290-70-9	56 510	66 098	5 978	4 971	102 863	8 718
20	402.131	川陈皮素	黄酮	478-01-3	2 925 933	3 551 767	140 737	154 390	3 485 600	274 127
21	416.147	芹菜素-3-*O*-鼠李糖苷	黄酮	—	13 098	104 821	30 505	471 133	20 063	96 315
22	418.090	山奈酚-3-*O*-阿拉伯糖苷*	黄酮醇	5 041-67-8	152 187	811 450	618 303	1 618 567	19 852	158 443
23	432.142	3,5,6,7,8,3′,4′-七甲氧基黄酮	黄酮醇	1 178-24-1	181 213	248 723	1 895	3 020	36 911	9 289
24	434.085	桑色素-3-*O*-木糖苷*	黄酮醇	—	2 559 533	6 253 900	6 107 133	6 818 833	334 447	1 754 533
25	434.085	槲皮素-3-*O*-阿拉伯糖苷(番石榴苷)*	黄酮醇	22 255-13-6	1 599 367	3 668 667	3 825 933	4 319 467	203 790	997 687
26	434.085	扁蓄苷*	黄酮醇	572-30-5	2 072 600	5 661 067	5 078 533	6 283 100	269 917	1 418 167
27	434.121	樱桃苷*	二氢黄酮	529-55-5	998 343	1 718 100	7 069 133	4 097 733	1 739 467	1 008 167
28	434.121	柚皮素-*O*-葡萄糖*	二氢黄酮	—	361 313	1 014 013	673 837	807 330	355 257	626 510
29	436.137	根皮苷	查耳酮	60-81-1	223 633	609 433	232 063	369 680	62 793	50 163
30	448.101	槲皮素-3-*O*-a-L-鼠李糖苷*	黄酮醇	—	1 956 933	3 332 133	3 550 767	5 601 567	1 398 717	2 833 267
31	448.101	槲皮素-*O*-鼠李糖*	黄酮醇	—	23 693	54 043	51 479 333	1 048 647	32 115	74 491

续表 4-2

序号	分子量/Da	物质	物质二级分类	CAS	含量					
					RWI	RWM	PWI	PWM	CWI	CWM
32	448.101	山奈酚-3-*O*-半乳糖苷(三叶豆苷)*	黄酮醇	23 627-87-4	972 013	2 548 867	4 472 633	9 191 100	147 103	689 870
33	448.101	木犀草素-3′-*O*-葡萄糖苷*	黄酮	5 154-41-6	398 960	1 415 767	1 263 700	3 154 567	163 330	722 427
34	448.101	木犀草素-7-*O*-葡萄糖苷(木犀草苷)*	黄酮	5 373-11-5	9	14 294 333	13 915 600	19 154 500	2 368 100	7 977 300
35	449.108	矢车菊素-3-*O*-葡萄糖苷	花青素	47 705-70-4	3 325 233	1 785 067	4 874 567	70 973	718	1 718
36	449.108	矢车菊素-3-*O*-半乳糖苷	花青素	142 506-26-1	3 500 000	1 829 333	4 633 200	80 549	1 040	1 409
37	450.116	二氢山奈酚-*O*-葡萄糖*	二氢黄酮醇	—	2 741 167	5 721 400	5 118 033	4 629 267	3 343 067	3 394 267
38	450.116	二氢山奈酚-7-*O*-葡萄糖苷*	二氢黄酮醇	—	375 830	565 763	575 677	643 957	544 193	355 860
39	450.116	圣草酚-7-*O*-葡萄糖苷*	二氢黄酮	38 965-51-4	1 036 800	1 944 033	1 545 900	1 414 267	1 574 633	1 553 333
40	450.116	二氢山奈酚-3-*O*-葡萄糖苷*	二氢黄酮醇	1 049-08-8	2 666 167	4 787 800	3 600 067	3 375 167	3 814 333	3 618 767
41	450.116	圣草酚-3′-*O*-葡萄糖苷*	二氢黄酮	—	392 207	949 253	203 673	561 847	259 217	598 530
42	452.131	表儿茶素苷	黄烷醇类	—	1 294 967	991 540	1 574 767	606 813	1 280 467	810 260
43	464.095	绣线菊苷*	黄酮醇	20 229-56-5	16 513 333	23 576 333	24 825 667	23 994 000	8 665 900	18 942 000
44	464.095	槲皮素-3-*O*-葡萄糖苷(异槲皮苷)*	黄酮醇	482-35-9	4 824 433	6 625 900	9 834 267	9 345 300	980 020	2 434 667
45	464.095	槲皮素-7-*O*-葡萄糖苷*	黄酮醇	491-50-9	15 273 000	22 583 333	20 651 000	22 291 667	7 892 467	16 754 667
46	518.106	丙二酰染料木苷	异黄酮	—	16 036	31 263	93 716	103 713	37 075	31 169

续表 4-2

序号	分子量/Da	物质	物质二级分类	CAS	含量					
					RWI	RWM	PWI	PWM	CWI	CWM
47	534.101	山奈酚-3-*O*-(6″-丙二酰)葡萄糖苷*	黄酮醇	—	104 040	912 477	750 980	2 165 133	50 379	581 823
48	534.101	山奈酚-3-*O*-(6″-丙二酰)半乳糖苷*	黄酮醇	—	100 333	862 427	737 143	2 243 733	44 362	531 343
49	550.096	槲皮素-7-*O*-(6″-*O*-丙二酰基)-葡萄糖苷*	黄酮醇	—	771 727	2 373 667	2 786 200	4 534 833	172 940	1 462 000
50	550.096	槲皮素-3-*O*-(6″-*O*-丙二酰)-半乳糖苷*	黄酮醇	—	244 677	857 687	971 093	1 833 333	54 953	458 873
51	550.096	五羟黄酮 *O*-丙二酰葡萄糖苷	黄酮	—	301 047	397 683	468 783	721 097	422 743	787 483
52	594.158	木犀草素-7-*O*-新橘皮糖苷*	黄酮	25 694-72-8	3 530 633	8 349 133	6 856 233	10 827 400	1 539 400	5 713 033
53	594.158	山奈酚-3-*O*-新橙皮糖苷*	黄酮醇	32 602-81-6	2 106 000	5 220 233	4 751 767	7 824 400	852 837	3 533 133
54	594.158	山奈酚-3-*O*-芸香糖苷(烟花苷)*	黄酮醇	17 650-84-9	1 444 900	3 353 733	3 537 133	5 605 367	581750	2 492 400
55	595.166	矢车菊素-3-*O*-芸香糖苷	花青素	28 338-59-2	10 131 967	7 045 467	6 451 500	140 497	768	913
56	596.138	槲皮素-3-阿拉伯糖基葡萄糖苷*	黄酮醇	—	100 713	127 163	117 108	154 947	11 842	45 685

续表 4-2

序号	分子量/Da	物质	物质二级分类	CAS	含量					
					RWI	RWM	PWI	PWM	CWI	CWM
57	596.174	圣草次苷	二氢黄酮	13 463-28-0	9	81 225	136 697	418 297	70 748	167 830
58	609.160	芍药花素-3-(6″-对-香豆酰葡萄糖苷)	花青素	—	650 523	497 167	317 610	434 070	542 840	393 987
59	610.132	槲皮素-*p*-香豆酰葡萄糖苷*	黄酮醇	—	10 583 667	16 799 000	14 600 000	18 590 333	4 303 967	10 599 333
60	610.148	槲皮素-*O*-阿魏酰戊糖苷*	黄酮醇	—	10 512 700	16 532 333	14 761 333	17 850 667	4 452 200	11 062 667
61	610.153	槲皮素-3-*O*-新橘皮糖苷*	黄酮醇	117 611-67-3	580 760	987 363	704 447	1 034 527	472 490	922 690
62	610.153	槲皮素-3-*O*-芸香糖苷(芦丁)*	黄酮醇	153-18-4	1 920 567	2 865 100	2 732 467	3 615 867	1 321 967	2 450 833
63	611.161	飞燕草素-3-*O*-芸香糖苷	花青素	15 674-58-5	521 163	328 007	166 793	9	76 444	9
64	624.168	异鼠李素-3-*O*-(6″-对-香豆酰葡萄糖苷)*	黄酮醇	—	1 001 083	4 093 200	21 323 000	17 155 000	4 693 267	3 730 167
65	624.169	3,4′,5,7-四羟基-8-甲氧基黄酮-3 葡萄糖苷-7-鼠李糖苷*	黄酮醇	—	832 123	4 500 967	20 937 667	18 196 667	4 560 800	3 739 000
66	624.169	2′-羟基-5-甲氧基染料木素-*O*-鼠李糖-葡萄糖*	异黄酮	—	905 597	4 257 233	20 411 333	17 369 333	4 377 600	3 318 767

续表 4-2

序号	分子量/Da	物质	物质二级分类	CAS	含量					
					RWI	RWM	PWI	PWM	CWI	CWM
67	625.155	矮牵牛-3-(6″-对-香豆酰葡萄糖苷)	花青素	—	1 064 767	4 538 367	22 026 667	18 460 667	4 818 567	3 962 700
68	626.148	槲皮素-3-*O*-半乳糖-7-*O*-葡萄糖苷*	黄酮醇	56 782-99-1	1 587 500	3 090 300	3 105 567	5 297 100	373 903	1 470 733
69	626.148	6-羟基山奈酚-7,6-*O*-二葡萄糖苷	黄酮醇	—	6 151 833	21 346 000	11 372 333	23 236 000	1 520 400	12 061 000
70	626.148	槲皮素-3,7-*O*-二葡萄糖苷	黄酮醇	—	90 821	231 393	128 810	193 767	163 930	286 337
71	626.148	6-羟基山奈酚-3,6-*O*-二葡萄糖苷	黄酮醇	—	1 671 333	3 508 067	2723300	5 339 967	426 097	1 427 800
72	638.112	木犀草素-7-*O*-葡萄糖醛酸苷(2→1)-葡萄糖醛酸苷	黄酮	—	2 751 333	214 840	2 210 600	9	9	9
73	740.209	木犀草素-7-*O*-(2″-鼠李糖基)芸香糖苷*	黄酮	—	617 683	1 450 033	712 877	1 572 967	680 610	1 429 733
74	740.209	木犀草素-7-*O*-芸香糖苷-5-*O*-鼠李糖苷	黄酮	—	4 784	66 202	14 697	48 726	6 028	29 217
75	740.216	山奈酚-3-*O*-刺槐糖苷-7-*O*-鼠李糖苷（刺槐苷）*	黄酮醇	301-19-9	539 930	1 389 567	669 687	1 354 900	659 020	1 174 400

续表 4-2

序号	分子量/Da	物质	物质二级分类	CAS	含量					
					RWI	RWM	PWI	PWM	CWI	CWM
76	756.211	山奈酚-3-*O*-新橙皮糖苷-7-葡萄糖苷*	黄酮醇	—	763 577	6 694 733	940 743	5 929 900	263 953	3 619 500
77	756.211	槲皮素-*O*-鼠李糖苷-*O*-葡萄糖苷-*O*-戊糖苷*	黄酮醇	—	1 289 767	3 350 833	1 645 000	3 821 000	1 219 533	3 025 067
78	756.212	槲皮素-*O*-芸香糖-*O*-鼠李糖*	黄酮醇	—	28 477 000	60 438 000	33 492 000	63 225 333	26 480 333	52 612 000
79	757.219	飞燕草素-3-*O*-对-香豆酰芸香糖苷	花青素	—	29 524 333	56 117 333	33 702 333	65 841 333	27 525 667	52 816 667
80	772.206	槲皮素-葡萄糖-葡萄糖-鼠李糖 2	黄酮醇	—	630 073	2 052 600	863 363	2 482 600	575 467	1 768 800
81	772.206	槲皮素-葡萄糖苷-葡萄糖苷-鼠李糖苷*	黄酮醇	—	16 543 000	48 715 667	14 997 000	45 340 667	5 714 033	43 242 000
82	772.206	6-羟基山奈酚-3-*O*-芸香糖-6-*O*-葡萄糖苷*	黄酮醇	—	93 613	346 903	73 515	218 220	79 160	427 187

注:表中物质带有“*”表示可能存在同分异构体。

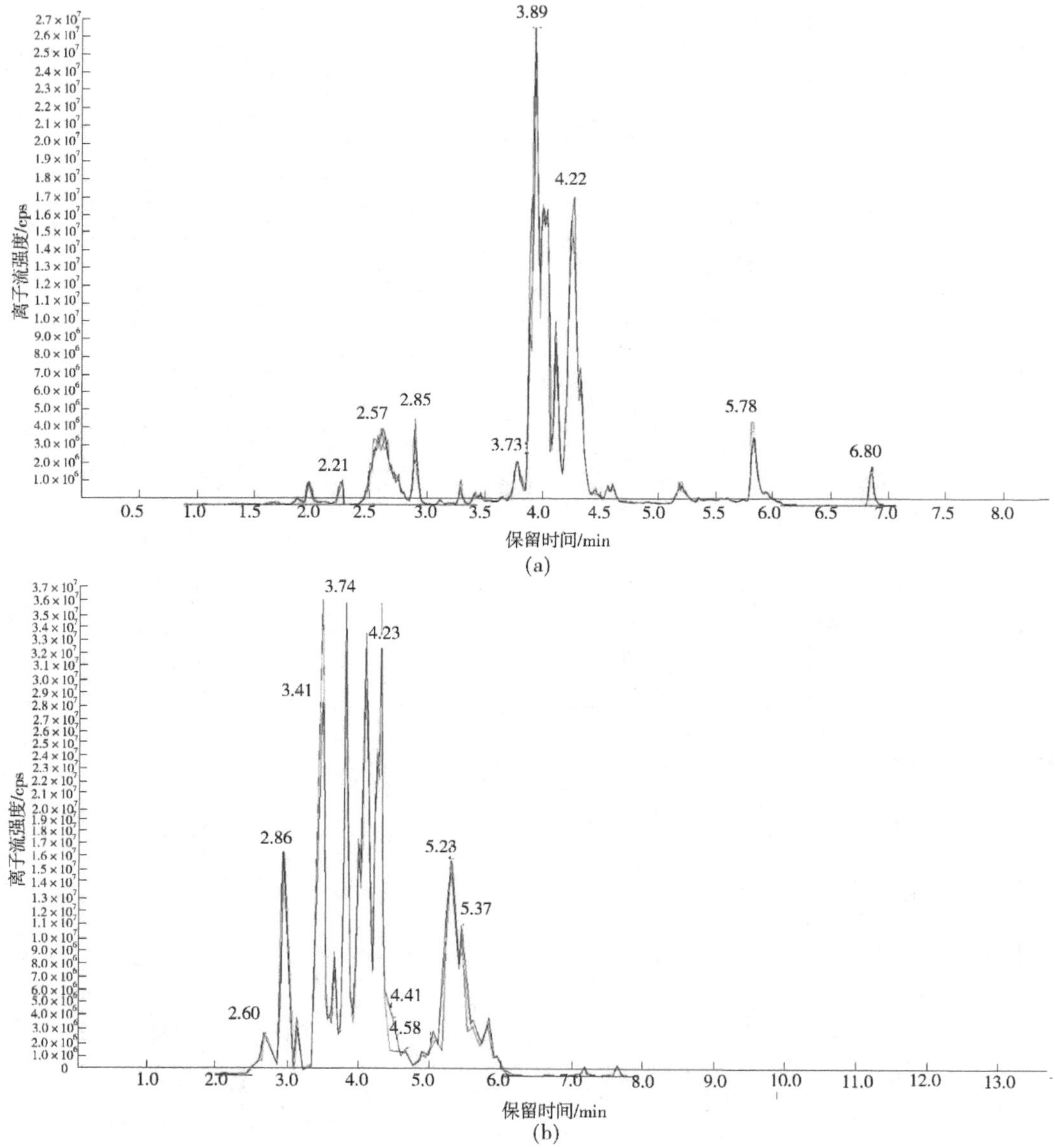

(a)

(b)

图 4-4　QC 样本检测 TIC 的叠加图(正、负离子模式)

4.2.1.3　样品主成分分析与聚类分析

主成分分析(PCA)可显示各组分离趋势及组间是否存在差异,样品 PCA 见图 4-5。R 软件(www.r-project.org/)对不同样本的层次聚类分析(HCA)见图 4-6。通过 PCA 和 HCA 可初步了解组间的差异和组内的变异度大小,图中 18 个样本被清晰地分为 6 组,同组内 3 个样品被聚到一起,表明样品重复性好,组内具有一致性,相距较近;组间具有差异性,相距较远。

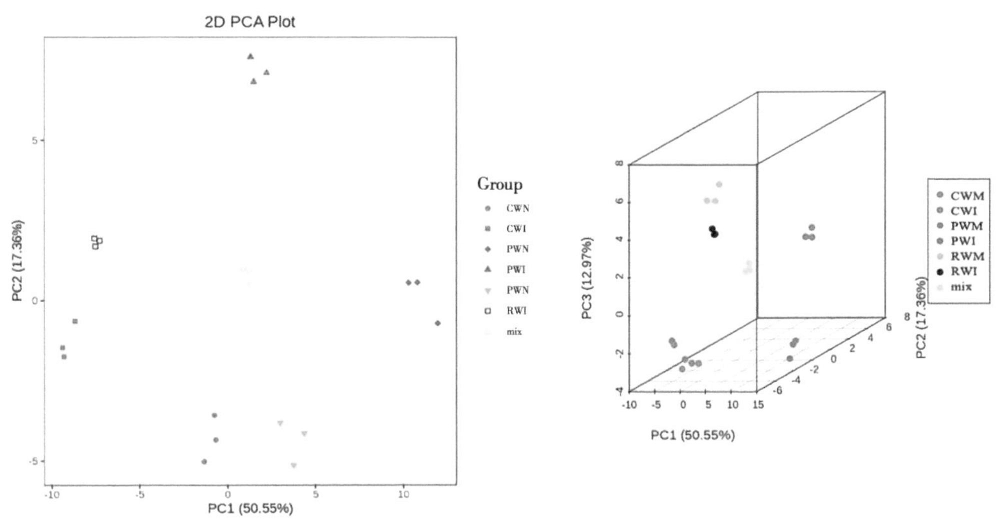

图 4-5　样品质谱数据的 PCA 得分图（左为二维图，右为三维图，mix 为质控样本）

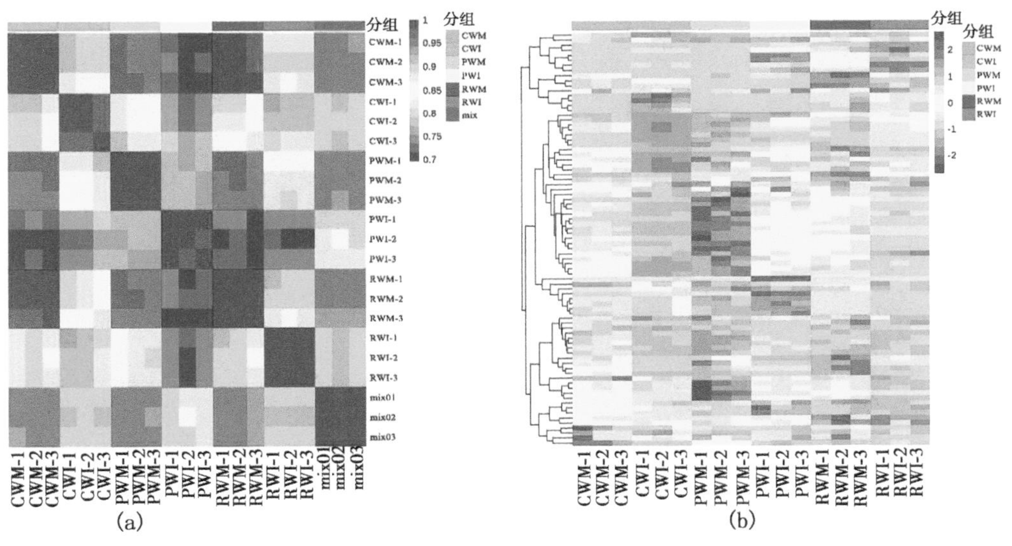

图 4-6　样品间相关性图和 HCA 图

4.2.2　差异代谢物分析

4.2.2.1　分组主成分分析

鉴于 6 个处理花被片颜色分为黄色和红色，为深入研究红、黄花被片代谢物差异，将 6 个处理分为 5 个比较组，按照红、黄进行分组比较分析，分别为 PWM vs PWI、PWM vs RWM、CWM vs PWI、CWI vs RWI、CWM vs RWM。在做差异分析前，首先对进行差异比较的分组样品进行主成分分析，由每个比较组样品二维PCA图（见图4-7）可知，组内具

有一致性,组间具有差异性。

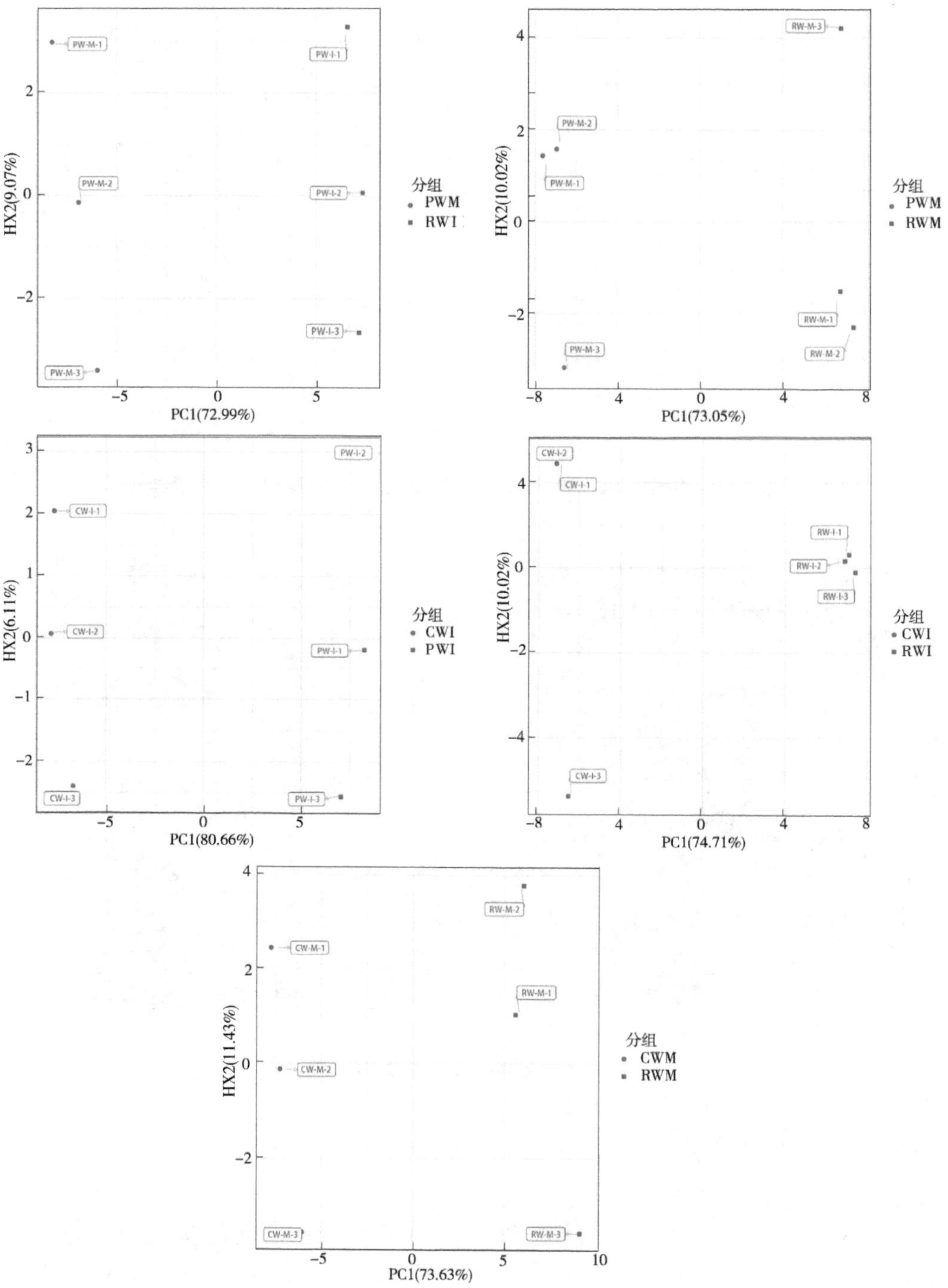

图 4-7　5 个比较组 PCA 图

4.2.2.2　正交偏最小二乘法判别分析(OPLS-DA)

根据 OPLS-DA 模型进一步展示各分组间代谢物差异。5 个比较组的 OPLS-DA 得分见图 4-8。依据变量投影重要度(VIP 值,即差异代谢物在样本分类判别中的影响强度)对差异代谢物进行分析和筛选。

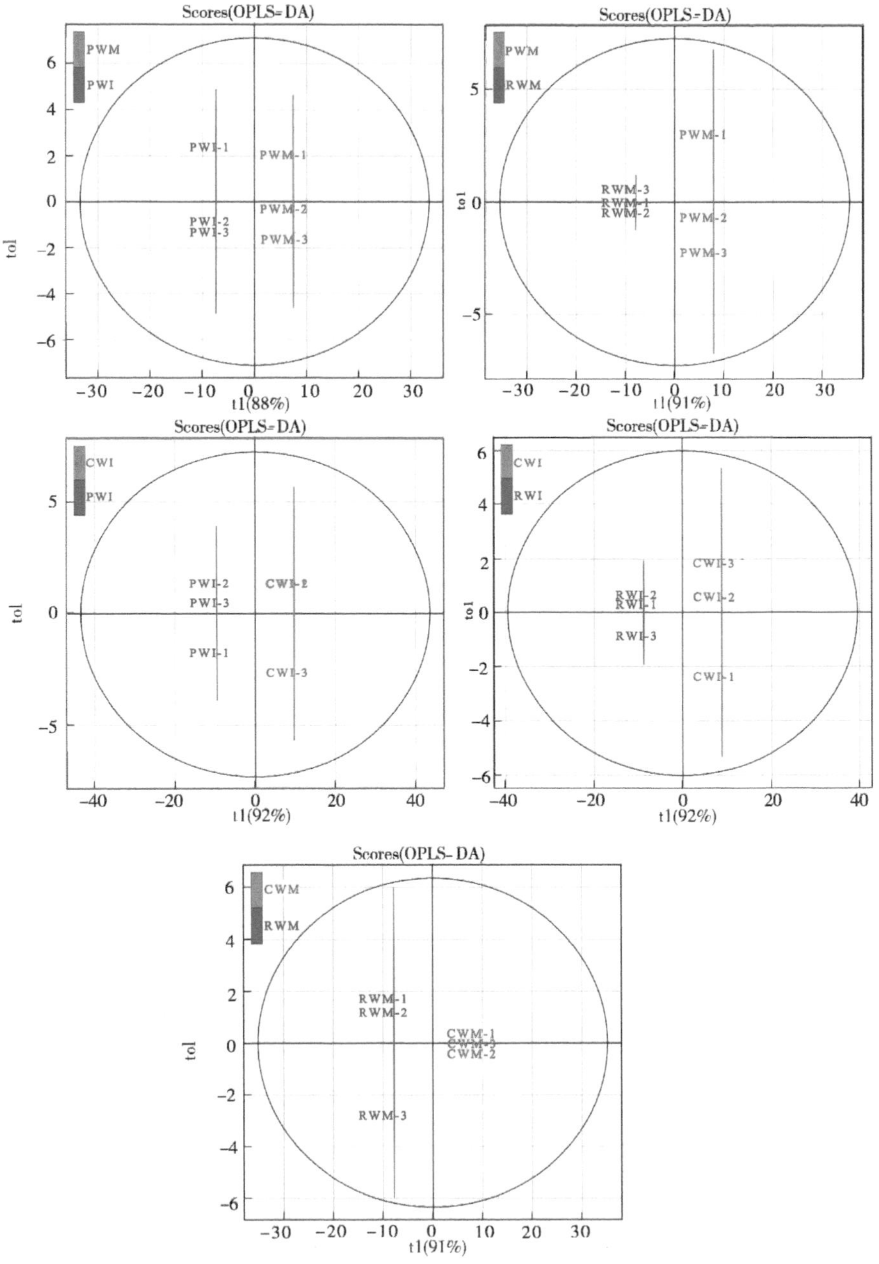

图 4-8　5 个比较组 OPLS-DA 得分图

4.2.2.3 差异代谢物筛选

不同处理间的差异代谢物可基于 OPLS-DA 获得的 VIP 值进行初步筛选出，同时可以结合单变量分析的差异倍数（Fold change）或 P-value 进一步筛选。

筛选标准为：

(1)选取差异倍数≥2 及≤0.5 的代谢物。

(2)对生物学重复样品在上述差异倍数基础上，选取 VIP≥1 的代谢物。

利用火山图（Volcano plot）可快速查看两组样品间代谢物的差异及差异显著性；另外，归一化处理差异显著代谢物，绘制聚类热图，可方便观察代谢物变化规律。5 个比较组差异代谢物、火山图与聚类热图如表 4-3～表 4-7、图 4-9～表 4-13 所示。

表 4-3 PWM vs PWI 差异代谢物

物质	分子式	物质二级分类	类型
表儿茶素	$C_{15}H_{14}O_6$	黄烷醇类	上调
儿茶素	$C_{15}H_{14}O_6$	黄烷醇类	上调
异鼠李素*	$C_{16}H_{12}O_7$	黄酮醇	下调
泽兰黄酮	$C_{16}H_{12}O_7$	黄酮	下调
四甲基木犀草素-(3′,4′,5,7-四甲氧基黄酮)	$C_{19}H_{18}O_6$	黄酮	上调
芹菜素-3-*O*-鼠李糖苷	$C_{21}H_{20}O_9$	黄酮	下调
槲皮素-*O*-鼠李糖*	$C_{21}H_{20}O_{11}$	黄酮醇	上调
矢车菊素-3-*O*-葡萄糖苷	$C_{21}H_{21}O_{11}+$	花青素	上调
矢车菊素-3-*O*-半乳糖苷	$C_{21}H_{21}O_{11}+$	花青素	上调
山奈酚-3-*O*-(6″-丙二酰)半乳糖苷*	$C_{24}H_{22}O_{14}$	黄酮醇	下调
矢车菊素-3-*O*-芸香糖苷	$C_{27}H_{31}O_{15}+$	花青素	上调
圣草次苷	$C_{27}H_{32}O_{15}$	二氢黄酮	下调
飞燕草素-3-*O*-芸香糖苷	$C_{27}H_{31}O_{16}+$	花青素	上调
木犀草素-7-*O*-葡萄糖醛酸苷(2→1)-葡萄糖醛酸苷	$C_{27}H_{26}O_{18}$	黄酮	上调
木犀草素-7-*O*-芸香糖苷-5-*O*-鼠李糖苷	$C_{33}H_{40}O_{19}$	黄酮	下调
山奈酚-3-*O*-新橙皮糖苷-7-葡萄糖苷*	$C_{33}H_{40}O_{20}$	黄酮醇	下调
槲皮素-葡萄糖-葡萄糖-鼠李糖 2	$C_{33}H_{40}O_{21}$	黄酮醇	下调
槲皮素-葡萄糖苷-葡萄糖苷-鼠李糖苷*	$C_{33}H_{40}O_{21}$	黄酮醇	下调
6-羟基山奈酚-3-*O*-芸香糖-6-*O*-葡萄糖苷*	$C_{33}H_{40}O_{21}$	黄酮醇	下调

注：“+”表示物质带正电荷。

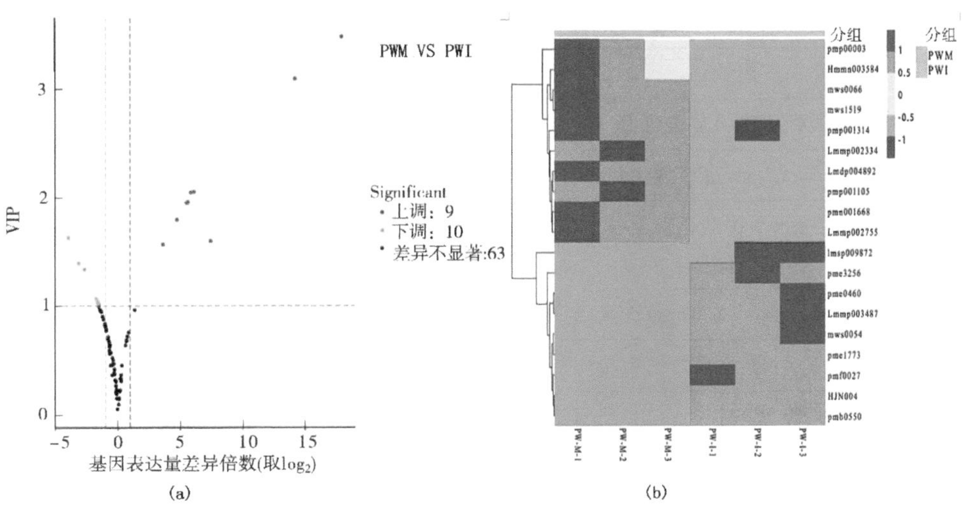

注：火山图中绿点代表下调代谢物，红点代表上调代谢物，黑点代表差异不显著代谢物，图 4-10～图 4-13 同。

图 4-9　PWM vs PWI 差异代谢物火山图与聚类热图

表 4-4　PWM vs RWM 差异代谢物

物质	分子式	物质二级分类	类型
表儿茶素	$C_{15}H_{14}O_6$	黄烷醇类	上调
二氢槲皮素(花旗松素)	$C_{15}H_{12}O_7$	二氢黄酮醇	上调
四甲基木犀草素-(3′,4′,5,7-四甲氧基黄酮)	$C_{19}H_{18}O_6$	黄酮	上调
5,6,7,4′-四甲氧基黄酮*	$C_{19}H_{18}O_6$	黄酮	上调
桔皮素	$C_{20}H_{20}O_7$	黄酮醇	上调
异甜橙黄酮	$C_{20}H_{20}O_7$	黄酮	上调
川陈皮素	$C_{21}H_{22}O_8$	黄酮	上调
芹菜素-3-*O*-鼠李糖苷	$C_{21}H_{20}O_9$	黄酮	下调
3,5,6,7,8,3′,4′-七甲氧基黄酮	$C_{22}H_{24}O_9$	黄酮醇	上调
槲皮素-*O*-鼠李糖*	$C_{21}H_{20}O_{11}$	黄酮醇	下调
山奈酚-3-*O*-半乳糖苷(三叶豆苷)*	$C_{21}H_{20}O_{11}$	黄酮醇	下调
矢车菊素-3-*O*-葡萄糖苷	$C_{21}H_{21}O_{11}+$	花青素	上调
矢车菊素-3-*O*-半乳糖苷	$C_{21}H_{21}O_{11}+$	花青素	上调
丙二酰染料木苷	$C_{24}H_{22}O_{13}$	异黄酮	下调
矢车菊素-3-*O*-芸香糖苷	$C_{27}H_{31}O_{15}+$	花青素	上调
圣草次苷	$C_{27}H_{32}O_{15}$	二氢黄酮	下调

续表 4-4

物质	分子式	物质二级分类	类型
飞燕草素-3-*O*-芸香糖苷	$C_{27}H_{31}O_{16}+$	花青素	上调
异鼠李素-3-*O*-(6″-对-香豆酰葡萄糖苷)*	$C_{28}H_{32}O_{16}$	黄酮醇	下调
3,4′,5,7-四羟基-8-甲氧基黄酮-3 葡萄糖苷-7-鼠李糖苷*	$C_{28}H_{32}O_{16}$	黄酮醇	下调
2′-羟基-5-甲氧基染料木素-*O*-鼠李糖-葡萄糖*	$C_{28}H_{32}O_{16}$	异黄酮	下调
矮牵牛-3-(6″-对-香豆酰葡萄糖苷)	$C_{31}H_{29}O_{14}+$	花青素	下调
木犀草素-7-*O*-葡萄糖醛酸苷(2→1)-葡萄糖醛酸苷	$C_{27}H_{26}O_{18}$	黄酮	上调

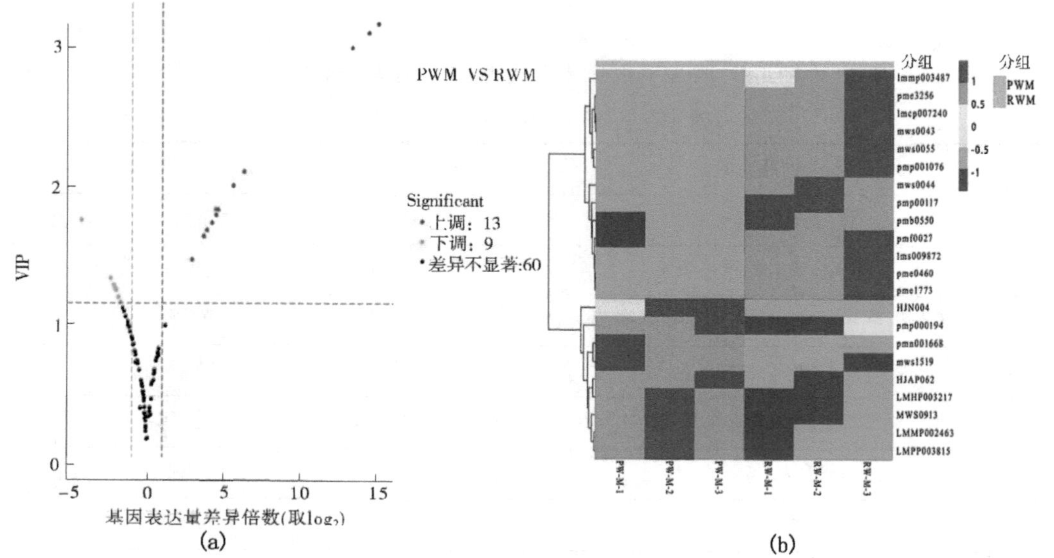

图 4-10　PWM VS RWM 差异代谢物火山图与聚类热图

表 4-5　CWI VS PWI 差异代谢物

物质	分子式	物质二级分类	类型
四甲基木犀草素-(3′,4′,5,7-四甲氧基黄酮)	$C_{19}H_{18}O_6$	黄酮	下调
5,6,7,4′-四甲氧基黄酮*	$C_{19}H_{18}O_6$	黄酮	下调
桔皮素	$C_{20}H_{20}O_7$	黄酮醇	下调
异甜橙黄酮	$C_{20}H_{20}O_7$	黄酮	下调
川陈皮素	$C_{21}H_{22}O_8$	黄酮	下调
山奈酚-3-*O*-阿拉伯糖苷*	$C_{20}H_{18}O_{10}$	黄酮醇	上调

续表 4-5

物质	分子式	物质二级分类	类型
3,5,6,7,8,3′,4′-七甲氧基黄酮	$C_{22}H_{24}O_9$	黄酮醇	下调
桑色素-3-*O*-木糖苷*	$C_{20}H_{18}O_{11}$	黄酮醇	上调
槲皮素-3-*O*-阿拉伯糖苷(番石榴苷)*	$C_{20}H_{18}O_{11}$	黄酮醇	上调
扁蓄苷*	$C_{20}H_{18}O_{11}$	黄酮醇	上调
槲皮素-*O*-鼠李糖*	$C_{21}H_{20}O_{11}$	黄酮醇	上调
山奈酚-3-*O*-半乳糖苷(三叶豆苷)*	$C_{21}H_{20}O_{11}$	黄酮醇	上调
木犀草素-3′-*O*-葡萄糖苷*	$C_{21}H_{20}O_{11}$	黄酮	上调
矢车菊素-3-*O*-葡萄糖苷	$C_{21}H_{21}O_{11}+$	花青素	上调
矢车菊素-3-*O*-半乳糖苷	$C_{21}H_{21}O_{11}+$	花青素	上调
槲皮素-3-*O*-葡萄糖苷(异槲皮苷)*	$C_{21}H_{20}O_{12}$	黄酮醇	上调
山奈酚-3-*O*-(6″-丙二酰)葡萄糖苷*	$C_{24}H_{22}O_{14}$	黄酮醇	上调
山奈酚-3-*O*-(6″-丙二酰)半乳糖苷*	$C_{24}H_{22}O_{14}$	黄酮醇	上调
槲皮素-7-*O*-(6″-*O*-丙二酰基)-葡萄糖苷*	$C_{24}H_{22}O_{15}$	黄酮醇	上调
槲皮素-3-*O*-(6″-*O*-丙二酰)-半乳糖苷*	$C_{24}H_{22}O_{15}$	黄酮醇	上调
山奈酚-3-*O*-芸香糖苷(烟花苷)*	$C_{27}H_{30}O_{15}$	黄酮醇	上调
矢车菊素-3-*O*-芸香糖苷	$C_{27}H_{31}O_{15}+$	花青素	上调
槲皮素-3-阿拉伯糖基葡萄糖苷*	$C_{26}H_{28}O_{16}$	黄酮醇	上调
槲皮素-3-*O*-半乳糖-7-*O*-葡萄糖苷*	$C_{27}H_{30}O_{17}$	黄酮醇	上调
6-羟基山奈酚-7,6-*O*-二葡萄糖苷	$C_{27}H_{30}O_{17}$	黄酮醇	上调
6-羟基山奈酚-3,6-*O*-二葡萄糖苷	$C_{27}H_{30}O_{17}$	黄酮醇	上调
木犀草素-7-*O*-葡萄糖醛酸苷(2→1)-葡萄糖醛酸苷	$C_{27}H_{26}O_{18}$	黄酮	上调

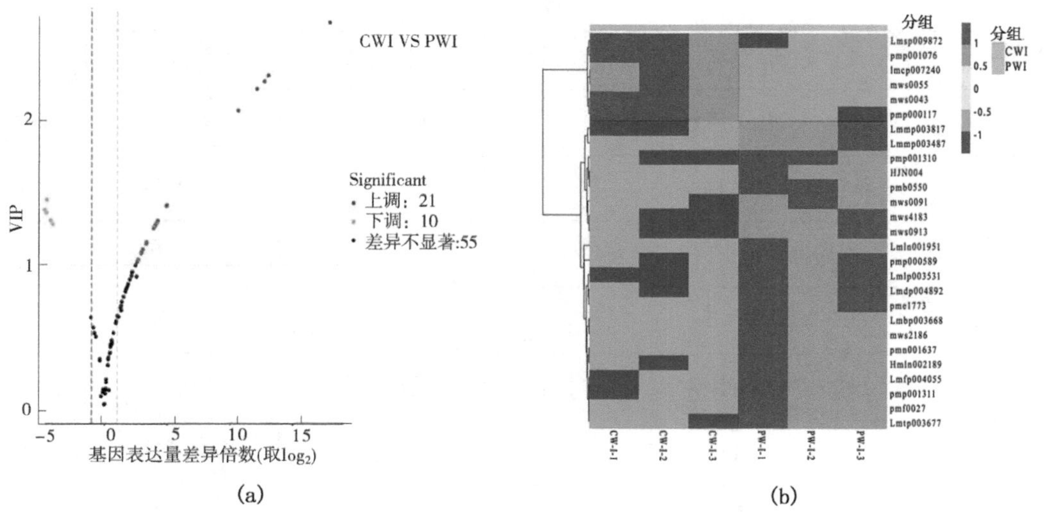

图 4-11　CWI VS PWI 差异代谢物火山图与聚类热图

表 4-6　CWI VS RWI 差异代谢物

物质	分子式	物质二级分类	类型
表儿茶素	$C_{15}H_{14}O_6$	黄烷醇类	上调
山奈酚-3-*O*-阿拉伯糖苷*	$C_{20}H_{18}O_{10}$	黄酮醇	上调
3,5,6,7,8,3′,4′-七甲氧基黄酮	$C_{22}H_{24}O_9$	黄酮醇	上调
桑色素-3-*O*-木糖苷*	$C_{20}H_{18}O_{11}$	黄酮醇	上调
槲皮素-3-*O*-阿拉伯糖苷(番石榴苷)*	$C_{20}H_{18}O_{11}$	黄酮醇	上调
扁蓄苷*	$C_{20}H_{18}O_{11}$	黄酮醇	上调
山奈酚-3-*O*-半乳糖苷(三叶豆苷)*	$C_{21}H_{20}O_{11}$	黄酮醇	上调
木犀草素-7-*O*-葡萄糖苷（木犀草苷）*	$C_{21}H_{20}O_{11}$	黄酮	下调
矢车菊素-3-*O*-葡萄糖苷	$C_{21}H_{21}O_{11}+$	花青素	上调
矢车菊素-3-*O*-半乳糖苷	$C_{21}H_{21}O_{11}+$	花青素	上调
槲皮素-3-*O*-葡萄糖苷(异槲皮苷)*	$C_{21}H_{20}O_{12}$	黄酮醇	上调
槲皮素-7-*O*-(6″-O-丙二酰基)-葡萄糖苷*	$C_{24}H_{22}O_{15}$	黄酮醇	上调
槲皮素-3-*O*-(6″-*O*-丙二酰)-半乳糖苷*	$C_{24}H_{22}O_{15}$	黄酮醇	上调
矢车菊素-3-*O*-芸香糖苷	$C_{27}H_{31}O_{15}+$	花青素	上调
槲皮素-3-阿拉伯糖基葡萄糖苷*	$C_{26}H_{28}O_{16}$	黄酮醇	上调
圣草次苷	$C_{27}H_{32}O_{15}$	二氢黄酮	下调
飞燕草素-3-*O*-芸香糖苷	$C_{27}H_{31}O_{16}+$	花青素	上调
槲皮素-3-*O*-半乳糖-7-*O*-葡萄糖苷*	$C_{27}H_{30}O_{17}$	黄酮醇	上调
木犀草素-7-*O*-葡萄糖醛酸苷(2→1)-葡萄糖醛酸苷	$C_{27}H_{26}O_{18}$	黄酮	上调

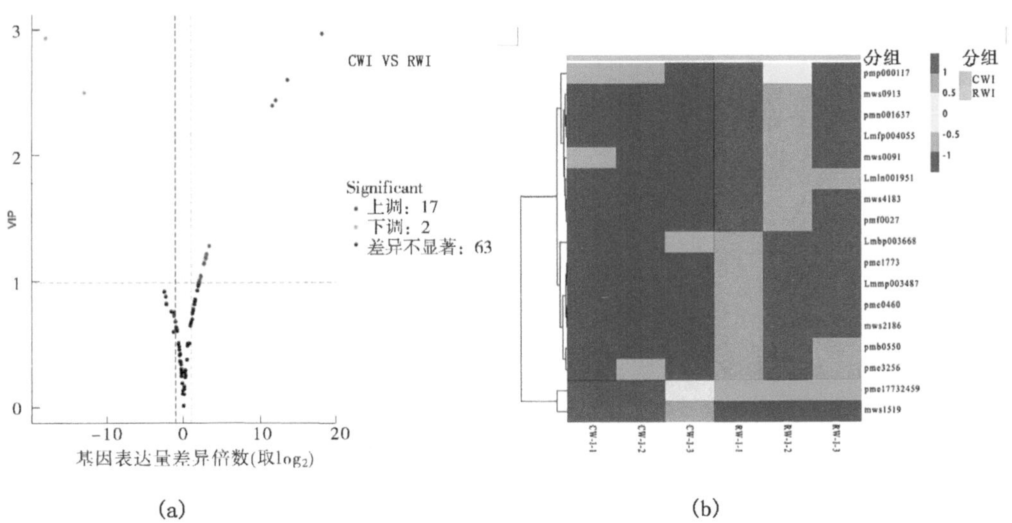

(a)　　(b)

图 4-12　CWI VS RWI 差异代谢物火山图与聚类热图

表 4-7　CWM VS RWM 差异代谢物

物质	分子式	物质二级分类	类型
表儿茶素	$C_{15}H_{14}O_6$	黄烷醇类	上调
四甲基木犀草素-(3′,4′,5,7-四甲氧基黄酮)	$C_{19}H_{18}O_6$	黄酮	上调
5,6,7,4′-四甲氧基黄酮*	$C_{19}H_{18}O_6$	黄酮	上调
桔皮素	$C_{20}H_{20}O_7$	黄酮醇	上调
异甜橙黄酮	$C_{20}H_{20}O_7$	黄酮	上调
川陈皮素	$C_{21}H_{22}O_8$	黄酮	上调
山奈酚-3-*O*-阿拉伯糖苷*	$C_{20}H_{18}O_{10}$	黄酮醇	上调
3,5,6,7,8,3′,4′-七甲氧基黄酮	$C_{22}H_{24}O_9$	黄酮醇	上调
桑色素-3-*O*-木糖苷*	$C_{20}H_{18}O_{11}$	黄酮醇	上调
槲皮素-3-*O*-阿拉伯糖苷(番石榴苷)*	$C_{20}H_{18}O_{11}$	黄酮醇	上调
扁蓄苷*	$C_{20}H_{18}O_{11}$	黄酮醇	上调
根皮苷	$C_{21}H_{24}O_{10}$	查耳酮	上调
山奈酚-3-*O*-半乳糖苷(三叶豆苷)*	$C_{21}H_{20}O_{11}$	黄酮醇	上调
矢车菊素-3-*O*-葡萄糖苷	$C_{21}H_{21}O_{11}+$	花青素	上调
矢车菊素-3-*O*-半乳糖苷	$C_{21}H_{21}O_{11}+$	花青素	上调
矢车菊素-3-*O*-芸香糖苷	$C_{27}H_{31}O_{15}+$	花青素	上调
飞燕草素-3-*O*-芸香糖苷	$C_{27}H_{31}O_{16}+$	花青素	上调
木犀草素-7-*O*-葡萄糖醛酸苷(2→1)-葡萄糖醛酸苷	$C_{27}H_{26}O_{18}$	黄酮	上调

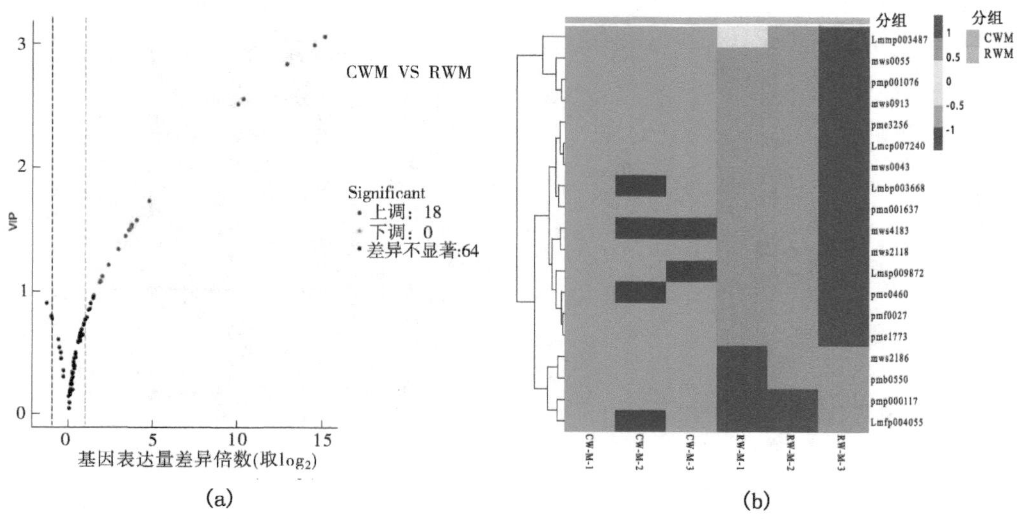

图 4-13 CWM VS RWM 差异代谢物火山图与聚类热图

统计各分组差异代谢物数量(见表 4-8),通过维恩图可展示各组差异代谢物之间的关系(见图 4-14)。

表 4-8 5 个比较组中差异代谢物数量

5 个比较组	差异显著代谢物数量	下调数量	上调数量
PWM VS PWI	19	10	9
PWM VS RWM	22	9	13
CWI VS PWI	27	6	21
CWI VS RWI	19	2	17
CWM VS RWM	18	0	18

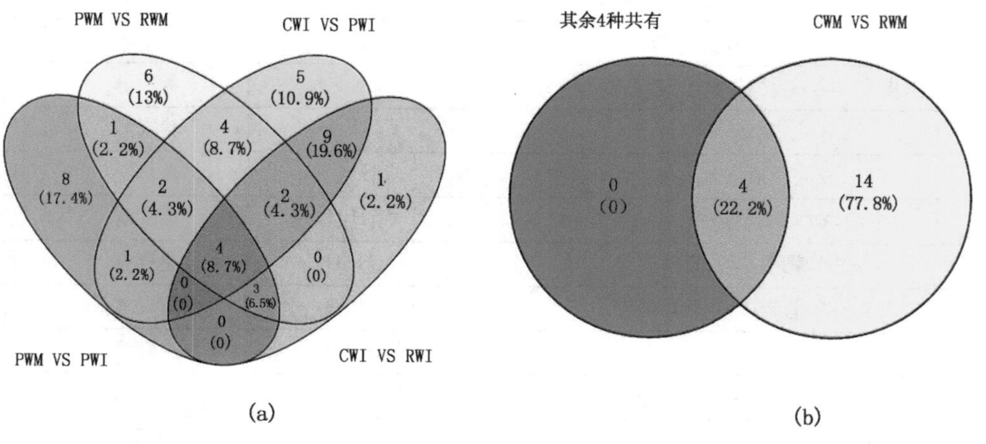

图 4-14 5 个比较组中差异代谢物维恩图

由维恩图可知，以上 5 组共有差异代谢物分别为：矢车菊素-3-*O*-葡萄糖苷、矢车菊素-3-*O*-芸香糖苷、矢车菊素-3-*O*-半乳糖苷、木犀草素-7-*O*-葡萄糖醛酸苷（2→1）-葡萄糖醛酸苷 4 种，均表现为在红色花被片中含量高。4 种物种中 3 种为花青素类矢车菊苷，而矢车菊苷为显红色的代谢物，说明蜡梅红花、黄花被片主要差异代谢物为矢车菊苷。

4.2.3　差异代谢物 KEGG 功能注释及富集分析

KEGG（https://www.genome.jp/kegg）是系统分析基因产物功能及其代谢途径的综合性数据库。对不同分组差异显著代谢物进行 KEGG 注释、分类，并进行 KEGG 通路富集。5 个比较组差异代谢物 KEGG 分类图与富集图见图 4-15～图 4-19，图中点的大小表示富集到相应通路上差异显著代谢物的个数，富集因子（Rich factor）越大，富集程度越大，P 值越接近于 0，富集越显著。

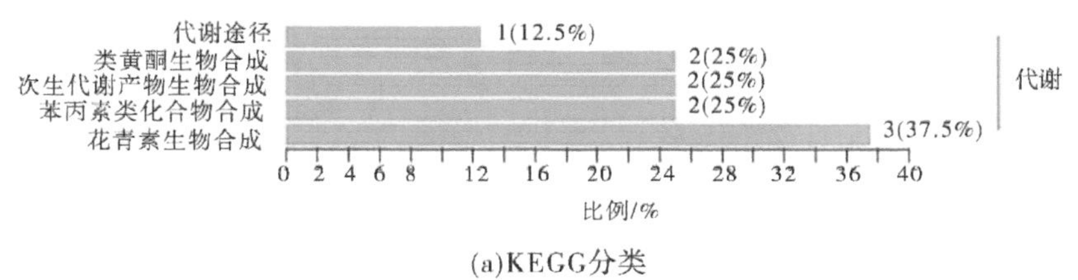

(a)KEGG分类

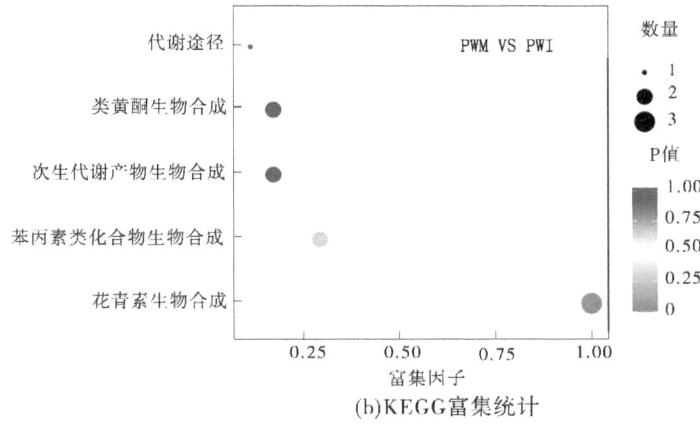

(b)KEGG富集统计

图 4-15　PWM VS PWI 差异代谢物 KEGG 分类图与富集图

由图 4-15～图 4-19 可知，矢车菊苷所在的花青素代谢通路富集程度在 5 个比较组中均表现为最大且最显著。结合维恩图及各分组花青素类差异代谢物，表明矢车菊素-3-*O*-葡萄糖苷、矢车菊素-3-*O*-芸香糖苷和矢车菊素-3-*O*-半乳糖苷 3 种矢车菊苷是蜡梅红花、黄花被片颜色差异的特征代谢物。3 个品种内花被片、中花被片矢车菊苷相对含量见图 4-20。

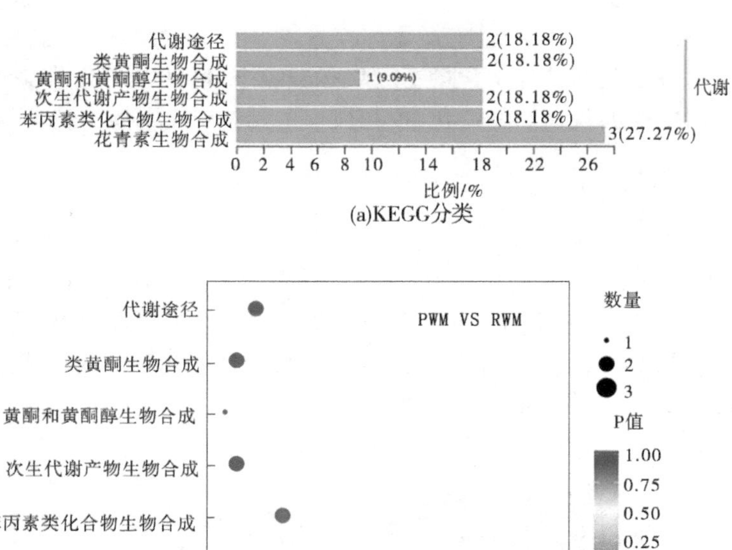

图 4-16　PWM VS RWM 差异代谢物 KEGG 分类图与富集图

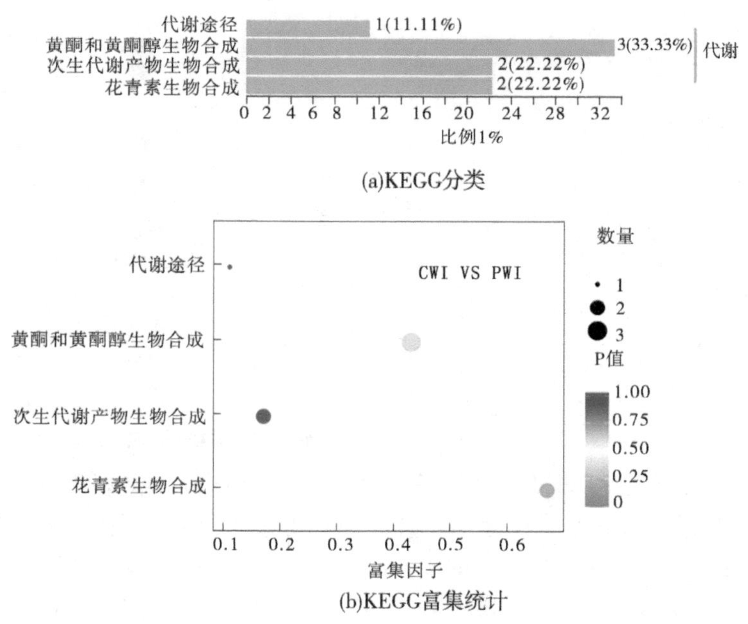

图 4-17　CWI VS PWI 差异代谢物 KEGG 分类图与富集图

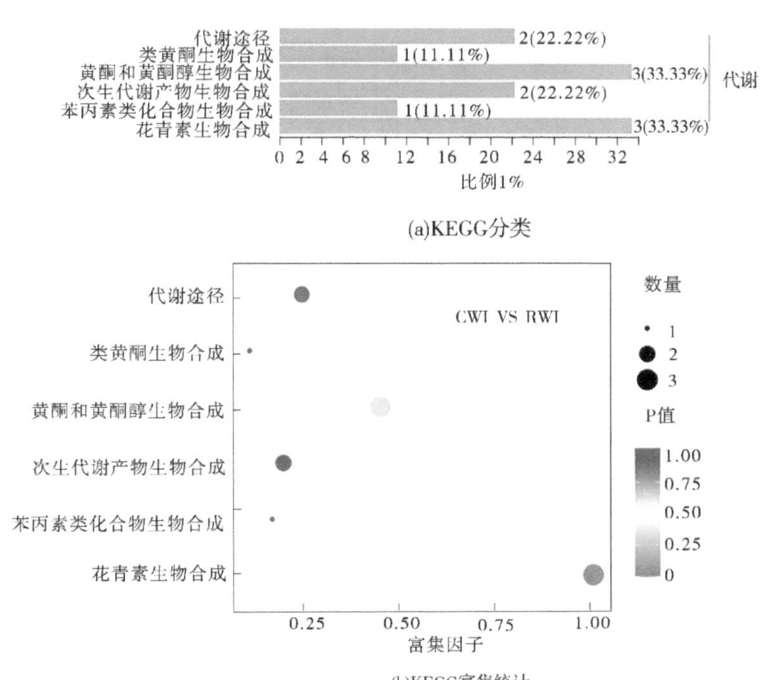

(a)KEGG分类

(b)KEGG富集统计

图 4-18　CWI VS RWI 差异代谢物 KEGG 分类图与富集图

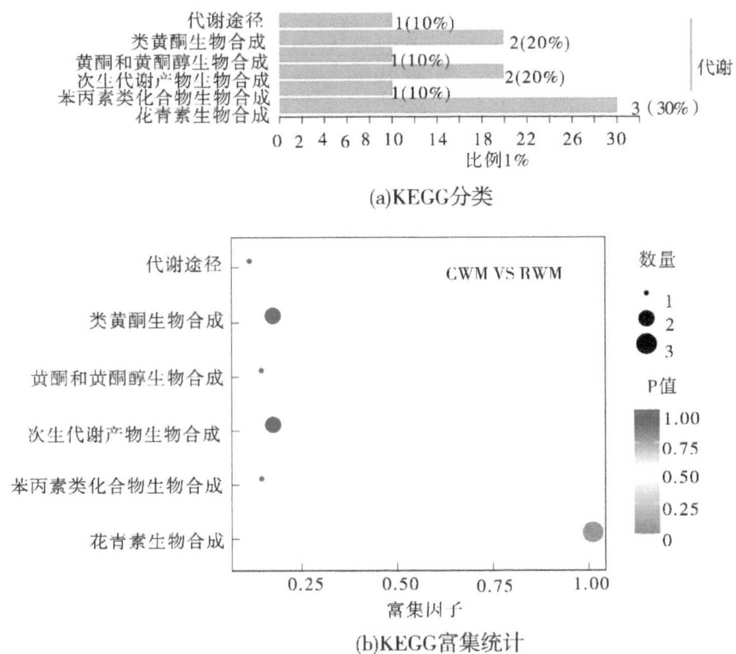

(a)KEGG分类

(b)KEGG富集统计

图 4-19　CWM VS RWM 差异代谢物 KEGG 分类图与富集图

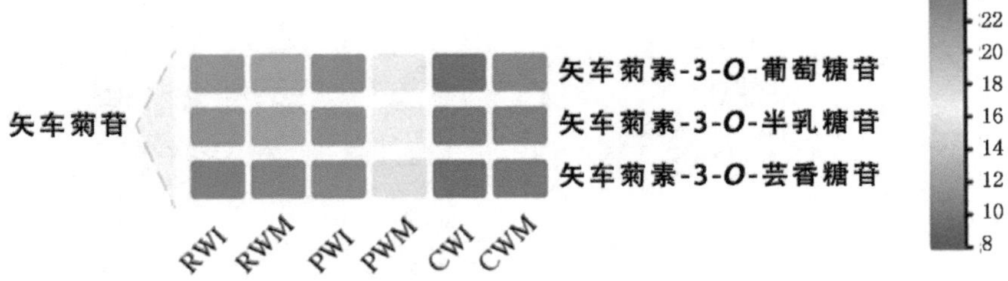

图 4-20　RW、PW 和 CW 内花、中花被片矢车菊苷相对含量热图

4.2.4　转录组测序结果

4.2.4.1　测序产出统计

基于边合成边测序(SBS)技术,利用 Illumina 高通量测序平台对 18 个样本的 cDNA 文库进行测序。测序原始数据(Raw reads)经质控、过滤后获得后续分析使用的有效数据(Clean reads),测序产出见表 4-9。

表 4-9　测序产出统计

样本	原始数据	有效数据	有效数据大小/Gb	错误率/%	Q20/%	Q30/%	GC 含量/%
RWI1	42 526 426	41 497 932	6.22	0.02	98.28	94.77	45.38
RWI2	44 700 640	42 286 240	6.34	0.02	98.27	94.71	45.67
RWI3	45 828 132	43 527 012	6.53	0.02	98.31	94.75	45.25
RWM1	41 337 452	40 285 418	6.04	0.02	98.39	94.96	45.68
RWM2	43 239 882	42 057 358	6.31	0.03	97.74	93.68	43.71
RWM3	44 857 354	42 723 592	6.41	0.02	98.37	94.92	45.28
PWI1	43 469 152	42 052 068	6.31	0.02	98.21	94.51	44.73
PWI2	41 423 634	40 700 034	6.11	0.02	98.12	94.41	45.07
PWI3	52 245 876	51 320 938	7.70	0.02	98.07	94.34	45.21
PWM1	44 844 994	43 827 710	6.57	0.02	98.36	94.87	44.75
PWM2	49 105 332	48 132 776	7.22	0.02	98.30	94.74	44.59
PWM3	44 766 500	43 663 094	6.55	0.02	98.36	94.87	44.59
CWI1	45 432 584	42 878 474	6.43	0.02	98.42	95.07	45.30
CWI2	45 276 292	43 501 852	6.53	0.02	98.27	94.70	44.66
CWI3	45 432 678	44 183 264	6.63	0.02	98.22	94.62	45.05
CWM1	42 722 778	42 153 680	6.32	0.02	98.09	94.30	44.37
CWM2	45 720 044	44 105 590	6.62	0.02	98.26	94.74	45.88
CWM3	44 488 466	43 640 482	6.55	0.02	98.22	94.49	44.89

共得到 117.39 Gb 有效数据，各样品 Q30 碱基百分比均大于 93%，碱基 A、T 比例，碱基 C、G 比例接近。

4.2.4.2　**转录组数据与参考基因组比对**

利用 HISAT2 软件将有效数据与参考基因组进行序列比对，获取位置信息以及测序样本特有的序列特征信息。比对效率（比对上数据占有效数据的百分比）是转录组数据利用率的最直接体现。本项目每个样品的比对情况见表 4-10。

表 4-10　比对情况统计

样本	有效数据 Read 数	比对到参考基因组 Read 数	唯一比对上参考基因组的 Read 数	多重比对上参考基因组的 Read 数	Read1 比对上的数目	Read2 比对上的数目	比对上基因组正链的 Read 数	比对上基因组负链的 Read 数
RWI1	41 497 932	40 603 941（97.85%）	37 161 350（89.55%）	5 177 138（8.30%）	18 599 325（44.82%）	18 562 025（44.73%）	18 574 505（44.76%）	18 586 845（44.79%）
RWI2	42 286 240	41 396 144（97.90%）	37 749 729（89.27%）	5 390 782（8.62%）	18 893 203（44.68%）	18 856 526（44.59%）	18 867 022（44.62%）	18 882 707（44.65%）
RWI3	43 527 012	42 497 255（97.63%）	39 017 489（89.64%）	5 090 576（7.99%）	19 526 289（44.86%）	19 491 200（44.78%）	19 500 342（44.80%）	19 517 147（44.84%）
RWM1	40 285 418	39 470 463（97.98%）	35 977 148（89.31%）	5 211 769（8.67%）	17 998 604（44.68%）	17 978 544（44.63%）	17 993 571（44.67%）	17 983 577（44.64%）
RWM2	42 057 358	37 333 290（88.77%）	33 881 481（80.56%）	7 352 766（8.21%）	17 010 528（40.45%）	16 870 953（40.11%）	16 926 743（40.25%）	16 954 738（40.31%）
RWM3	42 723 592	41 875 207（98.01%）	38 157 356（89.31%）	5 658 260（8.70%）	19 090 566（44.68%）	19 066 790（44.63%）	19 080 131（44.66%）	19 077 225（44.65%）
PWI1	42 052 068	40 340 495（95.93%）	37 432 206（89.01%）	4 488 554（6.92%）	18 735 734（44.55%）	18 696 472（44.46%）	18 699 714（44.47%）	18 732 492（44.55%）
PWI2	40 700 034	39 170 577（96.24%）	36 458 942（89.58%）	3 808 142（6.66%）	18 268 019（44.88%）	18 190 923（44.70%）	18 209 035（44.74%）	18 249 907（44.84%）
PWI3	51 320 938	49 363 303（96.19%）	45 895 826（89.43%）	4 879 485（6.76%）	23 005 492（44.83%）	22 890 334（44.60%）	22 919 753（44.66%）	22 976 073（44.77%）
PWM1	43 827 710	42 215 073（96.32%）	39 211 479（89.47%）	4 449 445（6.85%）	19 623 137（44.77%）	19 588 342（44.69%）	19 591 691（44.70%）	19 619 788（44.77%）
PWM2	48 132 776	46 304 042（96.20%）	42 988 731（89.31%）	5 023 527（6.89%）	21 518 925（44.71%）	21 469 806（44.61%）	21 478 306（44.62%）	21 510 425（44.69%）
PWM3	43 663 094	42 064 382（96.34%）	39 084 138（89.51%）	4 452 571（6.83%）	19 563 473（44.81%）	19 520 665（44.71%）	19 532 019（44.73%）	19 552 119（44.78%）

续表 4-10

样本	有效数据 Read 数	比对到参考基因组 Read 数	唯一比对上参考基因组的 Read 数	多重比对上参考基因组的 Read 数	Read1 比对上的数目	Read2 比对上的数目	比对上基因组正链的 Read 数	比对上基因组负链的 Read 数
CWI1	42 878 474	40 314 325 (94.02%)	36 902 562 (86.06%)	4 977 213 (7.96%)	18 449 490 (43.03%)	18 453 072 (43.04%)	18 435 307 (42.99%)	18 467 255 (43.07%)
CWI2	43 501 852	38 119 414 (87.63%)	35 161 697 (80.83%)	4 411 970 (6.80%)	17 593 007 (40.44%)	17 568 690 (40.39%)	17 565 357 (40.38%)	17 596 340 (40.45%)
CWI3	44 183 264	42 327 674 (95.80%)	38 918 002 (88.08%)	5 245 871 (7.72%)	19 483 783 (44.10%)	19 434 219 (43.99%)	19 444 199 (44.01%)	19 473 803 (44.08%)
CWM1	42 153 680	40 532 598 (96.15%)	37 219 656 (88.30%)	4 714 280 (7.86%)	18 662 483 (44.27%)	18 557 173 (44.02%)	18 597 202 (44.12%)	18 622 454 (44.18%)
CWM2	44 105 590	42 407 910 (96.15%)	38 684 114 (87.71%)	5 551 408 (8.44%)	19 372 837 (43.92%)	19 311 277 (43.78%)	19 333 479 (43.83%)	19 350 635 (43.87%)
CWM3	43 640 482	41 839 047 (95.87%)	38 345 646 (87.87%)	5 183 976 (8.00%)	19 200 095 (44.00%)	19 145 551 (43.87%)	19 163 317 (43.91%)	19 182 329 (43.96%)

由表 4-10 可知，各样品 Read 与参考基因组比对效率在 87.63%~98.01%，表明比对效率较高。将比对到不同染色体上的 Read 进行位置分布统计，以便获得 Read 在染色体上的覆盖深度、转录活性高低及分布情况，结果显示长度较长的染色体内部定位的 Read 总数较多。另外，统计比对到基因组上 Read 的分布情况，结果表明比对到外显子的 Read 比例最高，比对到内含子和基因间区的 Read 的比例较小。比对效率、Read 染色体覆盖深度分布和比对区域分布分析均表明转录组测序结果质量良好。

4.2.4.3 基因表达定量

基因的 Read 计数可使用 feature Counts 实现。对于双端测序文库，一般采用 FPKM 作为衡量转录本或基因表达水平的指标，即每千个碱基的转录每百万映射读取的片段数，FPKM 校正了测序深度和基因长度。

依据基因表达量，对 18 个样品进行相关性分析，显示组内生物学样本相关系数大于组间样本；主成分分析（PCA）结果也显示 18 个样本被分为 6 组，同组内 3 个样本被聚到一起。相关性分析及主成分分析均表明样本重复性较好（见图 4-21）。

4.2.5 差异基因筛选

对于有生物学重复样品，可利用 DESeq2 软件（DESeq2 要求输入基因是未经过标准化的 Read 计数数据）分析组间差异表达，获得两组间的差异表达基因集。然后用 Benjamini-Hochberg 方法获得错误发现率（FDR）。筛选的差异基因要求 |log2Fold Change| ≥ 1，且 FDR<0.05。按照代谢组中红花、黄花被片的 5 个比较组，筛选不同分组间差异基因。

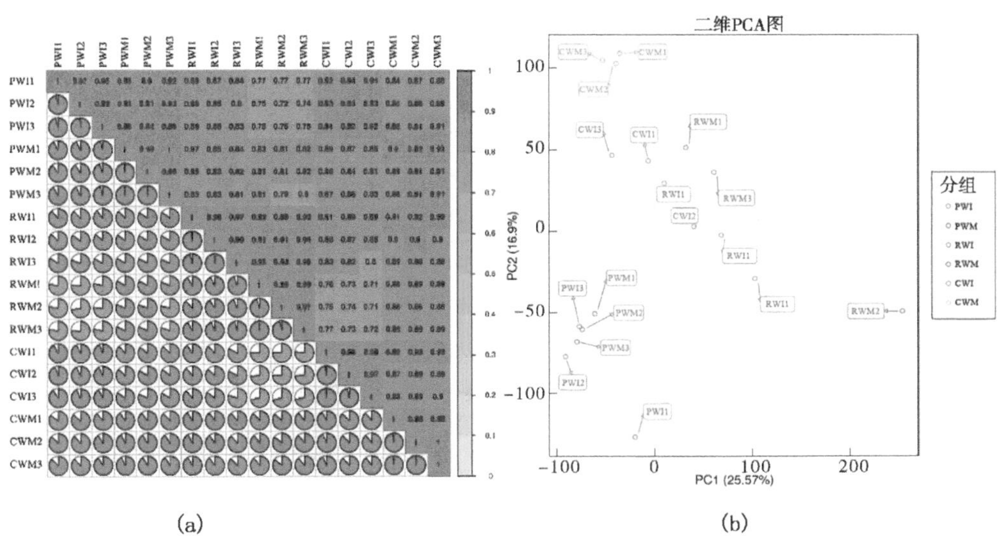

(a)　　(b)

图 4-21　18 个样本的相关性热图及 PCA 图

4.2.5.1　差异基因数量统计

DESeq2 软件分析完成后，统计 5 个比较组的差异基因、上调和下调基因数量（见表 4-11）。

表 4-11　5 个比较组差异基因统计

5 个比较组	差异基因	下调数	上调数
PWM VS PWI	2 506	1 488	1 018
PWM VS RWM	5 162	2 469	2 693
CWI VS PWI	3 983	1 882	2 101
CWI VS RWI	3 307	1 437	1 870
CWM VS RWM	3 884	1 651	2 233

4.2.5.2　差异基因 MA 图

MA 图可展示基因丰度和表达变化之间的关系，5 个比较组 MA 图见图 4-22。

4.2.5.3　差异基因火山图

火山图可直观展示差异基因的总体分布情况，5 个比较组火山图见图 4-23。

4.2.5.4　差异基因维恩图

维恩图可用于筛选不同比较组共有或独有的差异基因。5 个比较组差异基因维恩图见图 4-24、图 4-25。

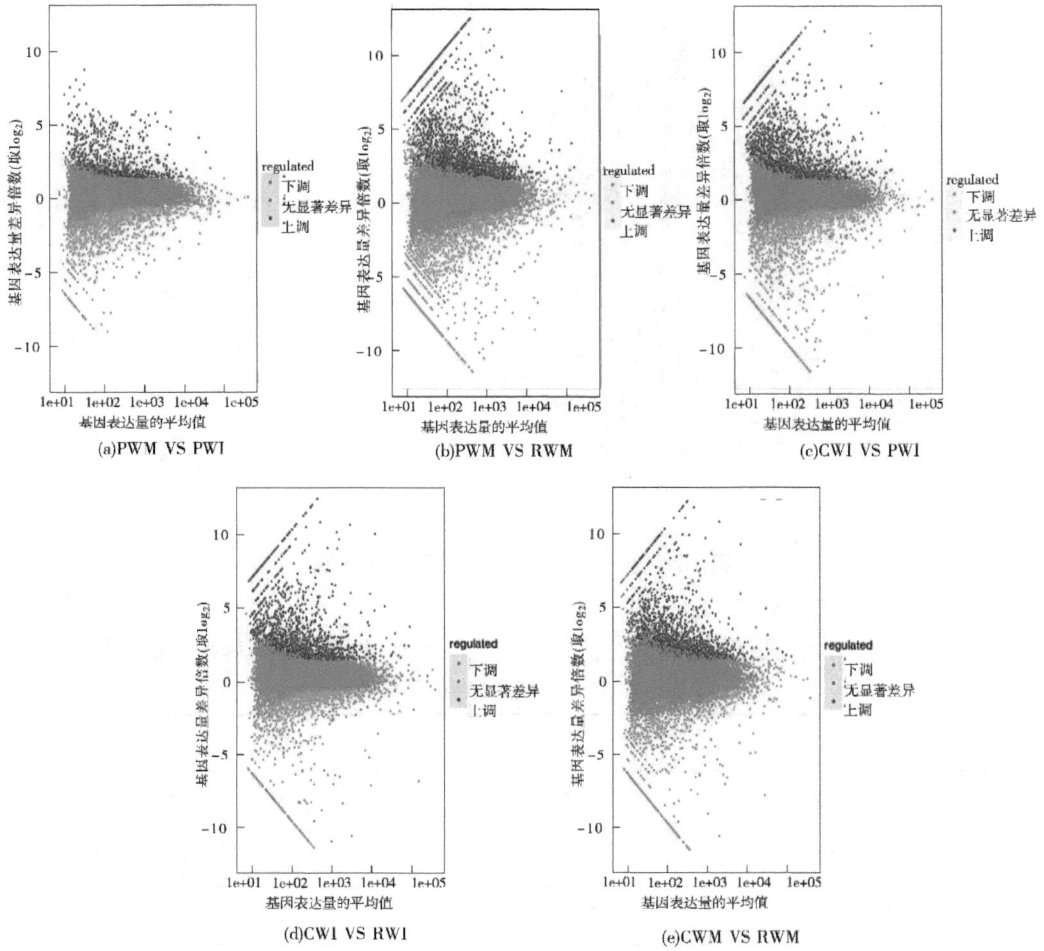

基因表达量差异倍数(取$\log_2$)
基因表达量的平均值
regulated
下调
无显著差异
上调
(a)PWM VS PWI
(b)PWM VS RWM
(c)CWI VS PWI
(d)CWI VS RWI
(e)CWM VS RWM

图 4-22　5 个比较组差异基因 MA 图

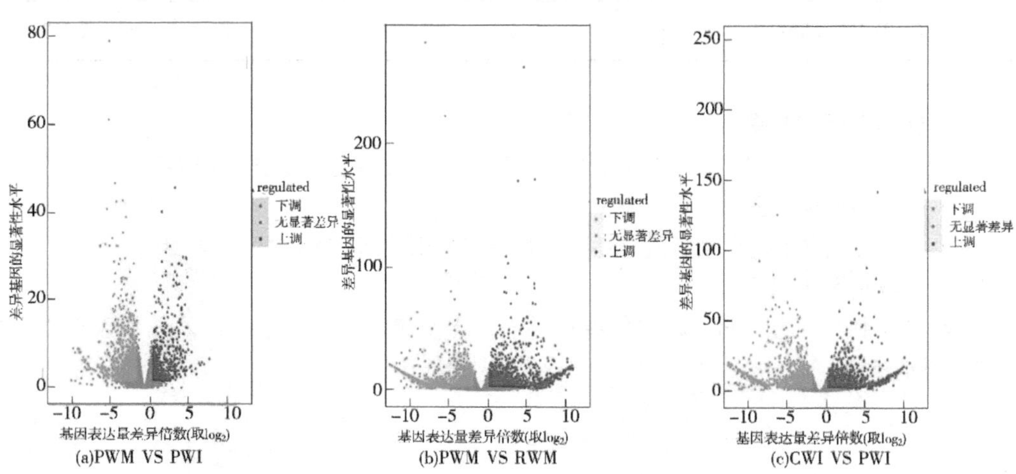

差异基因的显著性水平
基因表达量差异倍数(取$\log_2$)
regulated
下调
无显著差异
上调
(a)PWM VS PWI
(b)PWM VS RWM
(c)CWI VS PWI

图 4-23　5 个比较组差异基因火山图

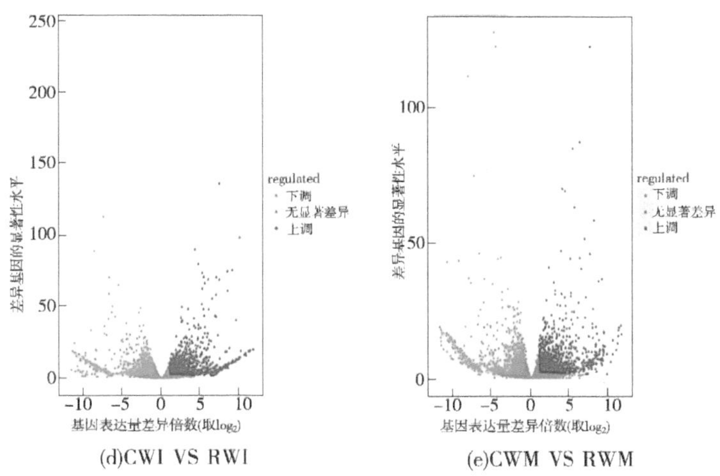

(d)CWI VS RWI　　(e)CWM VS RWM

续图 4-23

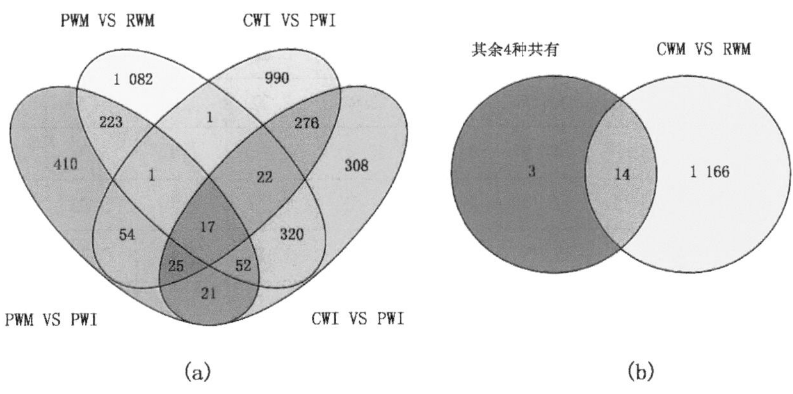

(a)　　(b)

图 4-24　5 个比较组共有下调差异基因维恩图

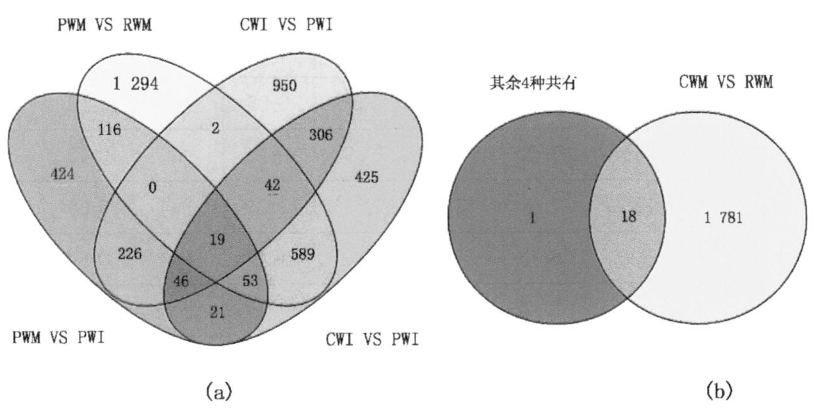

(a)　　(b)

图 4-25　5 个比较组共有上调差异基因维恩图

由维恩图可知,5个红花、黄花被片分组中,与黄色花被片相比,在红色花被片中共有的上调基因数量为18个,共有下调的基因数量为14个,共有差异基因表达量FPKM值见表4-12。

表4-12 5个比较组共有差异基因表达量FPKM值

基因编号	RWI	RWM	PWI	PWM	CWI	CWM	类型	RWI/RWM	PWI/PWM	CWI/CWM
Cpr011668	49.64	20.51	75.77	1.54	0	0	上调	2.42	49.10	0
Cpr017011	37.30	30.87	235.83	13.57	4.94	2.39	上调	1.21	17.38	2.07
Cpr016787	248.65	53.09	92.11	14.22	24.66	13.84	上调	4.68	6.48	1.78
Cpr023506	159.90	85.88	965.58	20.04	0	0.11	上调	1.86	48.17	0
Cpr025105	236.35	136.04	12.10	0.31	0	0	上调	1.74	39.47	0
Cpr000242	10.22	8.83	20.45	3.94	1.64	2.48	上调	1.16	5.19	0.66
Cpr010269	170.67	37.77	35.11	9.41	0.28	0.12	上调	4.52	3.73	2.31
Cpr012711	8.72	4.28	6.46	0.84	0.64	0.86	上调	2.04	7.69	0.75
Cpr004435	16.70	9.80	11.08	3.98	2.88	2.27	上调	1.70	2.79	1.27
Cpr006410	208.75	194.06	149.67	61.79	33.81	11.10	上调	1.08	2.42	3.05
Cpr018904	3.56	4.32	2.77	0.53	0.57	0.20	上调	0.83	5.23	2.90
Cpr016977	7.38	9.65	5.35	2.17	2.07	1.07	上调	0.76	2.47	1.94
Cpr009959	251.99	142.53	99.28	45.36	38.42	25.18	上调	1.77	2.19	1.53
Cpr002563	10.41	17.38	8.76	3.84	1.16	1.28	上调	0.60	2.28	0.91
Cpr016980	9.75	6.92	7.77	2.62	3.43	1.86	上调	1.41	2.97	1.84
Cpr007098	62.74	57.92	41.30	18.13	18.86	16.21	上调	1.08	2.28	1.16
Cpr022281	5.50	6.92	3.97	1.62	0.95	1.81	上调	0.79	2.46	0.53
Cpr007198	11.81	6.14	7.24	2.58	0	0.05	上调	1.92	2.81	0
Cpr023914	1.13	1.56	7.52	74.85	22.90	47.95	下调	0.72	0.10	0.48
Cpr005583	4.55	12.87	7.69	57.35	22.64	120.56	下调	0.35	0.13	0.19
Cpr014081	2.15	2.69	3.70	11.40	8.01	10.20	下调	0.80	0.32	0.79
Cpr014697	1.10	3.57	8.44	85.07	192.68	596.80	下调	0.31	0.10	0.32
Cpr010620	1.01	1.70	1.71	4.28	4.27	4.05	下调	0.59	0.40	1.05
Cpr011229	30.35	34.53	41.80	86.57	83.10	133.95	下调	0.88	0.48	0.62
Cpr004655	0.78	0.39	1.10	5.73	4.06	38.22	下调	2.00	0.19	0.11

续表 4-12

基因编号	RWI	RWM	PWI	PWM	CWI	CWM	类型	RWI/RWM	PWI/PWM	CWI/CWM
Cpr021520	0.74	1.42	1.28	5.24	8.54	5.75	下调	0.52	0.24	1.48
Cpr011735	0.04	0.05	1.06	5.04	17.26	10.67	下调	0.93	0.21	1.62
Cpr013753	8.87	6.25	6.00	17.47	21.70	15.08	下调	1.42	0.34	1.44
Cpr010267	0.71	1.35	1.53	13.77	4.66	7.17	下调	0.52	0.11	0.65
Cpr001372	0.64	1.97	1.49	6.67	6.57	14.73	下调	0.32	0.22	0.45
Cpr010158	0.08	0.03	0.38	1.79	2.51	5.96	下调	2.78	0.21	0.42
Cpr002376	2.96	1.60	5.29	11.20	12.29	10.81	下调	1.85	0.47	1.14

4.2.6　花青素生物合成途径关键基因筛选

代谢组学已证实 3 种矢车菊苷是蜡梅红花、黄花被片颜色差异的特征代谢物。为筛选不同分组花青素生物合成途径差异表达基因，将基因注释到 KEGG 数据库后，重点关注 5 个比较组 KEGG 通路中 ko00941（类黄酮代谢通路）和 ko00942（花青素代谢通路）差异基因表达情况，通路注释图见附录 A。

基于全基因组数据查找类黄酮生物合成途径（ko00941）及花青素生物合成途径（ko00942）相关基因，根据转录组数据计算的 FPKM 值（见表 4-13），利用热图分析发现一个 *ANS* 基因（代号为 *Cpr011668*，标记为 *CpANS1*）表现出红色花被片中高表达，而在黄色花被片中几乎没有表达的性状高关联特征（见图 4-26），同时 *CpANS1* 也是 5 个比较组差异基因维恩图中共有的在红色花被片中上调的花青素合成途径基因。另一个 *ANS* 基因（代号为 *Cpr019007*，标记为 *CpANS2*）只在红花内被片中有少量表达。结合代谢组学研究结果，表明无论是中花被片还是内花被片，呈红色的代谢物矢车菊苷主要是由花青素生物合成途径结构基因 *CpANS1* 高表达所致。

表 4-13　三个品种初花期中花、中花被片花青素代谢途径相关结构基因表达量 FPKM 值

基因编号	酶	RWI	RWM	PWI	PWM	CWI	CWM	RWI/RWM	PWI/PWM	CWI/CWM
Cpr003299	CHS	20.14	4.94	92.21	2.81	0.55	1.29	4.08	32.85	0.42
Cpr008305	CHS	0.66	0.96	6.33	16.93	5.18	4.54	0.69	0.37	1.14
Cpr008310	CHS	0.60	0.63	0.55	1.67	3.89	4.02	0.96	0.33	0.97
Cpr011097	CHS	0.93	0.43	16.66	0.63	0.02	0	2.19	26.58	NA
Cpr015093	CHS	3.04	7.20	4.97	6.57	1.48	4.89	0.42	0.76	0.30

续表 4-13

基因编号	酶	RWI	RWM	PWI	PWM	CWI	CWM	RWI/RWM	PWI/PWM	CWI/CWM
Cpr018650	CHS	1.76	2.29	2.88	3.36	3.02	4.27	0.77	0.86	0.71
Cpr024797	CHS	0.83	0.16	9.04	0.21	0	0	5.10	42.38	NA
Cpr019906	CHI	3.52	1.19	2.13	1.00	1.11	0.95	2.96	2.13	1.17
Cpr000242	F3H	10.22	8.83	20.45	3.94	1.64	2.48	1.16	5.19	0.66
Cpr022729	F3H	52.18	28.21	33.62	26.64	15.06	14.08	1.85	1.26	1.07
Cpr017769	F3′H	150.76	55.60	223.17	87.18	90.78	41.11	2.71	2.56	2.21
Cpr001405	DFR	2.25	3.06	3.21	1.06	3.52	1.22	0.74	3.02	2.89
Cpr025350	DFR	3.01	2.34	1.81	1.39	1.43	0.69	1.29	1.30	2.09
Cpr011668	ANS	49.64	20.51	75.77	1.54	0	0	2.42	49.10	NA
Cpr019007	ANS	0	0	5.77	0.15	0	0	NA	38.44	NA
Cpr012711	BZ1	8.72	4.28	6.46	0.84	0.64	0.86	2.04	7.69	0.75
Cpr022282	BZ1	4.74	2.92	1.44	0.60	0.10	0.02	1.62	2.42	5.80
Cpr010543	FLS	41.58	96.07	0.12	0.87	0	0.66	0.43	0.13	0
Cpr021091	FLS	10.02	6.57	0.90	0.93	0.45	0.39	1.53	0.96	1.16
Cpr021116	FLS	9.68	8.76	106.11	87.70	29.45	30.61	1.10	1.21	0.96
Cpr009348	3RT	10.70	2.76	9.15	8.71	19.36	12.92	3.87	1.05	1.50
Cpr009349	3RT	19.97	16.03	14.68	9.83	14.81	13.26	1.25	1.49	1.12
Cpr011235	3RT	11.02	1.99	17.99	13.78	7.64	8.86	5.54	1.31	0.86
Cpr011236	3RT	2.21	0.08	1.72	2.04	2.22	0.36	26.52	0.84	6.17

注:表中 NA 表示无法得到有效值。

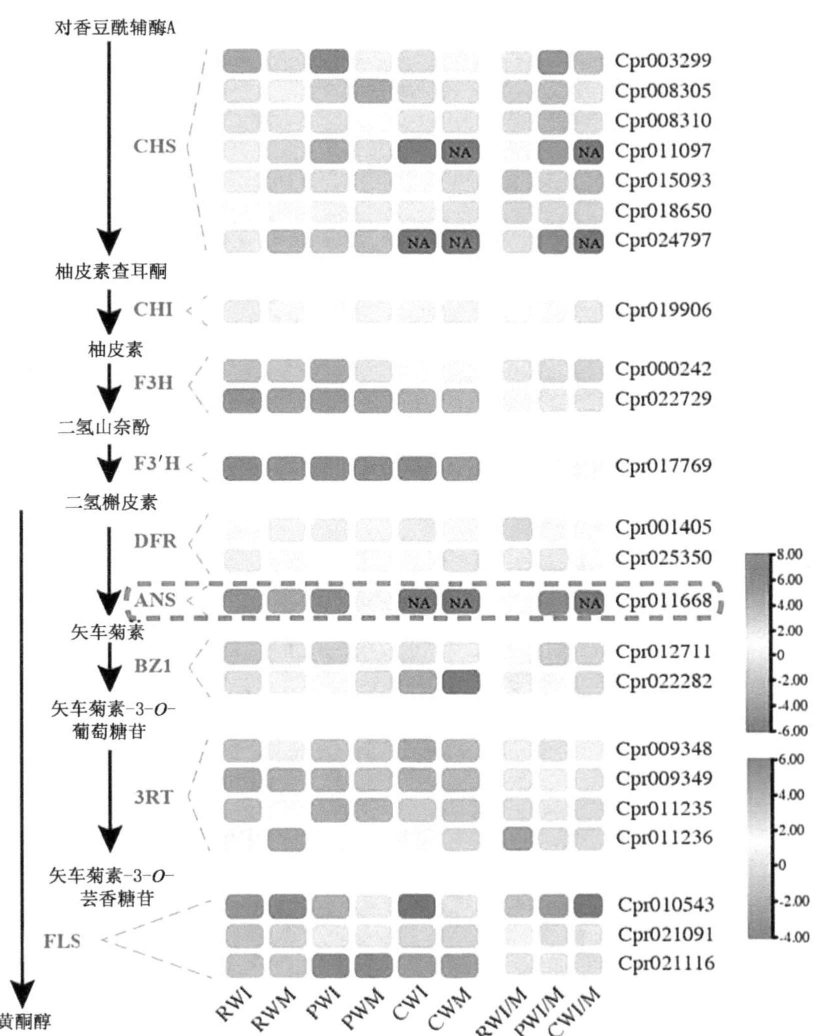

注:RWI/M、PWI/M、CWI/M 分别代表 RW、PW、CW 内花被片、中花被片的 FPKM 值。NA 表示无法得到有效值。在制作热图之前,所有数据均用 Log_2 进行处理。

图 4-26　基于 FPKM 值的花青素生物合成途径相关结构基因表达谱

4.2.7　靶向类黄酮代谢组和转录组联合分析

4.2.7.1　相关性分析

5 个比较组检测到的基因和代谢物的 Pearson 相关系数通过 R 语言中的 cor 程序进行计算,将每个比较组中相关系数大于 0.8 的基因代谢物的差异倍数情况通过九象限图进行展示(见图 4-27)。图中从左至右、从上至下,用黑色虚线依次分为 1~9 象限,其中 1、2、4 象限表示代谢物丰度较基因高;3、7 象限表示基因与代谢物差异模式一致;5 象限表示基因与代谢物均非差异模式;6、8、9 象限表示代谢物丰度较基因低。

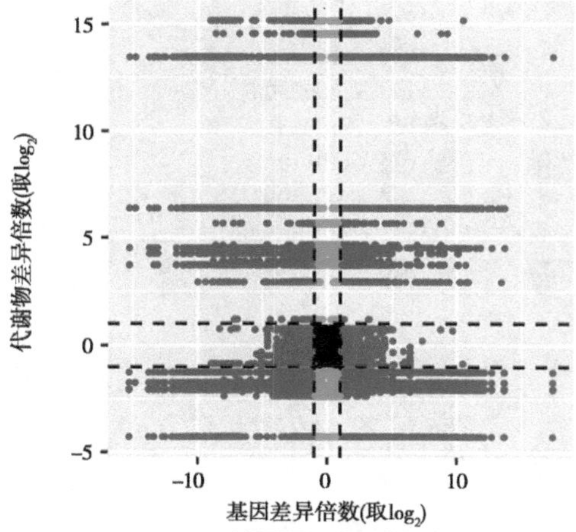

(a)PWM VS RWM

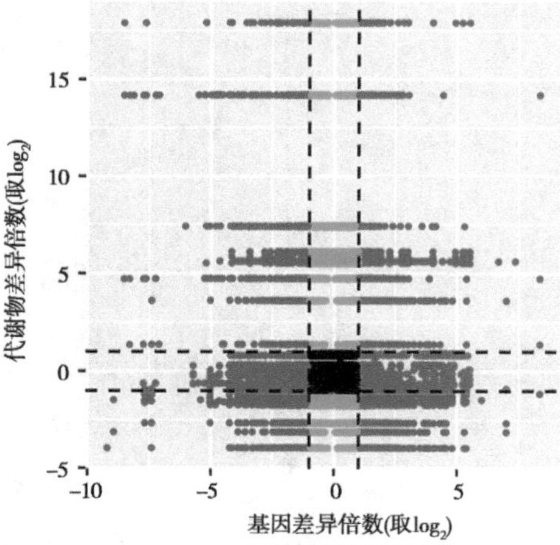

(b)PWM VS PWI

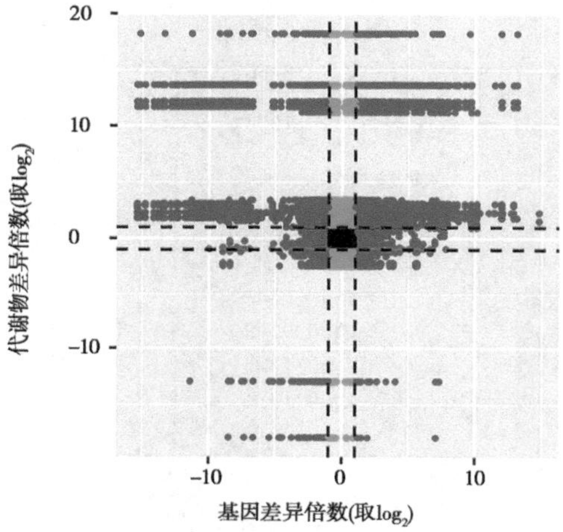

(c)CWI VS RWI

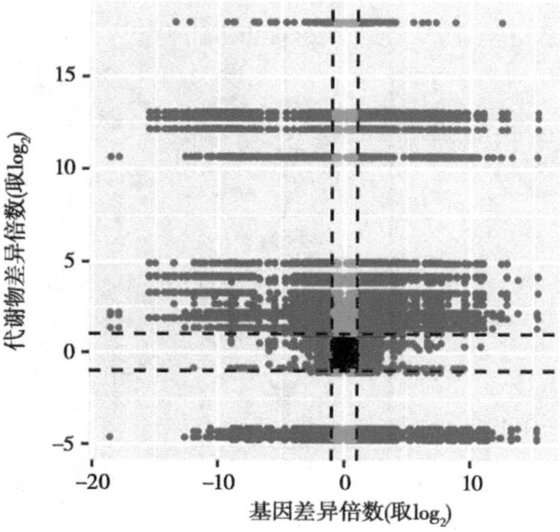

(d)CWI VS PWI

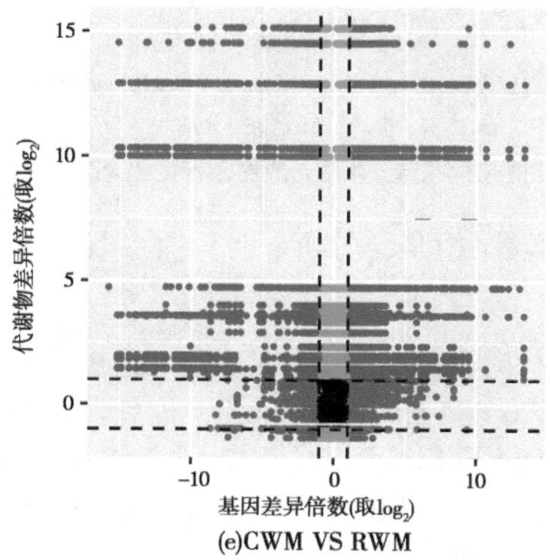

(e)CWM VS RWM

图 4-27　5 个比较组类黄酮途径差异基因和差异代谢物相关性分析九象限图

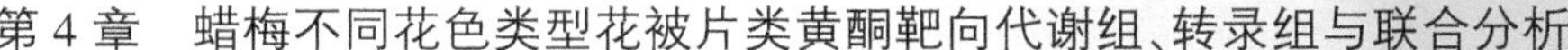

4.2.7.2　相关性网络图

将 5 个比较组中类黄酮途径通路中相关性大于 0.8 的差异基因和差异代谢物绘制相关性网络（见图 4-28），展示代谢物和基因之间的相关关系。

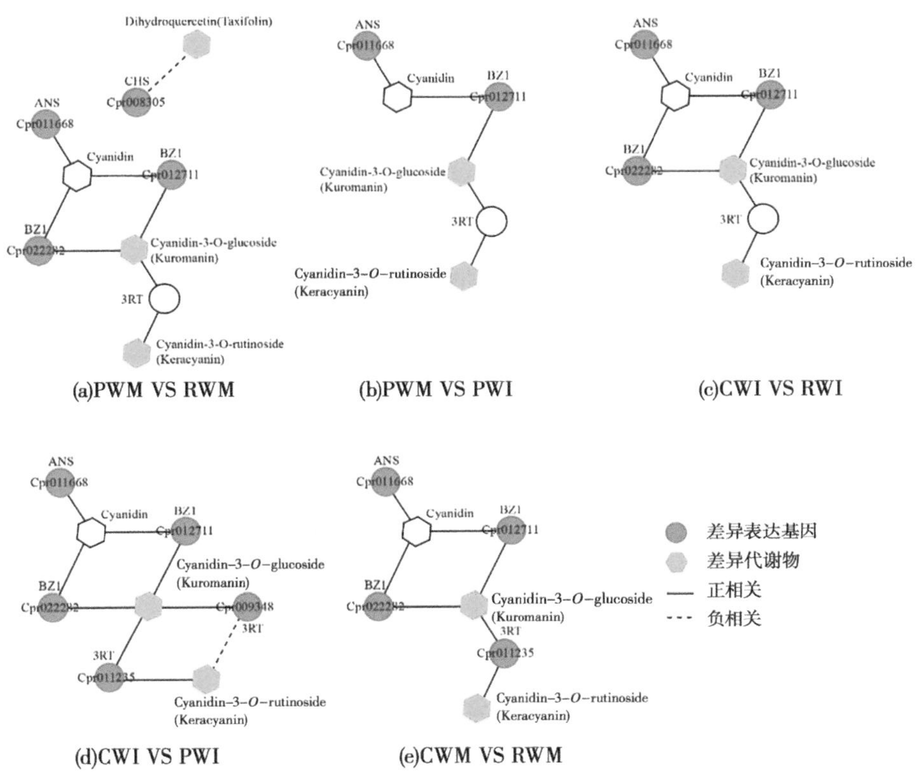

图 4-28　5 个比较组类黄酮途径差异基因和差异代谢物的相关性网络图

不同比较组间的相关分析进一步证实结构基因 *CpANS1* 与代谢物花青苷呈正相关，结合代谢组学和转录组学分析，表明 *CpANS1* 不但是蜡梅红色内被片，同时也是红花蜡梅中花被片红色形成的关键结构基因。

4.3　讨　论

关于蜡梅花被片类黄酮化合物成分研究，葛雨萱等、余莉、Yang 等在蜡梅红色内瓣中检测到了槲皮素-3-*O*-芸香糖苷、山奈酚-3-*O*-芸香糖苷和槲皮素苷元 3 种黄酮醇和矢车菊素-3-*O*-葡萄糖苷、矢车菊素-3-*O*-芸香糖苷 2 种花青苷；在黄色外瓣中检测到了相同的 3 种黄酮醇。Li 等从蜡梅花中分离出 8 个化合物，包括槲皮素、山奈酚、芦丁 3 个类黄酮化合物和 3，4-dihydroxy benzoic acid、原儿茶醛（protocatechualdehyde）、对-香豆酸（p-coumaric acid）、对-羟基苯甲醛（*p*-hydroxybenzaldehyde）、4-hydroxylcinnamic aldehyde 5 个苯丙素类（phenylpropanoids）化合物。Iwashina 等在蜡梅花中鉴定出了矢车菊素-3-*O*-葡萄糖苷、酰化矢车菊素-3-*O*-葡萄糖苷、矢车菊素糖苷 3 种花青苷和槲皮素-3-*O*-芸香糖苷

(芦丁)、槲皮素-3-*O*-葡萄糖苷(异槲皮苷)、山奈酚-3-*O*-芸香糖苷(烟花苷)、槲皮-3-*O*-芸香苷-7-*O*-葡萄糖苷和槲皮素5种黄酮醇类化合物。周明芹等通过颜色反应和紫外可见光谱认为蜡梅花被片类黄酮化合物包括橙酮或/和查耳酮、二氢黄酮或/和二氢黄酮醇,内被片还含有花色素及其苷类。本研究共检测到82种化合物(见表4-2),包括查耳酮、二氢黄酮、黄酮、异黄酮、二氢黄酮醇、黄酮醇、花青苷、黄烷醇(原花青素)等化合物。其中查耳酮、二氢黄酮和二氢黄酮醇是植物类黄酮生物合成途径的中间产物,除之前报道的黄酮醇支路和花青素支路外,其他代谢产物表明蜡梅花被片类黄酮代谢途径中,还可能包括黄酮支路、异黄酮支路和原花青素支路。

黄酮类化合物中,查耳酮类、橙酮和黄酮醇类是一类黄色色素,在一些植物中已见报道。花青苷是一类水溶性的类黄酮化合物,广泛存在于植物的各种器官中,使植物器官呈现出红、蓝、紫等不同的颜色。本研究对6组样的花青素相对含量进行分析,表明红色花被片(红花蜡梅中、内花被片及红心蜡梅内花被片)中矢车菊素-3-*O*-半乳糖苷、矢车菊素-3-*O*-葡萄糖苷、矢车菊素-3-*O*-芸香糖苷3种矢车菊苷含量显著高于黄色被片。除矢车菊苷外,7种花青苷中还包括芍药花素苷、飞燕草素苷、矮牵牛素苷等,但在红、黄花被片中无显著差异,这些物质在以往蜡梅花色物质研究中未见报道。结合本实验类黄酮化合物检测结果及已有研究报道,进一步证实了蜡梅黄色花被片呈色物质主要为黄酮醇类化合物,红色花被片呈色物质主要为矢车菊苷所贡献。与以往研究相比,本书中红色花被片特征代谢物矢车菊苷还可能包括之前未报道过的矢车菊素-3-*O*-半乳糖苷,与新检测到的芍药花素、飞燕草素类化合物等可能是检测方法不同所造成的,但均表明矢车菊苷是蜡梅花被片呈红色的特征代谢物,下一步可通过高效液相色谱(HPLC)等方法测定3种矢车菊苷及飞燕草素类化合物等的绝对含量。

与基因组相对稳定不同,转录组随生长发育和外界环境等动态变化,因此转录组分析已成为开展生物生长发育、抗病免疫等作用机制研究的有力工具。随着技术进步,转录组分析得到了广泛深入的应用。近年来,多名学者开展过蜡梅花器官转录组测序,但测序对象多为整个花蕾或花朵。如杨楠等以红心蜡梅H29为材料,选取蕾期和盛开期花朵为样本构建了蜡梅花转录组数据库,并初探了蜡梅花次生代谢产物合成途径。Liu等对蜡梅露瓣期、盛花期、末花期3个时期的转录组测序,组装后与相关数据库注释、比较,获得了大量在开放花和衰老花阶段差异表达的候选基因,并在转录组数据库中共鉴定出3 972个SSRs、92 307个SNPs和4 753个indels。Yang等分别采集H29(红心蜡梅)和H64(素心蜡梅)的花蕾和完全开放的花朵构建转录组,并结合蛋白组数据,推测了蜡梅类黄酮的生物合成途径。李响分别采集H29(红心蜡梅)和H64(素心蜡梅)花器官蕾期、露瓣期、初开期、盛花期、衰老期5个时期的样品进行转录组测序,挖掘挥发类萜代谢途径关键基因,并利用高通量测序技术成功获得蜡梅转录组数据库,验证了蜡梅转录组EST-SSR标记开发的可行性。内花被片颜色是蜡梅品种分类的重要依据,不同颜色花被片类黄酮代谢途径有其特异性。本书将3个花色类型的中花被片、内花被片分开取样进行转录组测序,有助于筛选蜡梅不同花色类型花被片类黄酮合成途径关键基因。

植物的类黄酮合成途径中,首先合成二氢黄酮类的柚皮素或松属素,而后进一步通过不同分支途径合成黄酮、异黄酮、黄酮醇、花青素和黄烷醇等。代谢组学证实蜡梅红色花被片特征代谢物主要为花青苷(矢车菊苷)。花青苷代谢途径是植物中研究较为广泛而又深入的次生代谢途径,在主要模式植物中已经很清楚。ANS 酶催化无色花色素转变为有色花色素,在植物花青素合成途径中至关重要,已有研究表明,ANS 品种特异性表达水平为深色>浅色>白色/无色品种。龙胆草(*Gentiana triflora*)*ANS1* 基因在第 2 个外显子缺失了 4 bp 的核苷酸,从而导致编码提前终止,使基因失活;紫茉莉中 MjANS 在相应的酶活性位点上的缺失,即使在花中高表达,仍缺乏花青素。*ANS* 基因表达水平对海棠(*Malus spp.*)花瓣、蛇莓(*Duchesnea indica*)果实、紫苏(*Perilla frutescens*)叶片、蜡梅红色内被片等植物器官的花青素合成都起到了关键作用。本书中鉴定出结构基因 *CpANS1* 不但是蜡梅红色内被片,同时也是红花蜡梅中被片红色形成的关键结构基因,下一步可深入开展 *CpANS1* 的功能验证及环境因素对该基因表达的影响。鉴定出的 *CpANS2* 只在红花内被片中有少量表达,推测可能是发生了新功能或亚功能化。花青素合成途径和黄酮醇合成途径是类黄酮途径中的两条支路,二者共用相同的底物二氢黄酮醇。本书中红色花被片 *CpANS1* 表达量显著高于黄色花被片,说明红色花被片中花青素途径有较高的代谢通量,必定会消耗更多的底物,但表达量显示,类黄酮生物合成途径中黄酮醇合成途径中 *FLS* 基因在红色、黄色花被片中并无规律性变化(见图 4-26),这表明在蜡梅花被片类黄酮生物合成途径中花青素支路和黄酮醇支路可能不是对共同底物竞争关系,这和 Yang 等的研究结论一致,同时代谢组检测结果也未显示出黄酮醇化合物在红花、黄花被片中的规律性变化。

代谢组和转录组联合,进行差异基因和代谢物相关性分析,结合相关性网络图等分析,可系统解析调控机制。如 Lou 等利用转录组和代谢组解析了风信子变色分子机制;Cho 等利用转录组和代谢组解析了马铃薯色素调控分子机制;陆小雨等通过转录组与代谢组联合分析解析了红花槭叶片中花青苷变化机制;Jiang 等整合代谢组+转录组解析了丹参花的花青素调控网络;Fu 等整合转录组和代谢组分析揭示了山茶花花瓣颜色多样性的调控机制;Xue 等利用转录组和靶向代谢组学解析了不同发育阶段金银花的花色变化。本书通过靶向代谢组和转录组联合分析,进一步表明结构基因 *CpANS1* 与代谢物花青苷正相关。结合代谢组学和转录组学分析,证实无论是蜡梅内被片还是中被片,*CpANS1* 是花被片呈红色的关键结构基因。

4.4　小　结

(1)6 个处理的蜡梅花被片中共检测到 82 种化合物,除黄酮醇类和花青苷类化合物外,还包括黄酮、异黄酮、黄烷醇(原花青素)等。蜡梅花被片类黄酮生物合成途径中除主要的黄酮醇支路和花青素支路外,还可能包括黄酮支路、异黄酮支路和原花青素支路。

(2)矢车菊苷是蜡梅花被片呈红色的特征代谢物,除了多篇文献已公开报道过的矢车菊素-3-*O*-葡萄糖苷和矢车菊素-3-*O*-芸香糖苷外,还可能包括矢车菊素-3-*O*-半乳糖苷。

(3)3 个蜡梅品种初花期中、内花被片转录组测序的各样品有效数据均达到 6 Gb,共获得 782 537 514 条高质量的有效数据,大小为 117.39 Gb,碱基含量分布均正常,测序质量良好。各样品 Read 与参考基因组的比对效率在 87.63%~98.01%。样品相关性分析

表明生物学重复样品间具有较好的相关性，主成分分析显示生物学重复样本聚在一起。

（4）*CpANS1* 基因表现出红色花被片中高表达，而在黄色花被片中几乎无表达的性状高关联特征，表明红花蜡梅中花被片、内花被片及红心品种的内花被片红色的矢车菊苷类物质主要是由花青素生物合成途径结构基因 *CpANS1* 高表达所致的。靶向代谢组学和转录组学关联分析进一步证实 *CpANS1* 与花青苷呈正相关，*CpANS1* 是蜡梅花被片红色形成的关键结构基因。

（5）与蜡梅红色花被片 *ANS* 基因表达量显著高于黄色花被片不同，与花青素代谢支路有共同底物竞争关系的黄酮醇支路 *FLS* 基因在红花、黄花被片中并未表现出显著差异。代谢组学也表明蜡梅红色花被片类黄酮类化合物除花青苷类外，还包括黄酮醇类化合物，与黄色中被片相比，未显示出在红花、黄花被片中规律性变化。代谢组学与转录组学均表明在蜡梅花被片类黄酮生物合成途径中花青素支路和黄酮醇支路可能不是对共同底物二氢黄酮醇的竞争关系。

第5章　蜡梅花被片类黄酮合成途径关键基因挖掘与调控机制分析

红花蜡梅作为新的花色类型，中、内花被片均为红色，不同花色类型花被片颜色差异主要为类黄酮合成途径代谢物不同。前面章节开展了红花蜡梅全基因组测序、组装与注释，获得了高质量的基于染色体水平的红花蜡梅基因组；不同花色类型花被片类黄酮靶向代谢组学揭示了蜡梅红色花被片的特征代谢物为矢车菊苷；转录组测序证实蜡梅花被片红色主要由花青素生物合成途径结构基因 *CpANS1* 高表达所致；靶向代谢组学和转录组学关联分析进一步证实 *CpANS1* 与花青苷呈正相关，*CpANS1* 是蜡梅花被片红色形成的关键结构基因。而不同花色类型花被片中 *CpANS1* 表达量差异是由基因自身结构变异，还是由其他相关基因调控所致，尚不清楚。

本章利用基因组中注释 *CpANS1* 基因的外显子序列及基因上游 2 000 bp 序列设计引物克隆不同花色类型的 cDNA 及启动子序列，通过序列比较分析，研究不同花色类型的 *CpANS1* 基因及启动子序列差异。基于系统发育树及共表达分析，筛选可能调控 *CpANS1* 基因的转录因子 MYB，比较不同花色类型的 *MYB* 基因及启动子序列差异，同时对筛选出的转录因子 MYB 开展酵母双杂交、转基因及 GUS 染色等基因功能验证研究，以期深层次解析蜡梅花被片呈色分子调控机制，为蜡梅遗传改良和类黄酮开发利用奠定理论基础。

5.1　材料与方法

5.1.1　材料

基因 cDNA 克隆实验中，实验材料为红花蜡梅、红心蜡梅、素心蜡梅 3 个花色类型初花期的中、内花被片（见图 4-1）；启动子克隆实验中，以 3 个品种的幼嫩叶片为实验材料，DNA 提取方法同 2.1.1.2。

蜡梅 7 个时期转录组测序中，按照先前研究的蜡梅花发育的 6 个阶段（阶段 1：鳞芽萌动期；阶段 2：绿蕾期；阶段 3：黄蕾期；阶段 4：露瓣期；阶段 5：初开期；阶段 6：盛开期），结合红花蜡梅花被片变色特性，将第 2 个阶段按照 2 个时期，采集了红花蜡梅 7 个时期的花被片（见图 5-1），3 次生物学重复 21 个样。

5.1.2　红花蜡梅花器官 7 个时期花被片转录组测序

使用 RNAiso Plus Total RNA 试剂盒（Takara，大连，中国）提取 21 个样本的总 RNA，经琼脂糖凝胶电泳、Agilent 2100 生物分析仪质检合格后建库，基于 Illumina Novaseq 6000 platform 平台进行测序。原始数据质控、过滤后得到有效数据，使用 HISAT2 软件将有效数据与参照基因组比对。使用 feature Counts 软件计算基因的 Read 数，根据基因长度计算 FPKM 值。

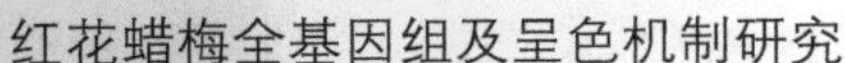

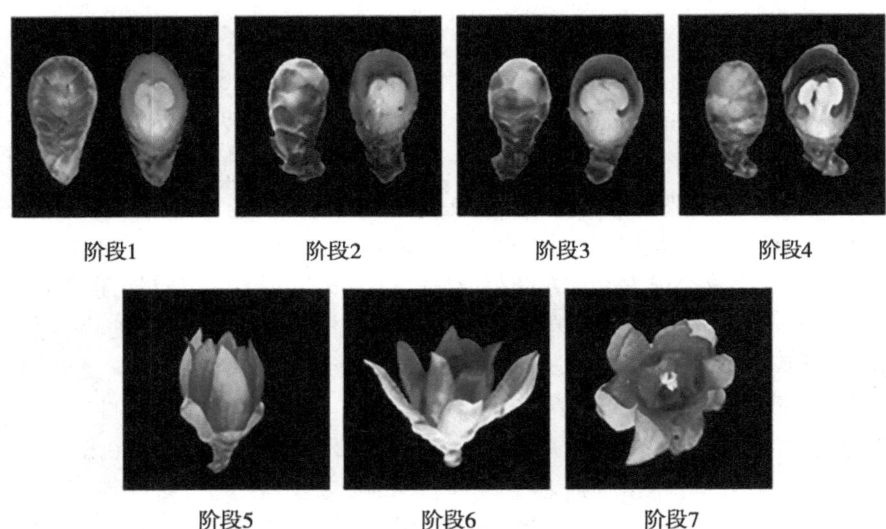

阶段 1:鳞芽萌动期(HH-O);阶段 2:绿蕾期初期(HH-P);阶段 3:绿蕾期末期(HH-A);阶段 4:黄蕾期(HH-B);阶段 5:初花期(HH-C);阶段 6:盛花期(HH-D);阶段 7:末花期(HH-E)。

图 5-1 红花蜡梅花发育 7 个时期的表型

5.1.3 系统发育树与 WGCNA 分析

为了分析红花蜡梅基因组中与拟南芥 *R2R3-MYB* 基因之间的系统发育关系,利用 ClustalW v2.1 软件,采用 neighbor-joining 法构建系统发育树。使用 FigtreeV1.4.4(https://github.com/rambaut/figtree/releases)和 Adobe Illustrator CC(https://www.adobe.com/products/illustrator.html)查看并修改系统发育树。使用 R 软件中的 WGCNA(V1.47)包执行与 *CpANS1* 相关的 WGCNA(加权基因共表达网络分析)。

5.1.4 基因 cDNA 及启动子克隆与序列比对

5.1.4.1 *CpANS*、*CpMYB*、*CpbHLH*、*CpWD40* 基因的 cDNA 克隆

利用红花蜡梅基因组中注释的 *ANS*1(*Cpr011668*)、*MYB1*(*Cpr017300*)、*bHLH1*(*Cpr015629*)、*bHLH2*(*Cpr020215*)、*WDR1*(*Cpr013636*)、*WDR2*(*Cpr014700*)基因的外显子序列设计引物(见表 5-1)。使用 RNase-free DNase I 去除总 RNA 中的 DNA,采用 RevertAid First Strand 试剂盒(Thermo Scientific,美国)进行 cDNA 第一链的合成,以 cDNA 为模板,扩增 CDS 序列(PCR 反应条件为:94 ℃预变性 5 min;94 ℃解链 40 s,55 ℃退火 30 s,72 ℃延伸 1 min,进行 35 个循环;最后 72 ℃失活 7 min)。

5.1.4.2 *CpANS1* 与 *CpMYB1* 基因的启动子克隆

利用基因组中注释的 *CpANS1* 和 *CpMYB1* 基因上游 2 000 bp 序列设计引物(见表 5-1),以 3 个品种的 DNA 为模板,DNA 提取参考已有文献 CTAB 方法扩增 3 个品种的启动子序列。

表 5-1　CDS 及启动子克隆引物

引物名称	引物序列(5′ to 3′)
ANS1-Cpr011668-cds-F	ATGGCAGCAGAAGTTGTATCAA
ANS1-Cpr011668-cds-R	TCACTTCTCAGAGGTGAATG
ANS1-Cpr011668-promoter-F	GGTCAAACGGGTAGAGTCC
ANS1-Cpr011668-promoter-R	ATCCATCTTCTTTGCCTCCTC
MYB1-Cpr017300-cds-F	ATGGGTCACTTGCAAAAGATAG
MYB1-Cpr017300-cds-R	TTATGTCCCCAGTAGGCC
MYB1-Cpr017300-promoter-F	GATGAGTGTAGGATTAGGGTT
MYB1-Cpr017300-promoter-R	CAGAAGTGCATCTTCTTCTTC
bHLH1-Cpr015629-cds-F	ATGACGATGGCCTGCCCA
bHLH1-Cpr015629-cds-R	TTAGTTCTGGGAAATGATTTGGTG
bHLH2-Cpr020215-cds-F	ATGTGTTGGAGTATGGCT
bHLH2-Cpr020215-cds-R	TTAACACTTTGCAACAACT
WDR1-Cpr013636-cds-F	ATGGGGAGCAGCACGGTG
WDR1-Cpr013636-cds-R	TCAGACCCTGAGTATCTGGA
WDR2-Cpr014700-cds-F	ATGGAGAATTCGGTGACCC
WDR2-Cpr014700-cds-R	TCAAATTCTCAAGAGCTGCATC

5.1.4.3　测序与序列比对

扩增产物在琼脂糖凝胶(1%)电泳检测,用琼脂糖凝胶回收试剂盒(E. Z. N. A. ® Gel Extraction Kit)将基因目的片段进行回收,连接 pMD19-T 载体后进行测序。序列比对采用 ClustalX 软件。

5.1.5　酵母双杂交实验

将基因(*MYB*、*bHLH*、*WD40*)ORF 通过 gateway 载体系统(Thermo Fisher Scientific, USA)分别构建至 pGADT7-GW 和 pGBKT7-GW 酵母双杂交载体,形成 MYB:AD、bHLH:BD、WD40:BD、WD40:AD。

通过 PEG 介导的方法将 gene:AD 克隆载体转化至 AH109,并涂布到 SD-Leu 平板进行筛选培养 2 d;进一步以已转化 gene:AD 的酵母细胞进行 gene:BD 转化,并在 SD-Leu/Trp 上进行筛选培养 2 d。最后将含有 gene:AD 和 gene:BD 双载体的酵母细胞滴定在 SD-Leu/Trp/His/Ade with x-α-gal 的平板上进行蛋白验证互作。

5.1.6　*CpANS1* 启动子的 GUS 染色实验

为确定 Cpmyb1^{E201} 和 CpMYB1 驱动的 MBW 复合体对 *CpANS* 启动子(pANS)的激活

作用，将 CpMYB1、Cpmyb1^{E201}、CpbHLH1 和 CpWDR2 的 ORF 分别克隆到 pK2GW7 中，将 *CpANS* 的启动子序列克隆到 pKGWFS7 中。将过夜培养的农杆菌菌液离心，然后用 1/2MS 培养基重悬，并分别混合 35 s：CpMYB1+pANS（处理 1）、Cpmyb1^{E201}+pANS（处理 2）、Empty vector+pANS（处理 3）以及 CpMYB1+bHLH1+WDR2+pANS（处理 4）、CpMYB1+2 个空载+pANS（处理 5）、Cpmyb1^{E201}+bHLH1+WDR+pANS（处理 6）。将处理 1~3 及处理 4~6 分别在同一个矮牵牛的白色花瓣中注射。将培养 24~36 h 的花瓣在乙醚中沉浸 1 min，然后用 50 mM 的磷酸缓冲液冲洗 2 次，之后用 90%的丙酮冲洗 2 次，再用 50 mM 的磷酸缓冲液冲洗 2 次。用 GUS 染色液在 37 ℃条件下进行过夜染色。将处理后的样品通过 70%酒精进行脱色处理，并观察 GUS 染色效果，以确定不同处理对 pANS 的激活作用。

5.1.7 烟草转 *CpMYB1* 基因实验

将 *CpMYB1* 及 *Cpmyb1*^{E201} 基因构建在改造后的 pCAMBIA1304-35S 载体上（在 pCAMBIA1304 载体的基础上改造增加了一个 pBI121 载体的 CaMV 35 s，经济林培育与保护教育部重点实验室保存）。使用 Hieff Clone™ Plus One Step Cloning Kit 构建植物过量表达载体。双酶切将载体进行线性化，琼脂糖回收并检测。利用含重组同源臂的引物（见表 5-2）和高保真酶 PrimeSTAR HS DNA Polymerase 进行目的基因的扩增。利用 PCR 仪控温，使用同源重组酶构建连接体系（见表 5-3）25 ℃反应 20 min。将重组子转化至大肠杆菌并测序，测序正确后提取重组子质粒。通过电击法将重组子质粒转入农杆菌 GV3101 中，并进行菌液检测。

表 5-2　过量表达载体特异引物

引物名称	引物序列（5′to 3′）（下划线为同源区序列）
CpMYB1-1304-F	CTCTAGAGGATCCCCGGGTACCATGGGTCACTTGCAAAAGATAG
CpMYB1-1304-R	CTATGACCATGATTACGAATTCTTATGTCCCCAGTAGGCC

表 5-3　同源重组酶连接体系

成分	用量/μL
2×Hieff Clone Enzyme Premix	5
线性化载体	0.5
插入片段	1
ddH_2O	3.5

5.1.7.1 叶盘法转化烟草

挑取带有蜡梅 *CpMYB1* 及 *Cpmyb1*^{E201} 基因阳性农杆菌的单克隆菌落至含有抗生素的培养基中培养至 OD600=0.8~1.0，离心去掉培养基，用 50 mL MS 重悬液重悬菌体，加入 50 μL AS（乙酰丁香酮）制备成浸染液。无菌条件下，在烟草健壮叶片上切取不含主叶脉、边长 5 mm 的正方形叶盘浸染，期间轻微震荡，去除菌液后在共培养基上暗培养 2 d，转移至选择培养基直至长出绿色嫩芽，切取嫩芽至生根培养基中培养生根，经壮苗处理后

转移至土壤中培养。

5.1.7.2　**转基因烟草 GUS 检测**

本实验过表达载体带有 GUS 标记基因,能与显色底物 X-gluc 反应显现蓝色,使用体视显微镜观察显色情况,检测外源基因是否转化成功。步骤包括:①切取各转基因烟草株系的叶片至玻璃瓶中,加入适量 GUS 检测底物,真空抽气,37 ℃静置 6 h;②取出染色后的叶片,依次用 50%、70%、100%的乙醇浸泡 30 min 进行漂洗;③用 100%乙醇浸泡至完全脱色;④体视显微镜观察并拍照记录。

5.2　结果与分析

5.2.1　蜡梅不同花色类型 *CpANS1* 基因序列分析

为了探究 *CpANS1* 在蜡梅红色花被中高表达的原因,以蜡梅 3 个不同品种的 cDNA 为模板,分离并克隆 *CpANS1* 的编码序列;以 3 个不同品种的 DNA 为模板,分离并克隆启动子片段,CDS 和启动子序列电泳图谱分别见图 5-2(a)、(c),CDS 和启动子序列见附录 B。序列比对发现 3 个品种 *CpANS1* 基因的核心启动子区域和编码区翻译的氨基酸序列没有差异。表明 *CpANS1* 启动子或编码序列的差异不是导致这 3 个品种花色差异的原因。

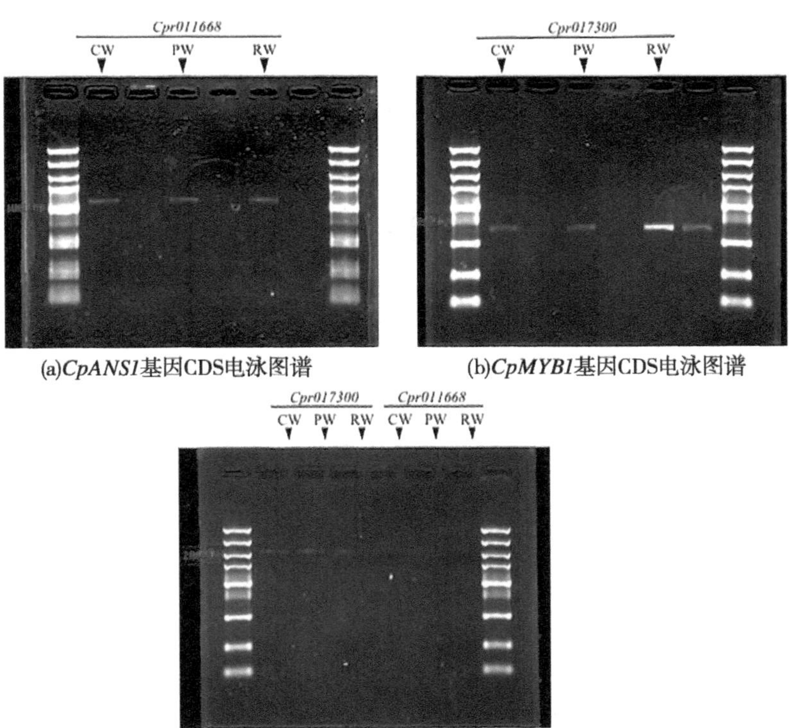

(a)*CpANS1*基因CDS电泳图谱　(b)*CpMYB1*基因CDS电泳图谱

(c)*CpMYB1*和*CpANS1*基因启动子序列电泳图谱

图 5-2　*CpMYB1*(*Cpr017300*)和 *CpANS1*(*Cpr011668*)基因的 CDS 和启动子序列的电泳图谱

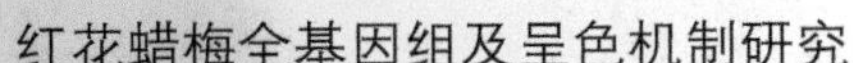

5.2.2 S6 亚家族 R2R3-MYB 转录因子筛选

CpANS1 是花青素合成途径的结构基因,已有研究表明花青素生物合成途径的结构基因可能受到各种 R2R3-MYB 转录因子或保守的 MBW 蛋白复合体的调控,S6 亚家族的成员 *MYB* 转录因子主要调控花青素合成。3 个品种 *CpANS1* 基因的核心启动子区域和编码区翻译的氨基酸序列无差异,表明 *CpANS1* 基因可能由 S6 亚家族 *MYB* 转录因子或由其形成的 MBW 转录复合体调控。在模式植物拟南芥中,对不同亚家族 R2R3-MYB 转录因子已研究得较为清楚,为筛选 S6 亚家族 MYB 转录因子,在基因组水平上鉴定了 99 个 R2R3-MYB 转录因子。ML 树以取自拟南芥的 125 个 MYB 转录因子为模板,将这些 MYB 转录因子分为 25 个不同的亚家族。通过系统发育树分析,确定了 S6 亚家族的 2 个 MYB,分别为 Cpr017300 和 Cpr001125(见图 5-3)。

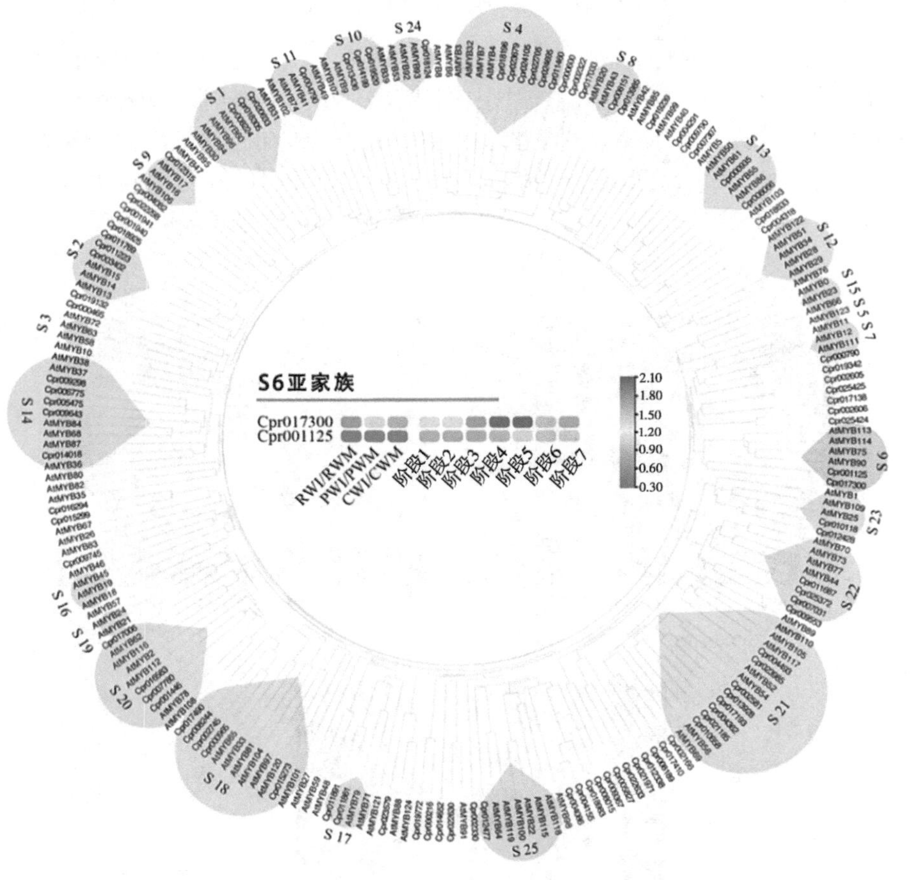

注:进化树中间为 3 个蜡梅品种内、中花被片 S6 亚家族 *CpMYB* 表达量 FPKM 比值以及红花蜡梅 7 个时期 FPKM 值的热图。在制作热图之前,对 FPKM 值进行 $\log_2$ 处理。

图 5-3 红花蜡梅(99 个)与拟南芥(125 个)R2R3-MYB 转录因子的系统发育树

5.2.3 调控 *CpANS1* 表达的 MYB 转录因子筛选

WGCNA 分析是可以快速从多样本转录组数据中挖掘与性状之间高度关联的关键基因的重要手段，本书利用红花蜡梅花器官 7 个时期花被片的转录组数据，筛选与 *CpANS1* 有共同表达模式的 MYB 转录因子。

5.2.3.1 红花蜡梅花器官 7 个时期花被片转录组测序数据质控及产出

1. 测序产出统计

红花蜡梅花器官 7 个时期花被片转录组测序原始数据经质检、过滤后，共得到 137.4 Gb 有效数据，测序产出见表 5-4。

表 5-4 测序产出统计

样本	原始数据	有效数据	有效数据大小/Gb	错误率/%	Q20/%	Q30/%	GC 含量/%
HH-O-1	41 764 482	40 940 968	6.14	0.03	98.03	94.16	44.31
HH-O-2	40 494 384	39 765 180	5.96	0.02	98.18	94.64	44.26
HH-O-3	43 388 676	42 598 798	6.39	0.02	98.05	94.22	44.34
HH-P-1	43 600 720	42 857 716	6.43	0.03	98.03	94.18	44.51
HH-P-2	42 572 454	41 816 136	6.27	0.03	97.82	93.69	44.27
HH-P-3	42 650 964	41 866 078	6.28	0.03	98.00	94.11	44.37
HH-A-1	42 194 024	41 413 358	6.21	0.02	98.08	94.32	44.36
HH-A-2	45 594 058	44 761 376	6.71	0.03	97.99	94.09	44.49
HH-A-3	44 421 404	43 356 956	6.50	0.03	98.02	94.13	43.75
HH-B-1	44 469 004	43 477 566	6.52	0.03	97.96	94.07	44.90
HH-B-2	45 552 786	44 763 830	6.71	0.03	97.97	94.11	44.88
HH-B-3	46 714 768	45 929 364	6.89	0.03	98.02	94.20	44.71
HH-C-1	46 152 486	45 331 378	6.80	0.03	97.59	93.35	44.79
HH-C-2	46 060 838	45 057 022	6.76	0.03	97.69	93.54	44.44
HH-C-3	47 692 178	46 642 924	7.00	0.03	97.71	93.62	44.12
HH-D-1	47 025 248	46 104 918	6.92	0.02	98.11	94.37	44.71
HH-D-2	42 033 532	41 143 072	6.17	0.02	98.15	94.49	44.4
HH-D-3	48 516 918	47 614 772	7.14	0.03	97.98	94.07	44.58
HH-E-1	41 858 020	41 094 596	6.16	0.03	98.03	94.20	45.02
HH-E-2	44 338 994	43 681 046	6.55	0.03	97.73	93.49	45.12
HH-E-3	46 722 784	45 913 784	6.89	0.02	98.11	94.39	45.13

由表 5-4 可知，各样品 Q30 碱基百分比均大于 93%，经分析，碱基 A、T 比例，碱基 C、G 比例接近。

2. 转录组数据与参考基因组比对

利用 HISAT2 软件将质控后的有效数据与参考基因组进行序列比对，每个样品比对情况见表 5-5。

表 5-5　比对情况统计

样本	有效数据 Read 数	比对到参考基因组 Read 数	唯一比对上参考基因组的 Read 数	多重比对上参考基因组的 Read 数	Read1 比对上的数目	Read2 比对上的数目	比对上基因组正链的 Read 数
HH-O-1	40 940 968	40 016 813 (97.74%)	37 319 572 (91.15%)	2 697 241 (6.59%)	18 708 955 (45.7%)	18 610 617 (45.46%)	18 656 035 (45.57%)
HH-O-2	397 65 180	38 714 966 (97.36%)	36 147 344 (90.9%)	2 567 622 (6.46%)	18 113 763 (45.55%)	18 033 581 (45.35%)	18 068 998 (45.44%)
HH-O-3	42 598 798	41 641 669 (97.75%)	38 849 847 (91.2%)	2 791 822 (6.55%)	19 464 100 (45.69%)	19 385 747 (45.51%)	19 420 108 (45.59%)
HH-P-1	42 857 716	41 863 271 (97.68%)	39 028 360 (91.06%)	2 834 911 (6.61%)	19 549 121 (45.61%)	19 479 239 (45.45%)	19 509 610 (45.52%)
HH-P-2	41 816 136	40 806 683 (97.59%)	38 042 332 (90.98%)	2 764 351 (6.61%)	19 088 687 (45.65%)	18 953 645 (45.33%)	19 016 141 (45.48%)
HH-P-3	41 866 078	40 909 251 (97.71%)	38 176 717 (91.19%)	2 732 534 (6.53%)	19 140 144 (45.72%)	19 036 573 (45.47%)	19 083 367 (45.58%)
HH-A-1	41 413 358	40 472 787 (97.73%)	37 764 571 (91.19%)	2 708 216 (6.54%)	18 924 152 (45.7%)	18 840 419 (45.49%)	18 879 477 (45.59%)
HH-A-2	44 761 376	43 731 168 (97.7%)	40 735 734 (91.01%)	2 995 434 (6.69%)	20 420 998 (45.62%)	20 314 736 (45.38%)	20 363 956 (45.49%)
HH-A-3	43 356 956	42 333 579 (97.64%)	39 582 103 (91.29%)	2 751 476 (6.35%)	19 838 761 (45.76%)	19 743 342 (45.54%)	19 787 406 (45.64%)
HH-B-1	43 477 566	42 491 997 (97.73%)	39 360 568 (90.53%)	3 131 429 (7.20%)	19 733 346 (45.39%)	19 627 222 (45.14%)	19 675 855 (45.26%)
HH-B-2	44 763 830	43 716 571 (97.66%)	40 333 466 (90.1%)	3 383 105 (7.56%)	20 224 994 (45.18%)	20 108 472 (44.92%)	20 1615 18 (45.04%)
HH-B-3	45 929 364	44 884 813 (97.73%)	41 589 775 (90.55%)	3 295 038 (7.17%)	20 834 094 (45.36%)	20 755 681 (45.19%)	20 789 391 (45.26%)
HH-C-1	45 331 378	44 011 586 (97.09%)	40 363 161 (89.04%)	3 648 425 (8.05%)	20 269 846 (44.71%)	20 093 315 (44.33%)	20 172 000 (44.5%)
HH-C-2	45 057 022	43 783 222 (97.17%)	40 190 630 (89.2%)	3 592 592 (7.97%)	20 179 619 (44.79%)	20 011 011 (44.41%)	20 088 568 (44.58%)
HH-C-3	46 642 924	45 277 257 (97.07%)	41 649 267 (89.29%)	3 627 990 (7.78%)	20 896 914 (44.8%)	20 752 353 (44.49%)	20 817 365 (44.63%)
HH-D-1	46 104 918	45 090 876 (97.8%)	41 674 241 (90.39%)	3 416 635 (7.41%)	20 878 762 (45.29%)	20 795 479 (45.1%)	20 825 254 (45.17%)
HH-D-2	41 143 072	40 226 724 (97.77%)	37 171 291 (90.35%)	3 055 433 (7.43%)	18 609 435 (45.23%)	18 561 856 (45.12%)	18 577 435 (45.15%)
HH-D-3	47 614 772	46 511 485 (97.68%)	43 122 821 (90.57%)	3 388 664 (7.12%)	21 611 508 (45.39%)	21 511 313 (45.18%)	21 552 218 (45.26%)
HH-E-1	41 094 596	40 173 412 (97.76%)	37 139 071 (90.37%)	3 034 341 (7.38%)	18 612 477 (45.29%)	18 526 594 (45.08%)	18 560 937 (45.17%)
HH-E-2	43 681 046	42 646 676 (97.63%)	39 473 585 (90.37%)	3 173 091 (7.26%)	19 820 388 (45.38%)	19 653 197 (44.99%)	19 728 264 (45.16%)
HH-E-3	45 913 784	44 943 240 (97.89%)	41 533 052 (90.46%)	3 410 188 (7.43%)	20 807 185 (45.32%)	20 725 867 (45.14%)	20 757 914 (45.21%)

比对效率(比对上数据占有效数据的百分比)是转录组数据利用率的最直接体现。从比对结果统计来看,各样品的 Read 与参考基因组的比对效率在 97%以上,表明比对效率高。将比对到不同染色体上的 Read 进行位置分布统计和区域分布分析,均表明转录组测序结果质量良好。

3. 基因表达定量与样品评估

利用 FPKM 衡量转录本或基因表达水平,21 个样品相关性分析显示组内生物学样本相关系数大于组间样本,主成分分析结果显示 21 个样本被分为 7 组,同组内 3 个样品被聚到一起,均表明样品重复性较好(见图 5-4)。

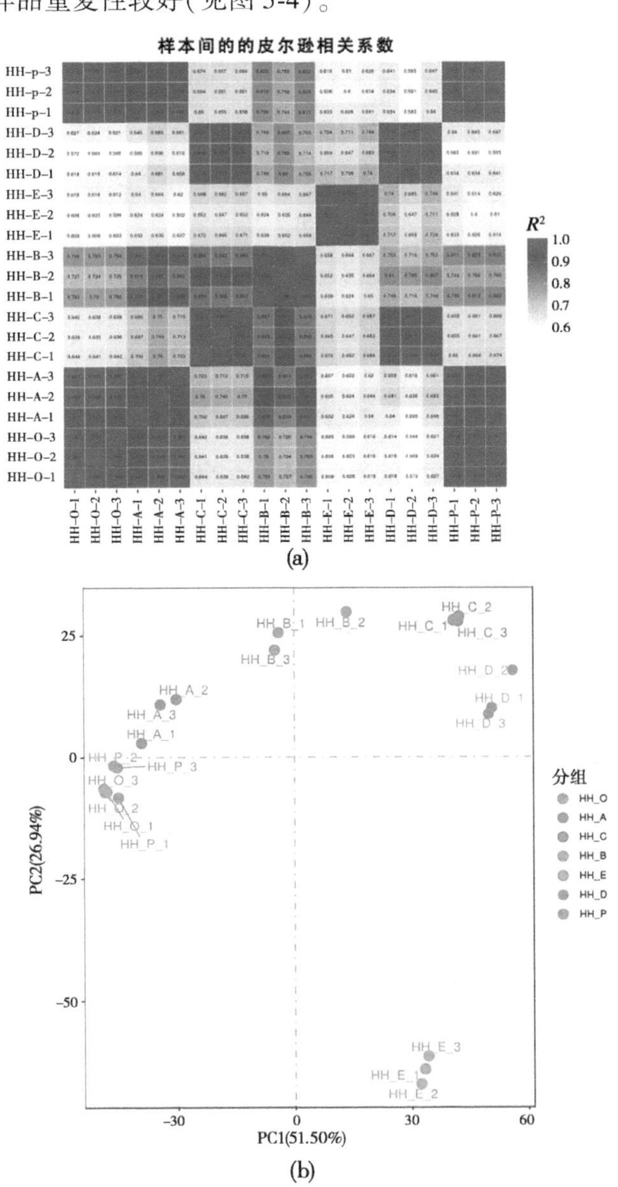

图 5-4　21 个样本的相关性热图(a)及 PCA 图(b)

5.2.3.2 WGCNA 筛选 MYB 转录因子

基于红花蜡梅花器官 7 个时期花被片样本的转录组数据，利用 WGCNA 分析与 *CpANS1* 有共表达关系的花青素生物合成途径相关基因和转录因子家族成员（见图 5-5），由图 5-5 可知，有 3 个 MYB 转录因子 Cpr008224、Cpr017300 和 Cpr020633 显示与 *CpANS1* 共表达。相关基因表达量 FPKM 值见表 5-6。

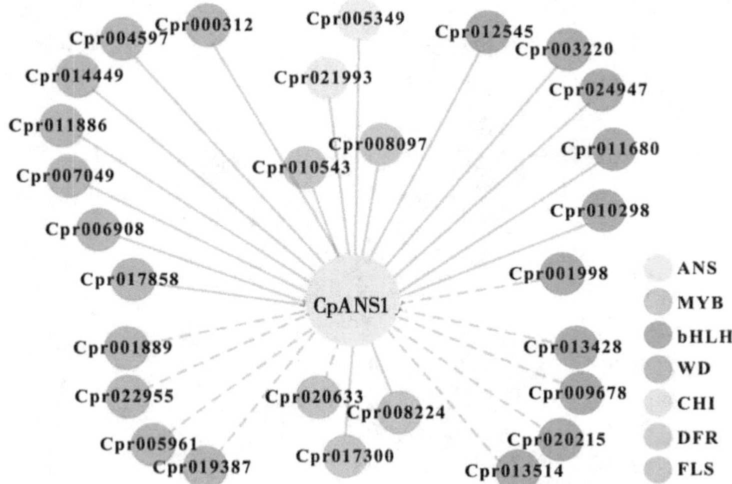

注：实线连接的表示正调控，虚线连接的表示负调控。

图 5-5 与 *CpANS1* 有共表达关系的花青素生物合成途径相关结构基因和转录因子家族成员

表 5-6 与 *CpANS1* 有共表达关系基因表达量 FPKM 值

基因编号	基因注释	阶段 1	阶段 2	阶段 3	阶段 4	阶段 5	阶段 6	阶段 7
Cpr008224	*MYB*	92.09	140.65	153.72	241.92	140.38	72.58	21.06
Cpr017300	*MYB*	11.77	22.40	53.43	114.53	116.41	30.44	4.77
Cpr020633	*MYB*	52.46	47.11	4.68	2.40	17.27	49.42	55.76
Cpr003220	*bHLH*	199.21	221.65	260.07	344.01	206.68	194.81	103.91
Cpr010298	*bHLH*	31.28	37.00	68.71	85.39	49.38	27.09	48.10
Cpr011680	*bHLH*	3.15	3.14	3.74	4.48	7.05	2.64	0.67
Cpr012545	*bHLH*	0.23	0.08	3.35	12.62	8.07	1.50	2.71
Cpr013428	*bHLH*	19.98	11.28	6.38	7.95	18.47	14.41	26.74
Cpr013514	*bHLH*	23.11	19.52	10.79	5.71	6.10	16.41	21.36
Cpr020215	*bHLH*	12.14	9.45	5.97	2.94	5.72	8.50	8.86
Cpr001998	*bHLH*	8.18	7.33	8.26	6.66	6.88	8.16	8.26
Cpr009678	*bHLH*	36.73	34.11	24.49	17.02	18.88	30.05	42.95
Cpr024947	*bHLH*	31.53	37.70	74.94	90.77	61.75	29.54	41.36

续表 5-6

基因编号	基因注释	阶段 1	阶段 2	阶段 3	阶段 4	阶段 5	阶段 6	阶段 7
Cpr000312	*WD40*	2.67	2.53	3.52	6.08	4.02	1.76	1.13
Cpr004597	*WD40*	26.15	24.87	32.33	43.60	40.29	22.36	22.27
Cpr006908	*WD40*	25.53	30.40	48.40	60.92	55.37	38.03	32.32
Cpr007049	*WD40*	6.78	4.51	6.59	10.01	10.09	6.04	5.28
Cpr011886	*WD40*	10.93	10.59	8.73	28.00	19.65	11.81	7.34
Cpr014449	*WD40*	112.33	121.56	117.47	170.02	171.48	128.43	106.88
Cpr017858	*WD40*	32.85	33.89	44.36	56.33	48.86	28.71	26.82
Cpr005961	*WD40*	9.36	8.37	7.73	7.12	6.63	7.81	9.90
Cpr019387	*WD40*	10.59	9.63	5.59	3.68	4.13	7.71	9.77
Cpr022955	*WD40*	15.39	16.10	11.47	7.72	12.13	20.44	19.72
Cpr001889	*WD40*	2.24	1.65	1.20	1.06	0.84	1.71	1.63
Cpr005349	*CHI*	22.36	23.80	42.13	44.58	44.63	33.05	25.75
Cpr021993	*CHI*	1.43	2.47	4.48	3.98	2.92	1.49	0.30
Cpr008097	*DFR*	0	0	0.11	3.56	0.56	0.08	0.06
Cpr010543	*FLS*	48.77	48.15	67.69	70.60	49.99	15.78	22.14

5.2.4　蜡梅不同花色类型 *CpMYB1* 基因序列分析

WGCNA 分析鉴定出 3 个 MYB 转录因子 Cpr008224、Cpr017300、Cpr020633；系统发育树鉴定了 2 个 S6 亚家族 MYB 转录因子 Cpr017300 和 Cpr001125。2 种方法均鉴定到了 Cpr017300，表明 S6 亚家族的 Cpr017300（注释为 CpMYB1）可能是调控 *CpANS1* 表达的关键转录因子。

为探究 *CpMYB1*（*Cpr017300*）在蜡梅 3 个不同品种序列差异，以红花蜡梅（RW）、红心蜡梅（PW）和素心蜡梅（CW）3 个不同品种的 cDNA 为模板，分离并克隆 *CpMYB1* 的编码序列，电泳图谱见图 5-2（b），编码序列见附录 B。3 个品种编码序列比对（见图 5-6）证实素心蜡梅中、内花被片 *CpMYB1* 基因的 CDS 序列与红花蜡梅和红心蜡梅相比均为 4 个碱基（AAAG）的缺失类型，导致移码突变，翻译提前终止。一般来说，R2R3-MYB 转录因子的激活或抑制区域通常位于 C 端，*CpMYB1* 的移码突变发生处 C 端下游的氨基酸都受到影响，因此即使 *CpMYB1* 在素心蜡梅内花被片中高表达，因调控功能丧失，致使素心蜡梅花被片花青素代谢途径终止。

对于 *CpMYB1* 的编码序列，“AAAG”后的“GGA”重复数在不同的红色花被片组织中有所不同。在红心蜡梅和红花蜡梅中，*CpMYB1* 在红色花被片中的表达量高于黄色花被片（见表 5-7），说明 *CpMYB1* 的表达量与花被片的颜色直接相关。因此，*CpMYB1* 可能调节不同蜡梅类群间的花色差异，其缺失突变导致素心蜡梅的红色丧失；而其表达水平决定了红心蜡梅和红花蜡梅花被片的颜色。此外，克隆了不同品种 *CpMYB1* 启动子序列，电泳图谱见图 5-2（c），启动子序列见附录 B。序列比对发现 3 个品种之间 *CpMYB1* 核心启动子序列无差异，表明可能是其他调控因子而不是启动子引起 *CpMYB1* 的特异表达。

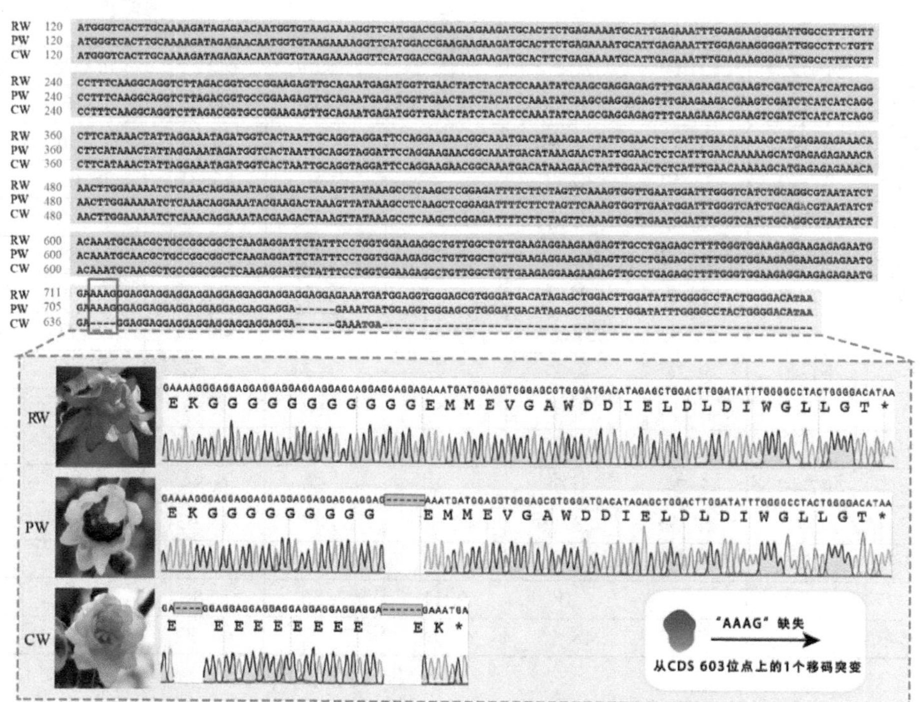

图 5-6　红花蜡梅(RW)、红心蜡梅(PW)和素心蜡梅(CW)花被片 *CpMYB1* 基因完整编码序列和 C 端蛋白序列比对

表 5-7　*CpMYB1* 在不同品种花被片表达量 FPKM 值

基因	RWI	RWM	PWI	PWM	CWI	CWM	RWI/RWM	PWI/PWM	CWI/CWM
CpMYB1	149.87	43.75	12.38	1.19	41.92	7.87	3.43	10.4	5.33

5.2.5　酵母双杂交实验结果

根据以往的研究,大多数物种花青素的生物合成是通过 MYB、bHLH 和 WD40 转录因子形成 MBW 复合体与结构基因启动子结合来调控结果基因表达。在模式植物矮牵牛和拟南芥中,已经分离和鉴定了花青素调控基因 bHLH(AN1、JAF13 和 TT8)以及 WD40(AN11 和 TTG1),且均被证实形成 MBW 复合体调控花青素(原花青素)代谢通路。利用以上序列,在红花蜡梅基因组进行同源搜索,获得了 2 个 *bHLH* 基因(*Cpr015629* 和 *Cpr020215*,分别标记为 *bHLH1* 和 *bHLH2*)和 2 个 *WD40* 基因(*Cpr013636* 和 *Cpr014700*,分别标记为 *WDR1* 和 *WDR2*),对应的氨基酸序列见附录 *C*。

酵母双杂交系统具有简单易行、筛选效率高等优点,成为筛选互作蛋白最常用的方法。为了验证经同源搜索获得的 2 个 bHLH 和 2 个 WD40 与 CpMYB1 之间的互作关系,开展了酵母双杂交实验,结果表明:CpMYB1 可与 CpbHLH1 和 CpbHLH2 互作,但不能与 CpWDR1 和 CpWDR2 互作。进一步的结果表明,CpbHLH1 和 CpWDR2 之间也存在相互作用(见图 5-7)。因此,CpbHLH1、CpWDR2 和 CpMYB1 之间可以形成 MBW 复合体。

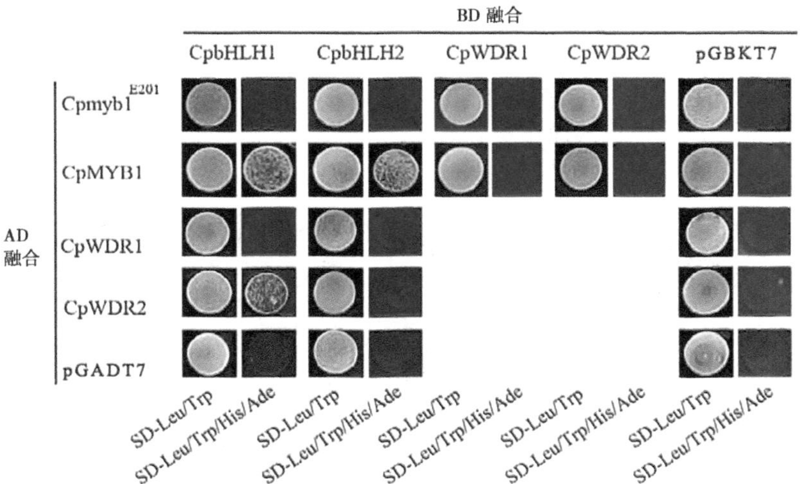

图 5-7　酵母双杂交(Y2H)分析 CpMYB1、CpbHLH1、CpbHLH2、CpWDR1 和 CpWDR2 间的互作

5.2.6　CpMYB1 及其 MBW 复合体对 *CpANS1* 的激活活性分析

为了确定 CpMYB1 及其 MBW 复合体对 *CpANS1* 的激活活性，在矮牵牛 W59×axi 白色花瓣上进行过表达实验。GUS 染色结果显示，CpMYB1+CpbHLH1+CpWDR2+pANS 处理矮牵牛蓝色最为明显，表明 CpMYB1 驱动的 MBW 复合体对 *CpANS1* 具有激活活性，而 Cpmyb1^{E201}(氨基酸 201 位点同义突变，从 CDS 603 位点上的 AAAG 碱基缺失，导致移码突变)则丧失了激活 CpANS1 启动子的能力(见图 5-8)。

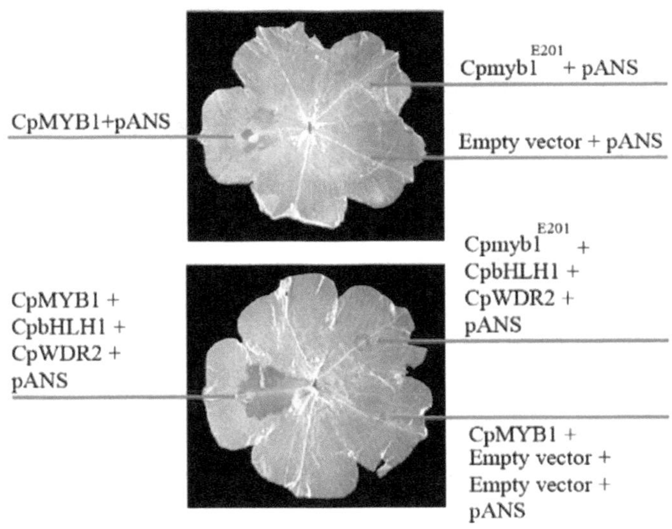

图 5-8　白花矮牵牛花瓣的 GUS 活性测定

由于蜡梅遗传转化体系尚未建立，同时用 *CpMYB1* 与 *Cpmyb1*^{E201} 2 个基因型构建转基因载体在模式植物烟草中进行过表达实验（见图 5-9）。结果表明，*CpMYB1* 和 *Cpmyb1*^{E201} 均不能加深烟草叶片和愈伤组织的颜色，也暗示着 CpMYB1 需要与 bHLH 和 WD40 形成 MBW 复合体来充分发挥其调控作用。

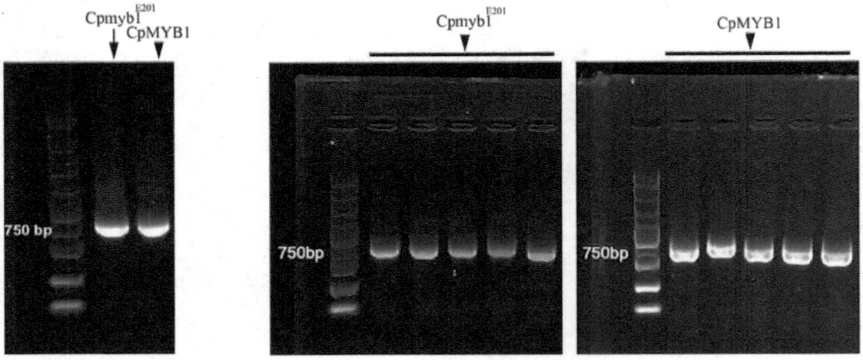

Cpmyb1^{E201} CpMYB1 750 bp

(a)*CpMYB1*和*Cpmyb1*^{E201} PCR产物电泳图

Cpmyb1^{E201} CpMYB1 750bp 750bp

(b)阳性菌株的PCR产物电泳图

Cpmyb1^{E201} CpMYB1 1 cm

(c)阳性转基因烟草植株

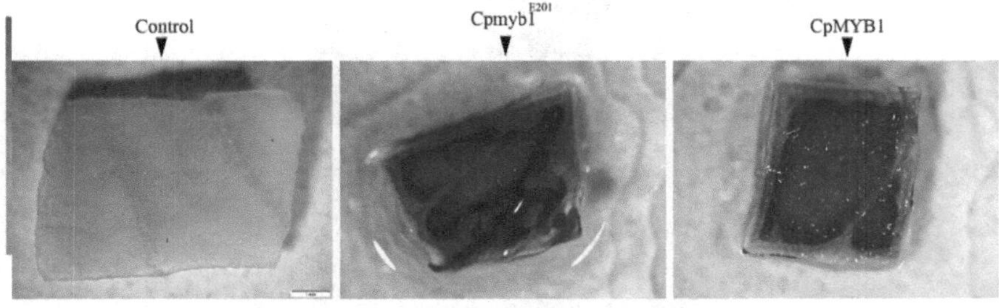

(d)野生型和转基因烟草植株的GUS染色报告实验

图 5-9　野生型和转基因烟草 *CpMYB1* 和 *Cpmyb1*^{E201} 的过表达

5.3 讨　论

类黄酮早期生物合成基因(EBG),包括 *FLS1*、*F3′H*、*F3H*、*CHI* 和 *CHS* 可导致黄酮醇生物合成;*ANR*、*ANS* 和 *DFR* 等晚期生物合成基因(LBG)对花青素和原花青素(PA)的生物合成均有促进作用。EBG 被 R2R3-MYB S7 亚群正调控,而 LBG 被 R2R3-MYB S6 亚群或 AtMYB123 激活,分别导致花青素和 PA 的生物合成。MYB S6 亚群成员主要调控花青素合成,其 CDS 或启动子突变都会影响自身活性,从而影响下游基因表达。如草莓中因 *FveMYB10* 基因编码区一个 SNP 由 G 突变为 C,相应的氨基酸由 Trp 变为 Ser,使该基因失去促进花青苷积累的功能,果实由红色变为黄色;白皮葡萄是由于其花青素特异调控基因 *VvMYBA1* 和 *VvMYBA2* 同时突变导致。红肉苹果是由于 *MdMYB10* 的启动子序列发生了短片段串联重复,使其活性增强;紫色花椰菜系 1 个 R2R3 MYB 转录因子 Pr 的上游调控区域插入了 a Harbinger DNA 转座子;血橙是由于类似 Copia 的一个逆转录转座子插入了调控花青素合成途径 MYB 转录因子 Ruby 的启动子区域,促使花青素的合成。红叶海棠中因 *McMYB10* 启动子上存在串联重复的微卫星序列,使该基因表达显著上调,进而促进了花青素的合成。

本书通过 WGCNA 分析及系统发育树 2 种方法鉴定出了可能调控 *CpANS1* 表达的转录因子 CpMYB1,并比较了不同花色类型中、内花被片中的 *CpMYB1* 编码序列,在素心蜡梅中发现存在 AAAG 4 个碱基的缺失产生移码突变,致使 *CpMYB1* 翻译提前终止导致调控功能丧失,即使 *Cpmyb1*^{E201} 在素心蜡梅内花被中有较高表达(见表 5-7),也因花青素代谢途径的终止,而不能合成矢车菊素。关键基因的 RT-qPCR 实验进一步证实了转录组的测序结果。红心蜡梅和红花蜡梅序列比对还发现了 GGA 数量的变化。另外,*CpMYB1* 启动子克隆及序列比对发现 3 个品种核心启动子序列间无差异[见图 5-2(c)、附录 B]。因此,*CpMYB1* 的编码区差异和特异性表达可能决定了蜡梅不同类群间的花色差异。

控制花青素生物合成的转录因子已经在多个物种中被鉴定出来,R2R3-MYB、bHLH 和 WD40 蛋白的 MBW 调控复合体是至关重要的。特别是 R2R3-MYB 是植物色素沉着强度和图案形成的关键决定因素。如梨树中 MYB114、杨梅中 MrMYB1、杨树中 PtrMYB57 形成 MBW 复合体调控花青素代谢通路。

本书通过酵母双杂交证实 CpMYB1 与 bHLH1、WDR2 三个转录因子之间可形成 MBW 复合体,GUS 染色实验进一步证实 CpMYB1 形成的 MBW 复合体对 *CpANS1* 启动子具有激活活性,而 Cpmyb1^{E201} 对 *CpANS1* 启动子没有激活活性。转基因烟草实验中,图 5-9(d)GUS 染色报告证实 *CpMYB1* 及 *Cpmyb1*^{E201} 基因成功转入烟草,但均不能加深烟草叶片和愈伤组织的颜色,表明 CpMYB1 可能需要依赖 bHLH1、WD40 形成复合体调控花青素代谢途径。这充分表明:在蜡梅中 CpMYB1 是调控花青素代谢途径并决定红色形成的关键转录因子,需要 CpbHLH1 和 CpWDR2 的参与。下一步可通过开展酵母单杂交、EMSA 等实验进一步开展 CpMYB1 及缺失型与 *CpANS1* 启动子互作情况,并分析不同基因型 *CpMYB1* 的结构与功能及 *CpANS1* 核心启动子元件。

5.4 小　结

（1）红心、素心及红花 3 个蜡梅花色类型的花被片类黄酮合成途径结构基因 *CpANS1* 的核心启动子区域和翻译的氨基酸序列没有差异，*CpANS1* 启动子或编码序列的差异不是导致这 *3* 个品种花色差异的原因。

（2）WGCNA 分析筛选出 3 个与 *CpANS1* 有共同表达模式的 MYB 转录因子；系统发育树鉴定了 2 个 S6 亚家族的 MYB。2 种方法表明 S6 亚家族的 Cpr017300（注释为 CpMYB1）可能是调控 *CpANS1* 表达的关键转录因子。

（3）素心蜡梅中、内花被片中 *CpMYB1* 基因的 CDS 序列均为 4 个碱基（AAAG）的缺失突变类型，编码提前终止致使其调控功能丧失，最终导致素心蜡梅花青素代谢途径的终止。*CpMYB1* 的编码序列"AAAG"后的"GGA"重复数在不同的红色花被组织中有所不同。*CpMYB1* 的表达量与花被片的颜色直接相关，CpMYB1 可能调节不同蜡梅类型间的花色差异。

（4）在红花蜡梅基因组进行同源搜索获得了 2 个 *bHLH* 和 2 个 *WD40* 基因。CpMYB1 可与 CpbHLH1 和 CpbHLH2 互作，但不能与 CpWDR1 和 CpWDR2 互作。CpbHLH1 和 CpWDR2 之间也存在相互作用。CpbHLH1、CpWDR2 和 CpMYB1 之间可以形成 MBW 复合体。

（5）CpMYB1 驱动的 MBW 复合体对 CpANS1 具有激活活性，而 $\mathrm{Cpmyb1}^{E201}$ 则丧失了激活 *CpANS1* 启动子的能力。*CpMYB1* 与 $\mathit{Cpmyb1}^{E201}$ 在模式植物烟草中进行过表达实验表明，2 个基因型均不能加深烟草叶片和愈伤组织的颜色，暗示 CpMYB1 需要与 bHLH 和 WD40 形成 MBW 复合体来充分发挥其调控作用。

第6章　主要研究结论、创新点与展望

6.1　主要研究结论

(1)调研评估的红花蜡梅基因组大小约为 766.16 Mb,重复序列约占 62.53%,杂合率约 0.13%,基因组的 GC 含量约 37.39%,属高重复的复杂基因组。测序组装获得了高质量的染色体水平的基因组,大小(scaffold 总长度)为 737.03 Mb,其中 Contig N50 为 8.13 Mb。鉴定并预测了 25 832 个蛋白质编码基因模型,其中 24 756 个(占比 95.83%)预测蛋白编码基因可以通过公共数据库进行功能注释;通过同源搜索和 *de novo* 预测相结合,共鉴定出 466.24 M 重复序列,还鉴定了 1 723 个非编码 RNAs(ncRNAs)。

(2)基于 CDS 并联树,估算蜡梅和柳叶蜡梅的分化时间为 1 700 万年前,蜡梅科和木兰科分化时间为 1.23 亿年前,樟目和胡椒目分化时间为 1.39 亿年前,木兰类和真双子叶分化时间为 1.52 亿年前。共线性区块比较显示蜡梅与无油樟(*A. trichopoda*)、鹅掌楸(*L. chinense*)、葡萄(*V. vinifera*)、牛樟(*C. kanehirae*)和柳叶蜡梅(*C. salicifolius*)分别为 4∶1、4∶2、4∶3、2∶2和 1∶1的模式。红花蜡梅经历了 2 次 WGD 事件,其中古老的 WGD 事件由樟目所共享,驱动樟目分化为蜡梅科和樟科等;年轻的 WGD 事件由蜡梅科所共享,驱动蜡梅科分化为蜡梅、柳叶蜡梅等。另外,木兰类植物未共享 WGD 事件,其分支木兰目、胡椒目和樟目各自经历了一个独立的 WGD 事件,樟目与木兰目的 WGD 事件发生时间相对接近。

(3)基于 25 个物种的基因组数据,使用 0、1、2 相位点的构建 CDS 串联树中,表明黑胡椒存在长枝效应,使用 1 相位点以及 0 和 1 相位点构建的 CDS 串联树消除了长枝效应。以往对木兰类植物进化位置的研究结果不一致,可能是由于构树方法不同、ILS 的存在、类群单元取样的限制以及木兰类植物在进化早期的快速分化等原因。本书表明基于二叉树的方法或不能完全代表被子植物的早期多样化,木兰类更可能是真双子叶植物的姐妹,这一观点得到了较多发育树的支持。

(4)在不同花色类型蜡梅花被片中共检测到 82 种化合物,除黄酮醇类和花青苷类化合物外,还包括黄酮、异黄酮、黄烷醇等。蜡梅花被片类黄酮生物合成途径中除主要的黄酮醇支路和花青素支路外,还可能包括黄酮支路、异黄酮支路和黄烷醇支路。矢车菊苷是蜡梅花被片呈红色的特征代谢物,包括矢车菊素-3-*O*-葡萄糖苷、矢车菊素-3-*O*-芸香糖苷和矢车菊素-3-*O*-半乳糖苷。红色花被片主要是由花青素生物合成途径结构基因 *CpANS1* 高表达所致。靶向代谢组学和转录组学关联分析进一步证实 *CpANS1* 与花青苷呈正相关,是蜡梅花被片红色形成的关键结构基因。

(5)*CpANS1* 启动子或编码序列不是导致红心、素心及红花 3 个蜡梅品种花色差异的原因。系统进化树及 WGCNA 分析表明 S6 亚家族的 R2R3-MYB 转录因子 CpMYB1 可能是调控 *CpANS1* 表达的关键转录因子。素心蜡梅中、内花被片中 *CpMYB1* 基因的 CDS 序列均为 4 个碱基(AAAG)的缺失突变类型,编码提前终止致使其调控功能丧失,花青素代

谢途径终止。*CpMYB1* 编码序列 “AAAG”后的“GGA”重复数在不同的红色花被组织中有所不同。*CpMYB1* 的表达水平与花被片的颜色直接相关。

(6)在红花蜡梅基因组进行同源搜索获得了 2 个 *bHLH* 和 2 个 *WD40* 基因。*CpMYB1* 可与 CpbHLH1 和 CpbHLH2 互作,但不能与 CpWDR1 和 CpWDR2 互作,CpbHLH1 和 CpWDR2 之间也存在相互作用,CpbHLH1、CpWDR2 和 CpMYB1 之间可以形成 MBW 复合体。GUS 染色结果表明,CpMYB1 驱动的 MBW 复合体对 *CpANS1* 具有激活活性,而移码突变型 CpMYB1(标记为 $Cpmyb1^{E201}$)则丧失了激活 *CpANS1* 启动子的能力。*CpMYB1* 与 $Cpmyb1^{E201}$ 2 个基因型在模式植物烟草中进行过表达实验显示 *CpMYB1* 和 $Cpmyb1^{E201}$ 均不能加深烟草叶片和愈伤组织的颜色,暗示着 CpMYB1 需要与 bHLH 和 WD40 形成 MBW 复合体来充分发挥其调控作用。

6.2 主要创新点

(1)本书对一种新资源类型红花蜡梅进行了测序、组装和注释,获得了高质量的染色体水平基因组,Contig N50 达 8.13 Mb,为蜡梅基因组编辑和分子标记辅助育种提供了宝贵资源。

(2)比较基因组鉴定了蜡梅等木兰类 WGD 事件,并基于多策略的系统发育分析,认为一个二叉树或不能完全代表被子植物复杂的早期分化,木兰类更可能是真双子叶的姐妹,为木兰类进化提供了新见解。

(3)多组学数据整合,解析了红花蜡梅花被片类黄酮生物合成途径,花被片红色主要归因于花青素代谢途径结构基因 *CpANS1* 和转录因子 CpMYB1,并证实 CpMYB1 需要与 bHLH 和 WD40 形成 MBW 复合体才能充分发挥其调控功能,移码突变的 *CpMYB1* 丧失了对 *CpANS1* 激活活性,为蜡梅花色遗传改良和类黄酮开发利用奠定了基础。

6.3 研究展望

本书采用红花蜡梅为测序材料,基于 PacBio 三代测序,Illumina 二代测序数据纠错,Hi-C 辅助组装,并进行注释,获得了高质量的染色体水平的基因组;鉴定了 WGD 事件,重构了木兰类的系统进化地位;多组学数据整合与验证,解析了红花蜡梅花被片类黄酮生物合成途径,对于蜡梅花色遗传改良和类黄酮开发利用具有重要意义。下一步需在本书研究的基础上,继续开展如下研究:

(1)不同花被片 *CpMYB1* 基因差异表达分子机制。目前已知 *CpANS1* 是蜡梅花被片红色形成的关键结构基因,S6 亚家族转录因子 CpMYB1 形成的 MBW 复合体调控 *CpANS1* 的表达,*CpMYB1* 是蜡梅花被片红色形成的关键基因。但蜡梅中、内花被片间以及不同花色类型花被片间 *CpMYB1* 基因差异表达机制尚不清楚。生产中,蜡梅内被片有些颜色深、有些颜色浅、有些是红黄相间(晕心蜡梅品种),新选育的红花蜡梅中被片、内被片均为红色。因此,需进一步开展具体调控 *CpMYB1* 基因表达强度、表达部位的分子机制研究。

(2) *CpMYB1* 及其 MBW 复合体基因 bHLH、WD40 共转化研究。研究已表明 CpMYB1 与 CpbHLH1、CpWDR2 之间可以形成 MBW 复合体，单独转化 *CpMYB1* 至模式植物烟草，其叶片及愈伤组织颜色均不能加深。因此，需开展 *CpMYB1* 和 *CpbHLH1*、*CpWDR2* 三个基因的共转化研究。

参考文献

[1] Byng J W, Chase M W, Briggs B, et al. An update of the Angiosperm Phylogeny Group classification for the orders and families of flowering plants: APG Ⅳ[J]. Botanical Journal of the Linnean Society, 2016, 181(1): 1-20.

[2] 李烨,李秉滔. 蜡梅科植物的分支分析[J]. 热带亚热带植物学报,2000,8(4):275-281.

[3] 李烨,李秉滔. 蜡梅科植物的起源演化及其分布[J]. 广西植物,2000,20(4):295-300.

[4] 徐金标,潘俊杰,吕群丹,等. 蜡梅科植物化学成分及其药理活性研究进展[J]. 中国中药杂志,2018,43(10):7-18.

[5] 中国科学院中国植物志委员会. 中国植物志. 第30卷第2分册[M]. 北京:科学出版社,1979.

[6] 赵冰,雒新艳,张启翔. 蜡梅品种的数量分类研究[J]. 园艺学报,2007,34(4):947-954.

[7] 程红梅,周耘峰,窦维奇. 蜡梅品种园艺学性状综合评价模型及其应用[J]. 北京林业大学学报,2010,32(S2):160-165.

[8] 聂琳,翟晓巧,介大委. 蜡梅的研究现状及进展[J]. 陕西农业科学,2009,55(6):116-119.

[9] 熊敏. 蜡梅花天然香料的提取工艺与成分研究[D]. 武汉:华中农业大学,2009.

[10] 程振. 蜡梅花精油提取及其产业化开发研究[D]. 南京:南京林业大学,2013.

[11] 周继荣,倪德江. 蜡梅不同品种和花期香气变化及其花茶适制性[J]. 园艺学报,2010,37(10):1621-1628.

[12] 袁蒲英,宋兴荣,何相达,等. 蜡梅叶茶制作及成分分析[J]. 中国园林,2020,36(S1):48-51.

[13] 沈植国,孙萌,袁德义,等. 蜡梅科6种植物嫩梢挥发性成分的HS-SPME-GC-MS分析[J]. 园艺学报,2020,47(12):2349-2361.

[14] 赵天榜,陈志秀,高炳振. 中国蜡梅[M]. 郑州:河南科学技术出版社,1993.

[15] 王扬,李菁博. 从"腊梅"到"蜡梅"——蜡梅栽培史及蜡梅文化初考[J]. 北京林业大学学报,2013,35(S1):110-115.

[16] 范丽琨,吕英民,张启翔. 关于蜡梅专类园设计的建议[J]. 中国园林,2009,25(2):95-97.

[17] 张若慧,刘洪锷. 世界蜡梅[M]. 北京:中国科学技术出版社,1998.

[18] 程红梅,周耘峰. 蜡梅品种分类研究[J]. 北京林业大学学报,2012,34(S1):132-136.

[19] Yang N, Zhao K, Li X, et al. Comprehensive analysis of wintersweet flower reveals key structural genes involved in flavonoid biosynthetic pathway[J]. Gene, 2018, 676: 279-289.

[20] 陈龙清. 蜡梅科植物研究进展[J]. 中国园林,2012,28(8):49-53.

[21] Dixon R A, Steele C L. Flavonoids and isoflavonoids - a gold mine for metabolic engineering[J]. Trends in Plant Science, 1999, 4(10): 394-400.

[22] Forkmann G, Martens S. Metabolic engineering and applications of flavonoids[J]. Current Opinion in Biotechnology, 2001, 12(2): 155-160.

[23] 赵云鹏,陈发棣,郭维明. 观赏植物花色基因工程研究进展[J]. 植物学报,2003,20(1):51-58.

[24] 乔小燕,马春雷,陈亮. 植物类黄酮生物合成途径及重要基因的调控[J]. 天然产物研究与开发,2009,21(2):22,169-175.

[25] Massoni J, Couvreur T L, Sauquet H. Five major shifts of diversification through the long evolutionary history of Magnoliidae (angiosperms)[J]. Bmc Evolutionary Biology, 2015, 15(1): 49.

[26] Winkel-Shirley B, Flavonoid Biosynthesis. A Colorful Model for Genetics, Biochemistry, Cell Biology,

and Biotechnology[J]. Plant Physiology,2001,126(2):485-493.

[27] 解林峰,任传宏,张波,等. 植物类黄酮生物合成相关UDP-糖基转移酶研究进展[J]. 园艺学报,2019,46(9):28-42.

[28] 葛雨萱,王亮生,徐彦军,等. 蜡梅的花色和花色素组成及其在开花过程中的变化[J]. 园艺学报,2008,35(9):1331-1338.

[29] 国家林业局. 植物新品种特异性、一致性、稳定性测试指南 蜡梅:LY/T 2098—2013[S]. 2013:1-20.

[30] 沈植国,张琳,袁德义,等. 蜡梅花色及其红花新资源研究进展[J]. 园艺学报,2022,49(4):924-934.

[31] Shang J, Tian J, Cheng H,et al. The chromosome-level wintersweet (*Chimonanthus praecox*) genome provides insights into floral scent biosynthesis and flowering in winter[J]. Genome biology,2020,21(1):1-28.

[32] Massoni J,Forest F,Sauquet H. Increased sampling of both genes and taxa improves resolution of phylogenetic relationships within Magnoliidae, a large and early-diverging clade of angiosperms[J]. Molecular Phylogenetics & Evolution,2014,70:84-93.

[33] Cantino P D,Doyle J A,Graham S W,et al. Towards a Phylogenetic Nomenclature of Tracheophyta[J]. Taxon,2007,56(3):822-846.

[34] Ballard H E. Violaceae IN: Flowering plant families of the world[M]. Ont:Firely Books,2007.

[35] Zeng L,Zhang Q,Sun R,et al. Resolution of deep angiosperm phylogeny using conserved nuclear genes and estimates of early divergence times[J]. Nature Communications,2014,5(1):1-12.

[36] Chaw S M,Liu Y C,Wu Y W,et al. Stout camphor tree genome fills gaps in understanding of flowering plant genome evolution[J]. Nature plants,2019,5(1):63-73.

[37] Rendón-Anaya M,Ibarra-Laclette E,Méndez-Bravo A,et al. The avocado genome informs deep angiosperm phylogeny, highlights introgressive hybridization, and reveals pathogen-influenced gene space adaptation[J]. Proceedings of the National Academy of Sciences of the United States of America,2019,116(34):17081-17089.

[38] Chen Y C,Li Z,Zhao Y X,et al. The Litsea genome and the evolution of the laurel family[J]. Nature communications,2020,11(1):1-14.

[39] Chen S,Sun W,Xiong Y,et al. The Phoebe genome sheds light on the evolution of magnoliids[J]. Horticulture research,2020,7(1):1-13.

[40] Sun W H,Xiang S,Zhang Q G,et al. The camphor tree genome enhances the understanding of magnoliid evolution[J]. Journal of Genetics and Genomics,2022,49(3):249-253.

[41] Lv Q,Qiu J,Liu J,et al. The *Chimonanthus salicifolius* genome provides insight into magnoliids evolution and flavonoids biosynthesis[J]. The Plant Journal,2020,103(5):1910-1923.

[42] Chen J,Hao Z,Guang X,et al. Liriodendron genome sheds light on angiosperm phylogeny and species-pair differentiation[J]. Nature Plants,2019,5(1):18-25.

[43] Dong S,Liu M,Liu Y,et al. The genome of Magnolia biondii Pamp. provides insights into the evolution of Magnoliales and biosynthesis of terpenoids[J]. Horticulture research,2021,8(1):38-38.

[44] Strijk J S,Hinsinger D D,Roeder M M,et al. Chromosome-level reference genome of the soursop (Annona muricata): A new resource for Magnoliid research and tropical pomology[J]. Mol Ecol Resour,2021,21(5):1608-1619.

[45] Hu L,Xu Z,Wang M,et al. The chromosome-scale reference genome of black pepper provides insight into

piperine biosynthesis[J]. Nature Communications,2019,10(1):1-11.
[46] 郝兆东. 鹅掌楸属基因组演化及其花色变异遗传基础研究[D]. 南京:南京林业大学,2020.
[47] 刘蓉蓉. 高等植物基因组测序回顾与展望[J]. 生物技术通报,2011,226(5):10-14.
[48] The Arabidopsis Genome Initiative. Analysis of the genome sequence of the flowering plant Arabidopsis thaliana[J]. Nature ,2000,408(6814):796-815.
[49] 乔鑫,李梦,殷豪,等. 果树全基因组测序研究进展[J]. 园艺学报,2014,41(1):165-177.
[50] 刘海琳,尹佟明. 全基因组测序技术研究及其在木本植物中的应用[J]. 南京林业大学学报(自然科学版),2018,42(5):176-182.
[51] Sun Y,Shang L,Zhu Q H,et al. Twenty years of plant genome sequencing: achievements and challenges [J]. Trends Plant Sci. ,2022,27(4):391-401.
[52] 陈勇,柳亦松,曾建国. 植物基因组测序的研究进展[J]. 生命科学研究,2014,18(1):66-74.
[53] Sanger F,Nicklen S,Coulson A R. DNA sequencing with chain-terminating inhibitors[J]. Proceedings of the National Academy of Sciences of the United States of America,1977,74(12):5463-5467.
[54] Maxam A M,Gilbert W. A new method for sequencing DNA[J]. Proceedings of the National Academy of Sciences,1977,74(2):560-564.
[55] 杨金水. 基因组学[M]. 3 版. 北京:高等教育出版社,2013.
[56] Prober J,Trainor G,Dam R,et al. A system for rapid DNA sequencing with fluorescent chain-terminating dideoxynucleotides[J]. Science,1987,238(4825):336-341.
[57] Kuhn R,Hoffstetter-Kuhn S. Capillary Electrophoresis: Principles and Practice[M]. Berlin:Spinger-Verlay,1993.
[58] Goff S A,Ricke D,Lan T H,et al. A draft Sequence of the rice Genome (Oryza sativa L. ssp. japonica) [J]. Science (New York, N. Y.),2002,296(5565):92-100.
[59] Tuskan G A,Difazio S,Jansson S,et al. The genome of black cottonwood, Populus trichocarpa (Torr. & Gray) [J]. Science (New York, N. Y.),2006,313(5793):1596-1604.
[60] Jaillon O,Aury J M,Noel B,et al. The grapevine genome sequence suggests ancestral hexaploidization in major angiosperm phyla[J]. Nature,2007,449(7161):463-467.
[61] Ming R,Hou S B,Feng Y,et al. The draft genome of the transgenic tropical fruit tree papaya (Carica papaya Linnaeus) [J]. Nature,2008,452(7190):991-996.
[62] Myburg A A,Grattapaglia D,Tuskan G,et al. The genome of Eucalyptus grandis[J]. Nature,2014,510(7505):356-362.
[63] 徐疏梅. 新一代 DNA 测序技术的应用与研究进展[J]. 徐州工程学院学报(自然科学版),2018,33(4):60-64.
[64] 田李,张颖,赵云峰. 新一代测序技术的发展和应用[J]. 生物技术通报,2015,31(11):1-8.
[65] Jay S,Hanlee J. Next-generation DNA sequencing[J]. Nature biotechnology,2008,26(10):1135-1145.
[66] Mardis E R. Next-Generation DNA Sequencing Methods[J]. Annual Review of Genomics and Human Genetics,2008,9(1):387-402.
[67] Ma T,Wang J Y,Zhou G K,et al. Genomic insights into salt adaptation in a desert poplar[J]. Nature communications,2013,4(1):2797.
[68] Guan R,Zhao Y P,Zhang H,et al. Draft genome of the living fossil Ginkgo biloba[J]. GigaScience,2016,5(1):49-62.
[69] Xia E H,Zhang H B,Sheng J,et al. The Tea Tree Genome Provides Insights into Tea Flavor and Independent Evolution of Caffeine Biosynthesis[J]. Molecular Plant,2017,10(6):866-877.

[70] Nystedt B, Street N R, Wetterbom A, et al. The Norway spruce genome sequence and conifer genome evolution[J]. Nature, 2013, 497(7451): 579-584.

[71] Qin G H, Xu C Y, Ming R, et al. The pomegranate (*Punica granatum* L.) genome and the genomics of punicalagin biosynthesis[J]. The Plant Journal, 2017, 91(6): 1108-1128.

[72] Yuan Z H, Fang Y M, Zhang T K, et al. The pomegranate (*Punica granatum* L.) genome provides insights into fruit quality and ovule developmental biology[J]. Plant biotechnology journal, 2018, 16(7): 1363-1374.

[73] 卢鹏,金静静,李泽锋,等. 基于第三代测序技术的基因组组装方法及其在烟草中的应用[J]. 烟草科技,2018,51(2):87-94.

[74] Niedringhaus T P, Milanova D, Kerby M B, et al. Landscape of Next-Generation Sequencing Technologies [J]. Analytical Chemistry, 2011, 83(12): 4327-4341.

[75] Eid J, Fehr A, Gray J, et al. Real-time Dna Sequencing From Single Polymerase Molecules[J]. Science, 2009, 323(5910): 133-138.

[76] Xu Y X, Zhang J X, Ma C R, et al. Comparative genomics of orobanchaceous species with different parasitic lifestyles reveals the origin and stepwise evolution of plant parasitism[J]. Molecular plant, 2022, 15 (8): 1384-1399.

[77] Luo J, Ren W Y, Cai G H, et al. The chromosome-scale genome sequence of Triadica sebifera provides insight into fatty acids and anthocyanin biosynthesis[J]. Communications Biology, 2022, 5(1): 786.

[78] Liang Y W, Li F, Gao Q, et al. The genome of Eustoma grandiflorum reveals the whole-genome triplication event contributing to ornamental traits in cultivated lisianthus[J]. Plant Biotechnology Journal, 2022, 20 (10): 1856-1858.

[79] 张皓博,樊晓旭,刘蒙达,等. 纳米孔测序技术在疾病检测中的研究进展[J]. 中国动物检疫,2021,38(6):82-89.

[80] 王东帅,师丹阳,金敏. 纳米孔测序技术在微生物基因组学研究中的应用[J]. 解放军预防医学杂志,2021,39(1):106-109.

[81] Eisenstein M. An ace in the hole for DNA sequencing[J]. Nature, 2017, 550(7675): 285-288.

[82] 闫冬明,赵宁,赵春春,等. 纳米孔测序技术研究进展[J]. 中国媒介生物学及控制杂志,2020,31(3):380-384.

[83] 曹影,李伟,褚鑫,等. 单分子纳米孔测序技术及其应用研究进展[J]. 生物工程学报,2020,36(5):811-819.

[84] 倪晓鹏,高志红. 园艺作物基因组测序研究进展[J]. 江苏农业科学,2016,44(2):9-13.

[85] Jiang S, An H S, Xu F J, et al. Chromosome-level genome assembly and annotation of the loquat (*Eriobotrya japonica*) genome[J]. GigaScience, 2020, 9(3): 1-9.

[86] Cui F Q, Ye X X, Li X X, et al. Chromosome-level genome assembly of the diploid blueberry Vaccinium darrowii provides insights into its subtropical adaptation and cuticle synthesis[J]. Plant Communications, 2022, 3(4): 100307.

[87] Gong W F, Xiao S X, Wang L K, et al. Chromosome-level genome of Camellia lanceoleosa provides a valuable resource for understanding genome evolution and self-incompatibility[J]. The Plant Journal, 2022, 110(3): 881-898.

[88] Lieberman-Aiden E, Van Berkum N L, Williams L, et al. Comprehensive Mapping of Long-Range Interactions Reveals Folding Principles of the Human Genome[J]. Science, 2009, 326(5950): 289-293.

[89] Belton J M, Mccord R P, Gibcus J H, et al. Hi-C: A comprehensive technique to capture the conformation

of genomes[J]. Methods,2012,58(3):268-276.

[90] Burton J N,Adey A,Patwardhan R P,et al. Chromosome-scale scaffolding of de novo genome assemblies based on chromatin interactions[J]. Nature Biotechnology,2013,31(12):1119-1125.

[91] Schwartz D,Li X,Hernandez L,et al. Ordered restriction maps of Saccharomyces cerevisiae chromosomes constructed by optical mapping[J]. Science,1993,262(5130):110-114.

[92] Riehn R,Lu M C,Wang Y M,et al. Restriction Mapping in Nanofluidic Devices[J]. Proceedings of the National Academy of Sciences of the United States of America,2005,102(29):10012-10016.

[93] Lam E T,Hastie A,Lin C,et al. Genome mapping on nanochannel arrays for structural variation analysis and sequence assembly[J]. Nature Biotechnology,2012,30(8):771-776.

[94] Zheng G X Y,Lau B T,Schnall-Levin M,et al. Haplotyping germline and cancer genomes with high-throughput linked-read sequencing[J]. Nature Biotechnology,2016,34(3):303-311.

[95] Mostovoy Y,Levy-Sakin M,Lam J,et al. A hybrid approach for de novo human genome sequence assembly and phasing[J]. Nature Methods,2016,13(7):587-590.

[96] APG. An ordinal classification of the families of flowering plants[J]. Ann Missouri Bot Gard,1998,85(4):531-553.

[97] APG Ⅱ. An update of the Angiosperm Phylogeny Group classification for the orders and families of flowering plants: APG Ⅱ[J]. Botanical journal of the Linnean Society,2003,141(4):399-436.

[98] APG Ⅲ. An update of the Angiosperm Phylogeny Group classification for the orders and families of flowering plants: APG Ⅲ[J]. Narnia,2009,161(2):105-121.

[99] 王伟,张晓霞,陈之端,等. 被子植物 APG 分类系统评论[J]. 生物多样性,2017,25(4):418-426.

[100] Strijk J S,Hinsinger D D,Roeder M M,et al. Chromosome-evel reference genome of the soursop (*Annona muricata*): A new resource for Magnoliid research and tropical pomology[J]. Molecular Ecology Resources,2021,21(5):1608-1619.

[101] Zhang B,Yao X,Chen H,et al. High-quality chromosome-level genome assembly of *Litsea coreana* L. provides insights into Magnoliids evolution and flavonoid biosynthesis[J]. Genomics,2022,114(4):110394.

[102] Yin Y,Peng F,Zhou L,et al. The chromosome-scale genome of Magnolia officinalis provides insight into the evolutionary position of magnoliids[J]. iScience,2021,24(9):102997.

[103] Qin L,Hu Y,Wang J,et al. Insights into angiosperm evolution, floral development and chemical biosynthesis from the Aristolochia fimbriata genome[J]. Nat Plants,2021,7(9):1239-1253.

[104] Baas P,Wheeler E,Chase M. Dicotyledonous wood anatomy and the APG system of angiosperm classification[J]. Botanical Journal of the Linnean Society,2000,134(1-2):3-17.

[105] Haston E,Richardson J E,Stevens P F,et al. The Linear Angiosperm Phylogeny Group (LAPG) Ⅲ: a linear sequence of the families in APG Ⅲ[J]. Botanical Journal of the Linnean Society,2009,161(2):128-131.

[106] 冯菊恩,冯钢. 腊梅不同品种香味鉴定初报[J]. 上海农业科技,1985(5):10.

[107] 陈志秀,丁宝章,赵天榜,等. 河南蜡梅属植物的研究[J]. 河南农业大学学报,1987(4):413-426.

[108] 姚崇怀,王彩云. 蜡梅品种分类的三个基本问题[J]. 北京林业大学学报,1995,17(S1):164-167.

[109] 赵凯歌,虞江晋芳,陈龙清. 蜡梅品种的数量分类和主成分分析[J]. 北京林业大学学报,2004(S1):79-83.

[110] 程红梅. 江苏地区蜡梅品种资源调查研究[D]. 南京:南京林业大学,2005.

[111] 杜灵娟. 南京地区蜡梅品种 RAPD 标记和分类研究[D]. 南京:南京林业大学,2006.

[112] 芦建国,张昕欣. 蜡梅品种分类研究综述[J]. 河北林业科技,2006(5):36-37,40.

[113] 孙钦花. 南京地区蜡梅品种资源调查和分类研究[D]. 南京:南京林业大学,2007.

[114] 熊钢. 江苏地区蜡梅品种资源调查及孢粉学研究[D]. 南京:南京林业大学,2009.

[115] 卢毅军,胡中,应求是,等. 杭州市蜡梅品种资源调查与分类[J]. 北京林业大学学报,2010,32(S2):151-156.

[116] 任勤红. 长三角蜡梅品种调查、DUS 测试指南及数据库构建[D]. 南京:南京林业大学,2010.

[117] 张群. 合肥地区蜡梅品种资源的现状及其数量分类研究[D]. 合肥:安徽农业大学,2010.

[118] 李娜. 重庆地区蜡梅品种资源调查及其产业现状初探[D]. 南京:南京林业大学,2011.

[119] 谢贵霞. 武汉地区蜡梅品种调查及蜡梅专类园的研究[D]. 南京:南京林业大学,2011.

[120] 芦建国,王建梅,荣娟. 河南中东部地区蜡梅品种资源调查与分类[J]. 浙江农业大学学报,2012,24(6):1033-1039.

[121] 王淼博. 蜡梅品种分类及系统构建研究[D]. 南京:南京林业大学,2013.

[122] 陈龙清,鲁涤非. 蜡梅品种分类研究及武汉地区蜡梅品种调查[J]. 北京林业大学学报,1995,17(S1):103-107.

[123] 陈龙清,鲁涤非. 蜡梅品种分类系统[J]. 北京林业大学学报,2001,23(S1):107-108.

[124] 陈龙清,赵凯歌,周明芹. 蜡梅品种分类体系探讨[J]. 北京林业大学学报,2004(S1):88-90.

[125] 陈龙清,赵凯歌,杜永芹,等. 蜡梅属品种国际登录(2016—2018)[J]. 中国园林,2020,36(S1):40-43.

[126] 周明芹,向林,陈龙清. 蜡梅花香及花色色素成分的初步研究[J]. 北京林业大学学报,2007(S1):22-25.

[127] 周明芹,陈龙清. 蜡梅花色色素种类的初步分析[J]. 华中农业大学学报,2010,29(1):107-110.

[128] Iwashina T,Konta F,Kitajima J. Anthocyanins and flavonols of *Chimonanthus praecox* (Calycanthaceae) as flower pigments[J]. Journal of Japanese Botany,2001,76(3):166-172.

[129] Li H Z,Zhang Y Q,Liu Q,et al. Preparative Separation of Phenolic Compounds from *Chimonanthus praecox* Flowers by High-Speed Counter-Current Chromatography Using a Stepwise Elution Mode[J]. Molecules,2016,21(8):1016.

[130] 余莉. 蜡梅花挥发性组分与花色色素分析[D]. 武汉:华中农业大学,2013.

[131] 庄维兵,刘天宇,束晓春,等. 植物体内花青素苷生物合成及呈色的分子调控机制[J]. 植物生理学报,2018,54(11):1630-1644.

[132] 高燕会,黄春红,朱玉球,等. 植物花青素苷生物合成及调控的研究进展[J]. 中国生物工程杂志,2012,32(8):94-99.

[133] 祝志欣,鲁迎青. 花青素代谢途径与植物颜色变异[J]. 植物学报,2016,51(1):107-119.

[134] Nakatsuka T,Saito M,Sato-Ushiku Y,et al. Development of DNA markers that discriminate between white-and blue-flowers in Japanese gentian plants[J]. Euphytica,2012,184(3):335-344.

[135] Polturak G,Heinig U,Grossman N,et al. Transcriptome and Metabolic Profiling Provides Insights into Betalain Biosynthesis and Evolution in Mirabilis jalapa[J]. Molecular Plant,2018,11(1):189-204.

[136] 付婉艺. 水母雪莲类黄酮成分及基因表达分析[D]. 杨凌:西北农林科技大学,2013.

[137] 张彬,尹美强,温银元,等. 羽衣甘蓝花青素合成途径结构基因的表达特性[J]. 山西农业科学,2014,42(4):313-316.

[138] 李小兰,张明生,吕享. 植物花青素合成酶 ANS 基因的研究进展[J]. 植物生理学报,2016,52(6):817-827.

[139] Luo P,Ning G,Wang Z,et al. Disequilibrium of Flavonol Synthase and Dihydroflavonol-4-Reductase Ex-

pression Associated Tightly to White vs. Red Color Flower Formation in Plants[J]. Frontiers in Plant Science,2016,6:1257.

[140] 方子义. 蜡梅查尔酮合成酶基因(CHS)启动子及相关转录因子的克隆与功能分析[D]. 武汉:华中农业大学,2014.

[141] 俞美丽. 蜡梅类黄酮 3'-羟化酶基因(*CpF3'H*)及其启动子功能初探[D]. 武汉:华中农业大学,2017.

[142] 宋晓惜. 两个蜡梅花色相关 bHLH 类转录因子的克隆与功能初探[D]. 武汉:华中农业大学,2015.

[143] Zhao R, Song X, Yang N, et al. Expression of the subgroup IIIf bHLH transcription factor CpbHLH1 from *Chimonanthus praecox* (L.) in transgenic model plants inhibits anthocyanin accumulation[J]. Plant Cell Reports,2020,37(7):891-907.

[144] 赵世萍. 蜡梅转录因子基因 ANL2 的克隆和功能探究[D]. 武汉:华中农业大学,2015.

[145] Durand N C, Shamim M S, et al. Juicer Provides a One-Click System for Analyzing Loop-Resolution Hi-C Experiments[J]. Cell Systems,2016,3(1):95-98.

[146] Altschul S F, Gish W, Miller W, et al. Basic local alignment search tool[J]. Journal of Molecular Biology,1990,215(3):403-410.

[147] Li R, Li Y, Kristiansen K, et al. SOAP: short oligonucleotide alignment program[J]. Bioinformatics, 2008,24(5):713-714.

[148] 方荣,陈学军,缪南生,等. 茄科植物比较基因组学研究进展[J]. 江西农业大学学报,2007,19(2):35-38.

[149] 王源秀,徐立安,黄敏仁,等. 林木比较基因组学研究进展[J]. 遗传,2007(10):1199-1206.

[150] 尚均忠. 蜡梅全基因组测序及其花香主成分合成相关基因功能解析[D]. 武汉:华中农业大学,2020.

[151] Soltis D E, Soltis P S. Nuclear genomes of two magnoliids[J]. Nature Plants,2019,5(1):6-7.

[152] Li L, Stoeckert C J, Roos D S. OrthoMCL: identification of ortholog groups for eukaryotic genomes[J]. Genome research,2003,13(9):2178-2189.

[153] Fischer S, Brunk B P, Chen F, et al. Using OrthoMCL to assign proteins to OrthoMCL-DB groups or to cluster proteomes into new ortholog groups[J]. Curr. Protoc. Bioinformatics,2011,6(1):Unit 6. 12. 1-19.

[154] Hedges S B, Dudley J, Kumar S. TimeTree: a public knowledge-base of divergence times among organisms[J]. Bioinformatics,2006,22(23):2971-2972.

[155] Sanderson M J. r8s: inferring absolute rates of molecular evolution and divergence times in the absence of a molecular clock[J]. Bioinformatics,2003,19(2):301-302.

[156] Yang Z H. PAML: a program package for phylogenetic analysis by maximum likelihood[J]. Bioinformatics,1997,13(5):555-556.

[157] Bie T, Cristianini N, Demuth J, et al. CAFE: A Computational Tool for the Study of Gene Family Evolution[J]. Bioinformatics (Oxford, England),2006,22(10):1269-1271.

[158] Wang Y, Tang H, Debarry J D, et al. MCScanX: a toolkit for detection and evolutionary analysis of gene synteny and collinearity[J]. Nucleic acids research,2012,40(7):e49.

[159] Yang Z H. PAML 4: phylogenetic analysis by maximum likelihood[J]. Molecular biology and evolution,2007,24(8):1586-1591.

[160] Emms D M, Kelly S. OrthoFinder: solving fundamenetal biases in whole genome comparisons dramatically

improves orthogroup inference accurary[J]. Genome biology,2015,16(8):157.

[161] Edgar R C. MUSCLE:multiple sequence alignment with high accuracy and high throughput[J]. Nucleic acids research,2004,32(5):1792-1797.

[162] Capella-Guti S,Silla-Martínez J M,Gabaldón T. trimAl: a tool for automated alignment trimming in large-scale phylogenetic analyses[J]. Bioinformatics,2009,25(15):1972-1973.

[163] Stamatakis A. RAxML version 8: a tool for phylogenetic analysis and post-analysis of large phylogenies [J]. Bioinformatics,2014,30(9):1312-1313.

[164] Zhang C,Rabiee M,Sayyari E,et al. ASTRAL-Ⅲ: polynomial time species tree reconstruction from partially resolved gene trees[J]. BMC Bioinformatics,2018,19(S6):153.

[165] Rabiee M,Sayyari E,Mirarab S. Multi-allele species reconstruction using ASTRAL[J]. Molecular Phylogenetics and Evolution,2019,130:286-296.

[166] Qu X J,Jin J J,Chaw S M,et al. Multiple measures could alleviate long-branch attraction in phylogenomic reconstruction of Cupressoideae (Cupressaceae)[J]. Scientific Reports,2017,7(1):1-11.

[167] Bergsten J. A review of long-branch attraction[J]. Cladistics,2005,21(2):163-193.

[168] Sanderson M J,Wojciechowski M F,Hu J M,et al. Error, Bias, and Long-Branch Attraction in Data for Two Chloroplast Photosystem Genes in Seed Plants[J]. Molecular Biology & Evolution,2000,17(5): 782-797.

[169] Haston E,Richardson J E,Stevens P F,et al. A linear sequence of Angiosperm Phylogeny Group Ⅱ families[J]. Taxon,2007,56(1):7-12.

[170] Wiens J J. Can incomplete taxa rescue phylogenetic analyses from long-branch attraction? [J]. Systematic Biology,2005,54(5):731-742.

[171] Yang L,Su D,Chang X,et al. Phylogenomic Insights into Deep Phylogeny of Angiosperms Based on Broad Nuclear Gene Sampling[J]. Plant communications,2020,1(2):100027.

[172] 唐毓,李丽,周平和,等. 天然植物中黄酮类化合物的研究进展[J]. 现代畜牧兽医,2016,330(5): 45-50.

[173] Kumar S,Pandey A K. Chemistry and biological activities of flavonoids: an overview[J]. ScientificWorldJournal,2013,2013:162750.

[174] Falcone Ferreyra M L,Rius S P,Casati P. Flavonoids: biosynthesis, biological functions, and biotechnological applications[J]. Frontiers in Plant Science,2012,3:222.

[175] Iwashina T. Contribution to Flower Colors of Flavonoids Including Anthocyanins: A Review[J]. Natural Product Communications,2015,10(3):529-544.

[176] 林海燕,曾超珍,谭斌,等. 转录组学技术在茶树抗逆性的研究进展[J]. 分子植物育种,2019,17(3):803-810.

[177] 杨楠,赵凯歌,陈龙清. 蜡梅花转录组数据分析及次生代谢产物合成途径研究[J]. 北京林业大学学报,2012,34(S1):104-107.

[178] 李响,杨楠,赵凯歌,等. 蜡梅转录组 EST-SSR 标记开发与引物筛选[J]. 北京林业大学学报,2013,35(S1):25-32.

[179] Liu D,Ma J,Yang J,et al. Mining Simple Sequence Repeat and Single Nucleotide Polymorphism Markers in a Transcriptomic Database of Wintersweet (*Chimonanthus praecox*)[J]. HortScience: a publication of the American Society for Horticultural Science,2014,49(11):1360-1364.

[180] Liu D,Sui S,Ma J,et al. Transcriptomic Analysis of Flower Development in Wintersweet (*Chimonanthus praecox*)[J]. PLOS ONE,2014,9(1):e86976.

[181] 李响. 基于转录组测序挖掘蜡梅挥发类萜代谢途径关键基因及功能分析[D]. 武汉:华中农业大学,2020.

[182] 许秋健,王松标,马小卫,等. 代谢组和转录组联合分析园艺植物生理机制研究进展[C]//中国热带作物学会,西北农林科技大学. 2019 年全国热带作物学术年会论文集. 2019:9.

[183] Wishart D S,Jewison T,Guo A C,et al. HMDB 3. 0—The Human Metabolome Database in 2013[J]. Nucleic Acids Res,2013,41(Database issue):D801-807.

[184] Fraga C G,Clowers B H,Moore R J,et al. Signature-discovery approach for sample matching of a nerve-agent precursor using liquid chromatography-mass spectrometry, XCMS, and chemometrics[J]. Anal Chem,2010,82(10):4165-4173.

[185] Chen Y,Zhang R,Song Y,et al. RRLC-MS/MS-based metabonomics combined with in-depth analysis of metabolic correlation network: finding potential biomarkers for breast cancer[J]. The Analyst,2009,134(10):2003-2011.

[186] Thévenot E A,Roux A,Xu Y,et al. Analysis of the Human Adult Urinary Metabolome Variations with Age, Body Mass Index, and Gender by Implementing a Comprehensive Workflow for Univariate and OPLS Statistical Analyses[J]. Journal of proteome research,2015,14(8):3322-3335.

[187] Kanehisa M,Araki M,Goto S,et al. KEGG for linking genomes to life and the environment[J]. Nucleic Acids Research,2008,36(S11):D480-D484.

[188] Kim D,Langmead B,Salzberg S L. HISAT: A fast spliced aligner with low memory requirements[J]. Nature Methods,2015,12(4):357-360.

[189] Bernat G,Eduard S. karyoploteR: an R/Bioconductor package to plot customizable genomes displaying arbitrary data[J]. Bioinformatics,2017,33(19):3088-3090.

[190] Yang L,Smyth G K,Wei S. featureCounts: an efficient general purpose program for assigning sequence reads to genomic features[J]. Bioinformatics,2014,30(7):923-930.

[191] Love M I,Huber W,Anders S. Moderated estimation of fold change and dispersion for RNA-seq data with DESeq2[J]. Genome Biology,2014,15(12):550.

[192] Varet H,Brillet-Guéguen L,Coppée J Y,et al. SARTools: A DESeq2-and EdgeR-Based R Pipeline for Comprehensive Differential Analysis of RNA-Seq Data[J]. PIOS ONE,2016,11(6):e0157022.

[193] 罗辉,叶华,肖世俊,等. 转录组学技术在水产动物研究中的运用[J]. 水产学报,2015,39(4):598-607.

[194] 唐琴,唐秀华,孙威江. 转录组学技术及其在茶树研究中的应用[J]. 天然产物研究与开发,2018,30(5):900-906,874.

[195] 邹丽秋,王彩霞,匡雪君,等. 黄酮类化合物合成途径及合成生物学研究进展[J]. 中国中药杂志,2016,41(22):4124-4128.

[196] Hassani D,Liu H L,Chen Y N,et al. Analysis of biochemical compounds and differentially expressed genes of the anthocyanin biosynthetic pathway in variegated peach flowers[J]. Genetics and molecular research : GMR,2015,14(4):13425-13436.

[197] Zhang J,Han Z Y,Tian J,et al. The expression level of anthocyanidin synthase determines the anthocyanin content of crabapple (Malus sp.) petals[J]. Acta Physiologiae Plantarum,2015,37(6):109.

[198] Debes M A,Arias M E,Grellet-Bournonville C F,et al. White-fruited Duchesnea indica (Rosaceae) is impaired in ANS gene expression[J]. American journal of botany,2011,98(12):2077-2083.

[199] Gong Z,Yamazaki M,Sugiyama M,et al. Cloning and molecular analysis of structural genes involved in anthocyanin biosynthesis and expressed in a forma-specific manner in Perilla frutescens[J]. Plant Mo-

lecular Biology,1997,35(6):2077-2083.

[200] 许秋健,李丽,王松标,等. 代谢组和转录组联合分析果树生理机制的研究进展[J]. 果树学报,2020,37(9):1413-1424.

[201] Lou Q,Liu Y,Qi Y,et al. Transcriptome sequencing and metabolite analysis reveals the role of delphinidin metabolism in flower colour in grape hyacinth[J]. Journal of experimental botany,2014,65(12):3157-3164.

[202] Cho K,Cho K S,Sohn H B,et al. Network analysis of the metabolome and transcriptome reveals novel regulation of potato pigmentation[J]. Journal of experimental botany,2016,67(5):1519-1533.

[203] 陆小雨,陈竹,唐菲,等. 转录组与代谢组联合解析红花槭叶片中花青素苷变化机制[J]. 林业科学,2020,56(1):38-54.

[204] Jiang T,Zhang M,Wen C,et al. Integrated metabolomic and transcriptomic analysis of the anthocyanin regulatory networks in Salvia miltiorrhiza Bge. flowers[J]. BMC Plant Biology,2020,20(1):349.

[205] Fu M,Yang X,Zheng J,et al. Unraveling the Regulatory Mechanism of Color Diversity in Camellia japonica Petals by Integrative Transcriptome and Metabolome Analysis[J]. Front Plant Sci.,2021,12:685136.

[206] Xue Q,Fan H,Yao F,et al. Transcriptomics and targeted metabolomics profilings for elucidation of pigmentation in Lonicera japonica flowers at different developmental stages[J]. Industrial Crops and Products,2020,145.

[207] 吴昌陆,胡南珍. 蜡梅花部形态和开花习性研究[J]. 园艺学报,1995,22(3):277-282.

[208] Sui S,Luo J,Ma J,et al. Generation and Analysis of Expressed Sequence Tags from *Chimonanthus praecox* (Wintersweet) Flowers for Discovering Stress-Responsive and Floral Development-Related Genes[J]. Comp Funct Genomics,2012,2012:134596.

[209] Thompson J D,Gibson T J,Higgins D G. Multiple Sequence Alignment Using ClustalW and ClustalX[J]. Current Protocols in Bioinformatics,2002,2(1):UNIT 2.3:1-22.

[210] Langfelder P,Horvath S. WGCNA: an R package for weighted correlation network analysis[J]. BMC bioinformatics,2008,9(1):559.

[211] 迟婧,耿丽丽,高继国,等. 植物叶片基因组 DNA 快速提取方法[J]. 生物技术通报 ,2014,266(9):51-57.

[212] Gu Z, Zhu J,Hao Q,et al. A novel R2R3-MYB transcription factor contributes to petal blotch formation by regulating organ-specific expression of PsCHS in tree peony (*Paeonia suffruticosa*)[J]. Plant & cell physiology,2018,60(3):599-611.

[213] Dubos C,Stracke R,Grotewold E,et al. MYB transcription factors in Arabidopsis[J]. Trends in plant science,2010,15(10):573-581.

[214] Feller A,Machemer K,Braun E L,et al. Evolutionary and comparative analysis of MYB and bHLH plant transcription factors[J]. The Plant Journal,2011,66(1):94-116.

[215] Allan A C,Espley R V. MYBs drive novel consumer traits in fruits and vegetables[J]. Trends in plant science,2018,23(8):693-705.

[216] 荐红举,张梅花,尚丽娜,等. 利用 WGCNA 筛选马铃薯块茎发育候选基因[J]. 作物学报,2021,48(7):1-12.

[217] Cao Y,Li K,Li Y,et al. MYB Transcription Factors as Regulators of Secondary Metabolism in Plants[J]. Biology,2020,9(3):61.

[218] Ramsay N A,Glover B J. MYB - bHLH - WD40 protein complex and the evolution of cellular diversi-

ty[J]. Trends in plant science,2005,10(2):63-70.

[219] Tanaka Y,Ohmiya A. Seeing is believing: engineering anthocyanin and carotenoid biosynthetic pathways [J]. Curr Opin Biotechnol,2008,19(2):190-197.

[220] Quattrocchio F,Wing J F,van der Woude K,et al. Analysis of bHLH and MYB domain proteins: species-specific regulatory differences are caused by divergent evolution of target anthocyanin genes[J]. The Plant Journal,1998,13(4):475-488.

[221] Spelt C,Quattrocchio F,Mol J N,et al. anthocyanin1 of Petunia Encodes a Basic Helix-Loop-Helix Protein That Directly Activates Transcription of Structural Anthocyanin Genes[J]. The Plant Cell,2000,12 (9):1619-1632.

[222] Nesi N,Debeaujon I,Jond C,et al. The TT8 Gene Encodes a Basic Helix-Loop-Helix Domain Protein Required for Expression of DFR and BAN Genes in Arabidopsis Siliques[J]. The Plant Cell,2000,12 (10):1863-1878.

[223] de Vetten N,Quattrocchio F,Mol J,et al. The an11 locus controlling flower pigmentation in petunia encodes a novel WD-repeat protein conserved in yeast, plants, andanimals[J]. Cold Spring Harbor Laboratory Press,1997,11(11):1422-1434.

[224] Walker A R,Davison P A,Bolognesi-Winfield A C,et al. The TRANSPARENT TESTA GLABRA1 Locus, Which Regulates Trichome Differentiation and Anthocyanin Biosynthesis in Arabidopsis, Encodes a WD40 Repeat Protein[J]. The Plant Cell,1999,11(7):1337-1350.

[225] Baudry A,Heim M A,Dubreucq B,et al. TT2, TT8, and TTG1 synergistically specify the expression of BANYULS and proanthocyanidin biosynthesis in Arabidopsis thaliana[J]. The Plant Journal,2004,39 (3):366-380.

[226] Gonzalez A,Zhao M,Leavitt J M,et al. Regulation of the anthocyanin biosynthetic pathway by the TTG1/bHLH/Myb transcriptional complex in Arabidopsis seedlings[J]. The Plant Journal,2008,53 (5):814-827.

[227] Zhou L L,Shi M Z,Xie D Y. Regulation of anthocyanin biosynthesis by nitrogen in TTG1-GL3/TT8-PAP1-programmed red cells of Arabidopsis thaliana[J]. Planta,2012,236(3):825-837.

[228] Albert N W,Davies K M,Lewis D H,et al. A conserved network of transcriptional activators and repressors regulates anthocyanin pigmentation in eudicots[J]. The Plant cell,2014,26(3):962-980.

[229] Xu W,Grain D,Bobet S,et al. Complexity and robustness of the flavonoid transcriptional regulatory network revealed by comprehensive analyses of MYB-b HLH-WDR complexes and their targets in A rabidopsis seed[J]. New Phytologist,2014,202(1):132-144.

[230] 刘永惠,沈一,沈悦,等. 利用酵母双杂交系统筛选花生 AhMYB44 互作蛋白[J]. 植物遗传资源学报,2020,21(1):201-207.

[231] Hawkins C,Caruana J,Schiksnis E,et al. Genome-scale DNA variant analysis and functional validation of a SNP underlying yellow fruit color in wild strawberry[J]. Scientific reports,2016,6(1):29017.

[232] Walker A R,Lee E,Bogs J,et al. White grapes arose through the mutation of two similar and adjacent regulatory genes[J]. The Plant Journal,2007,49(5):772-785.

[233] Espley R V,Brendolise C,Chagné D,et al. Multiple Repeats of a Promoter Segment Causes Transcription Factor Autoregulation in Red Apples[J]. The Plant Cell,2009,21(1):168-183.

[234] Chiu L W,Zhou X J,Burke S,et al. The Purple Cauliflower Arises from Activation of a MYB Transcription Factor[J]. Plant Physiology,2010,154(3):1470-1480.

[235] Butelli E,Licciardello C,Zhang Y,et al. Retrotransposons Control Fruit-Specific, Cold-Dependent Ac-

cumulation of Anthocyanins in Blood Oranges[J]. The Plant Cell,2012,24(3):1242-1255.

[236] Tian J,Peng Z,Zhang J,et al. Mc MYB 10 regulates coloration via activating McF3′H and later structural genes in ever-red leaf crabapple[J]. Plant Biotechnology Journal,2015,13(7):948-961.

[237] Davies K M,Albert N W,Schwinn K E. From landing lights to mimicry: the molecular regulation of flower colouration and mechanisms for pigmentation patterning[J]. Functional plant biology : FPB, 2012,39(8):619-638.

[238] Yao G,Ming M,Allan A C,et al. Map-based cloning of the pear gene MYB114 identifies an interaction with other transcription factors to coordinately regulate fruit anthocyanin biosynthesis[J]. The Plant Journal,2017,92(3):437-451.

[239] Liu X,Feng C,Zhang M,et al. The MrWD40-1 Gene of Chinese Bayberry (*Myrica rubra*) Interacts with MYB and bHLH to Enhance Anthocyanin Accumulation[J]. Plant Molecular Biology Reporter,2013,31(6):1474-1484.

[240] Wan S,Li C,Ma X,et al. PtrMYB57 contributes to the negative regulation of anthocyanin and proanthocyanidin biosynthesis in poplar[J]. Plant Cell Reports,2017,36(8):1263-1276.

附　录

附录 A　5 个比较组红、黄花被片差异基因 ko00941 和 ko00942 注释结果

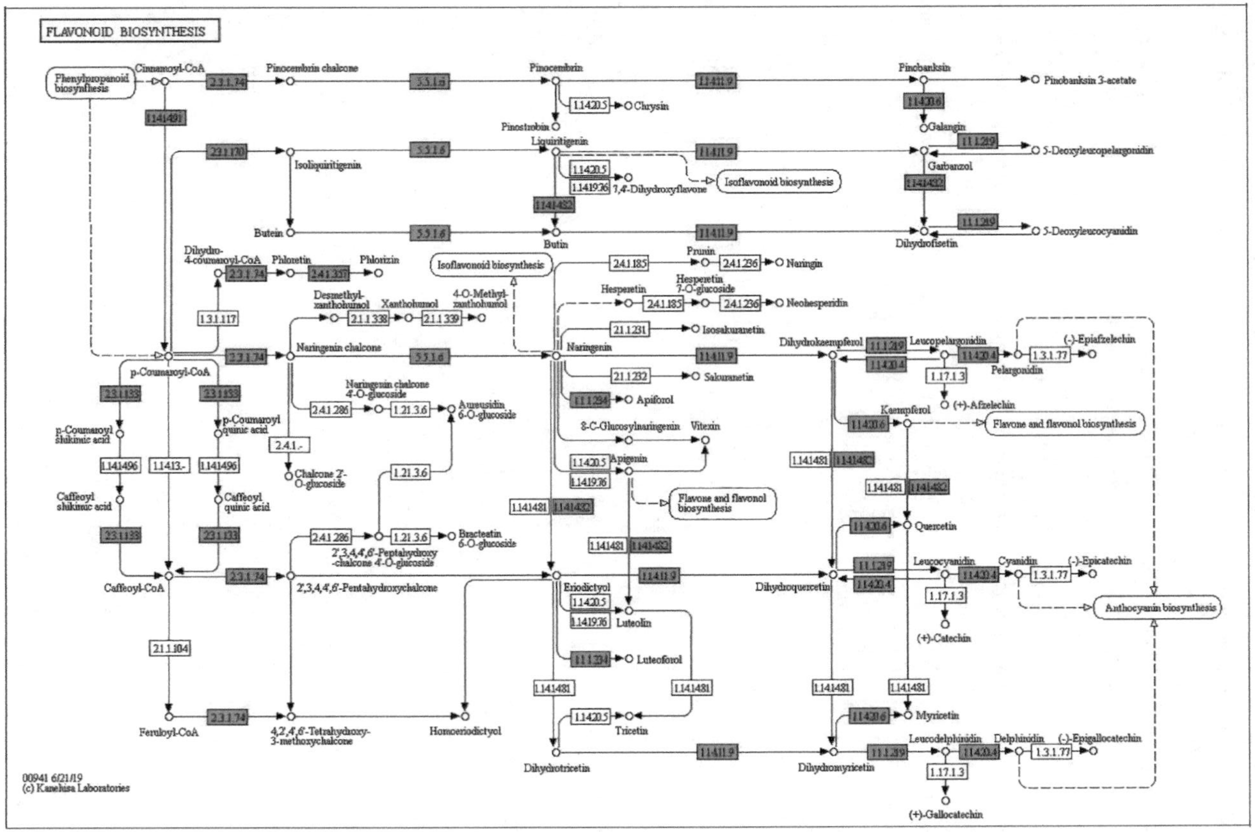

注:框内数字代表酶编号(EC number),红色框表示实验组与对照组相比基因上调,绿色表示基因下调,蓝色框与上调和下调基因均有关,图 A2~图 A9 同。

图 A1　PWM VS PWI 差异基因 ko00941 注释结果

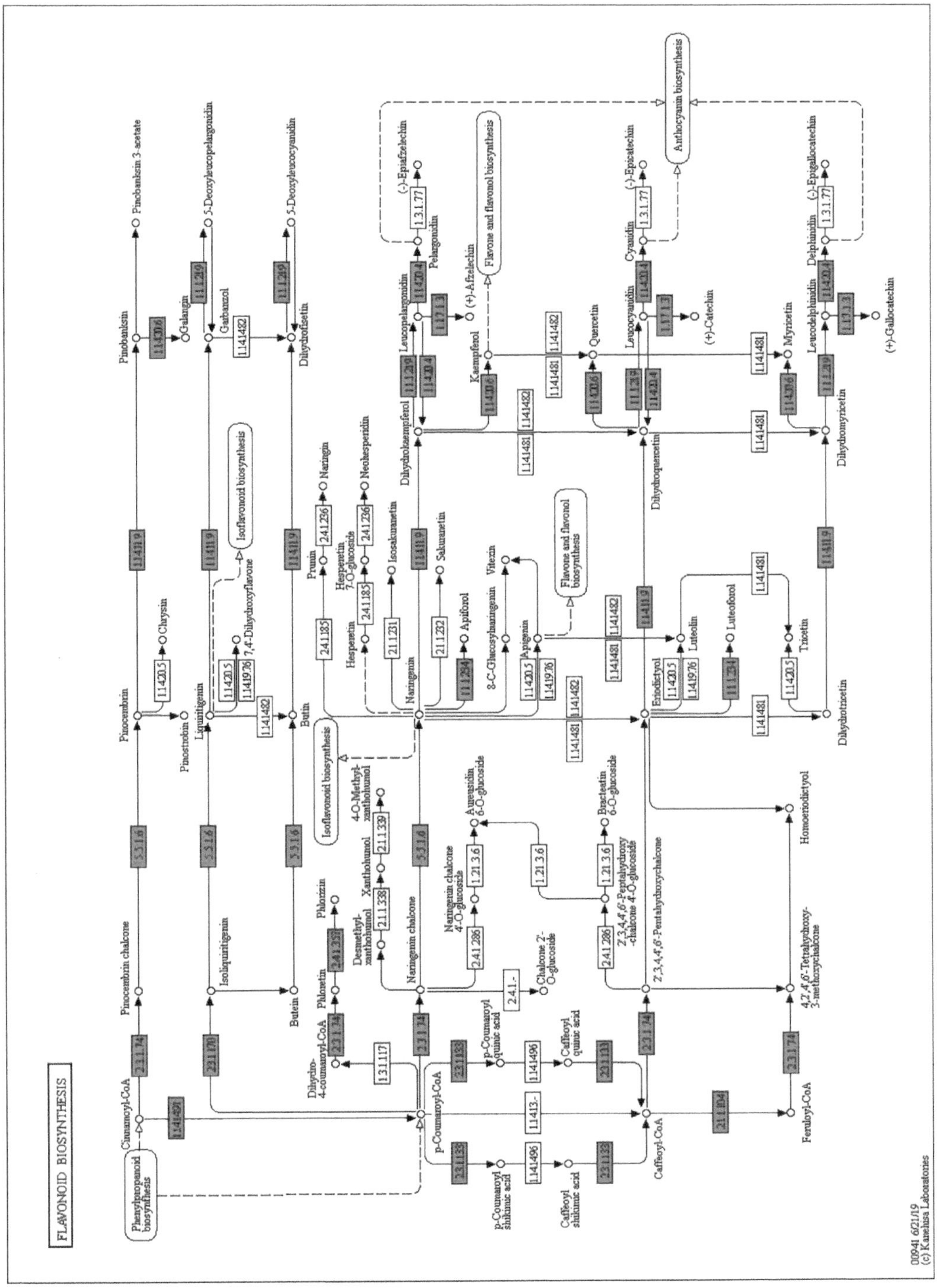

图 A2 PWM VS RWM 差异基因 ko00941 注释结果

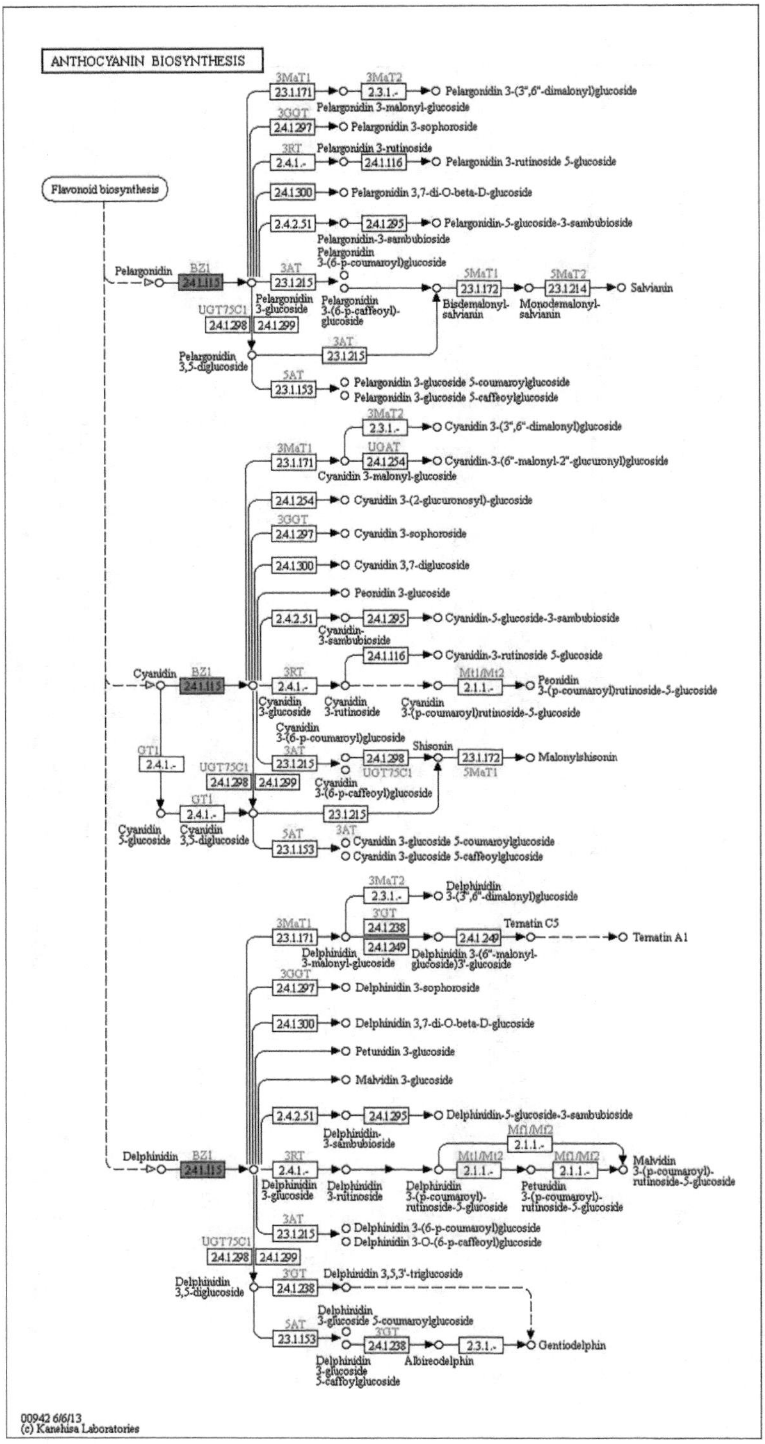

图 A3　PWM VS RWM 差异基因 ko00942 注释结果

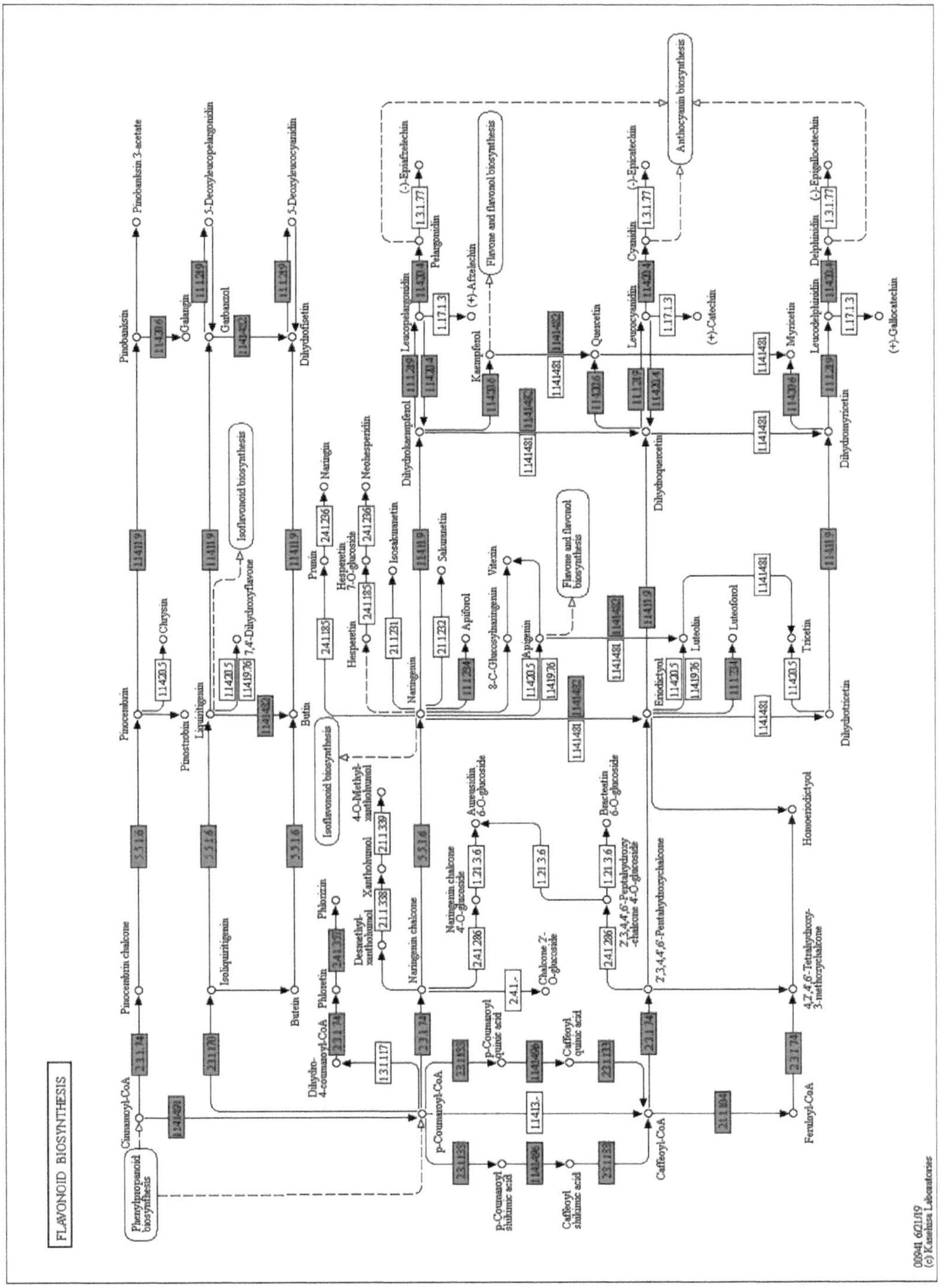

图 A4 CWI VS PWI 差异基因 ko00941 注释结果

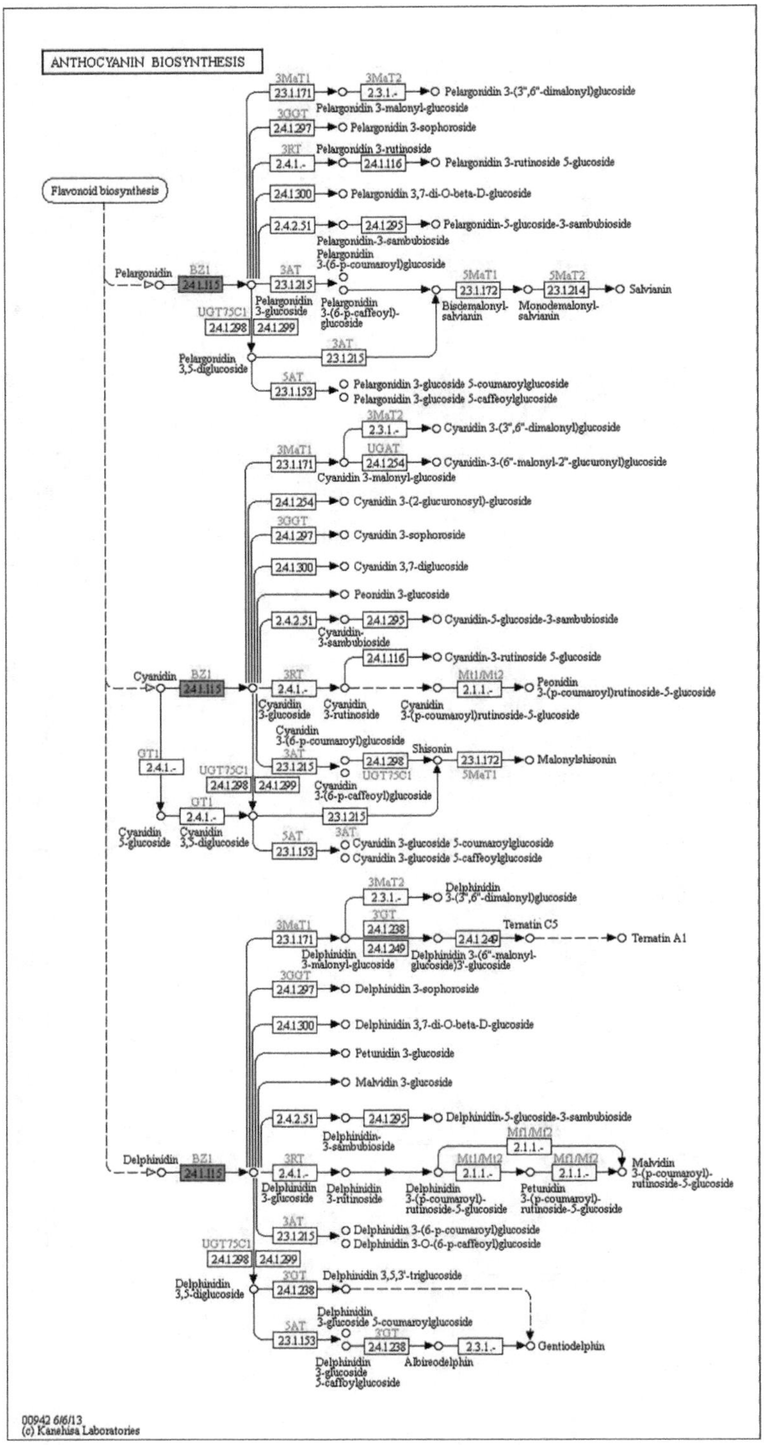

图 A5　CWI VS PWI 差异基因 ko00942 注释结果

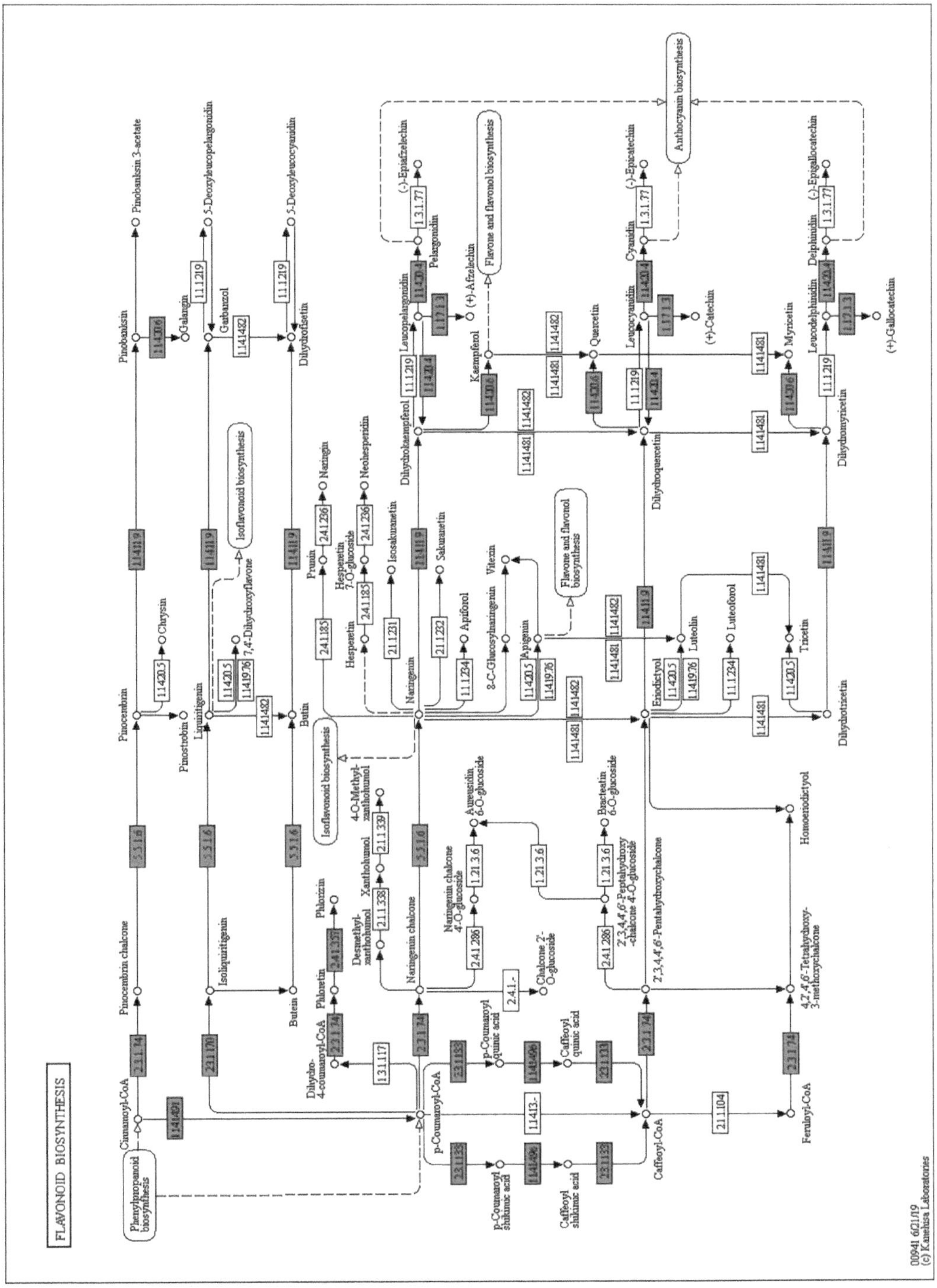

图 A6 CWI VS RWI 差异基因 ko00941 注释结果

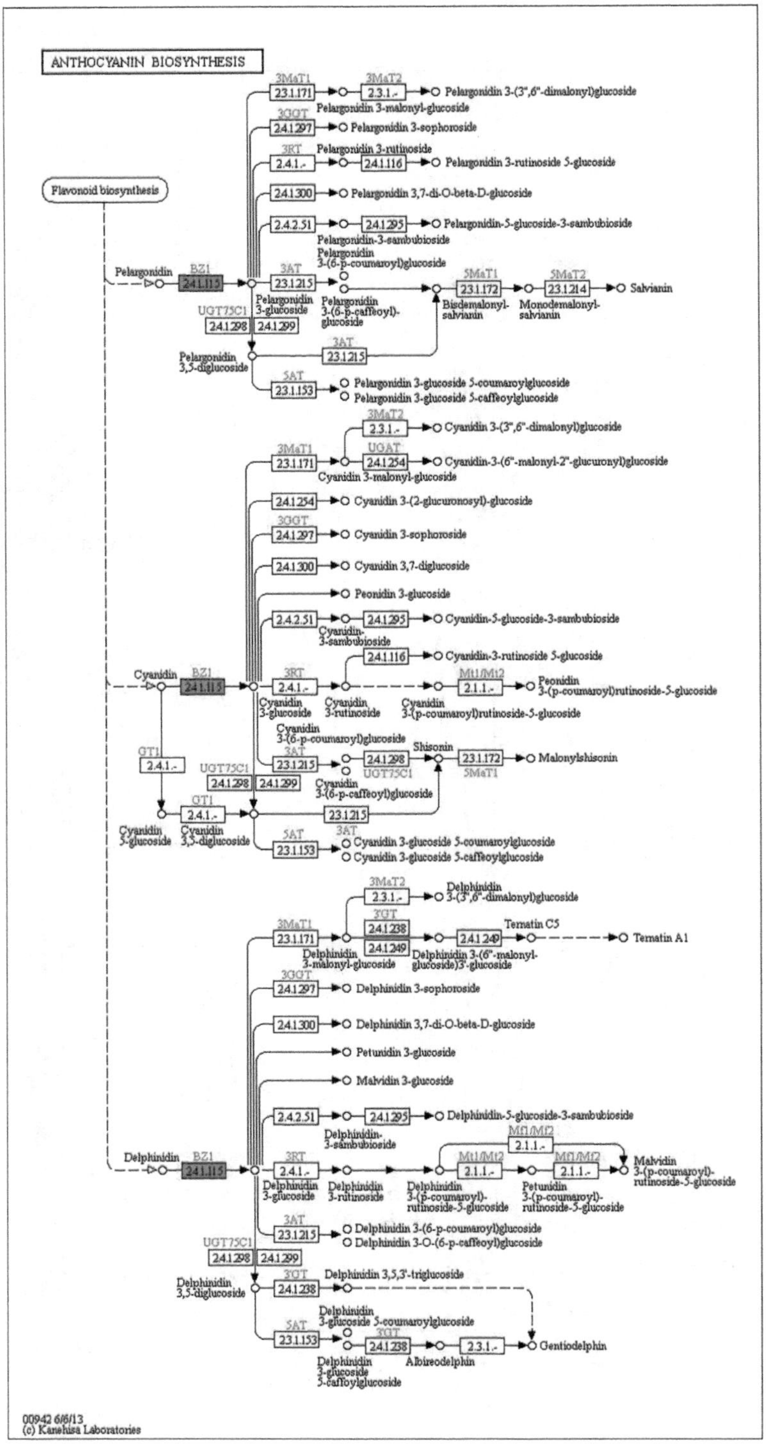

图 A7　CWI VS RWI 差异基因 ko00942 注释结果

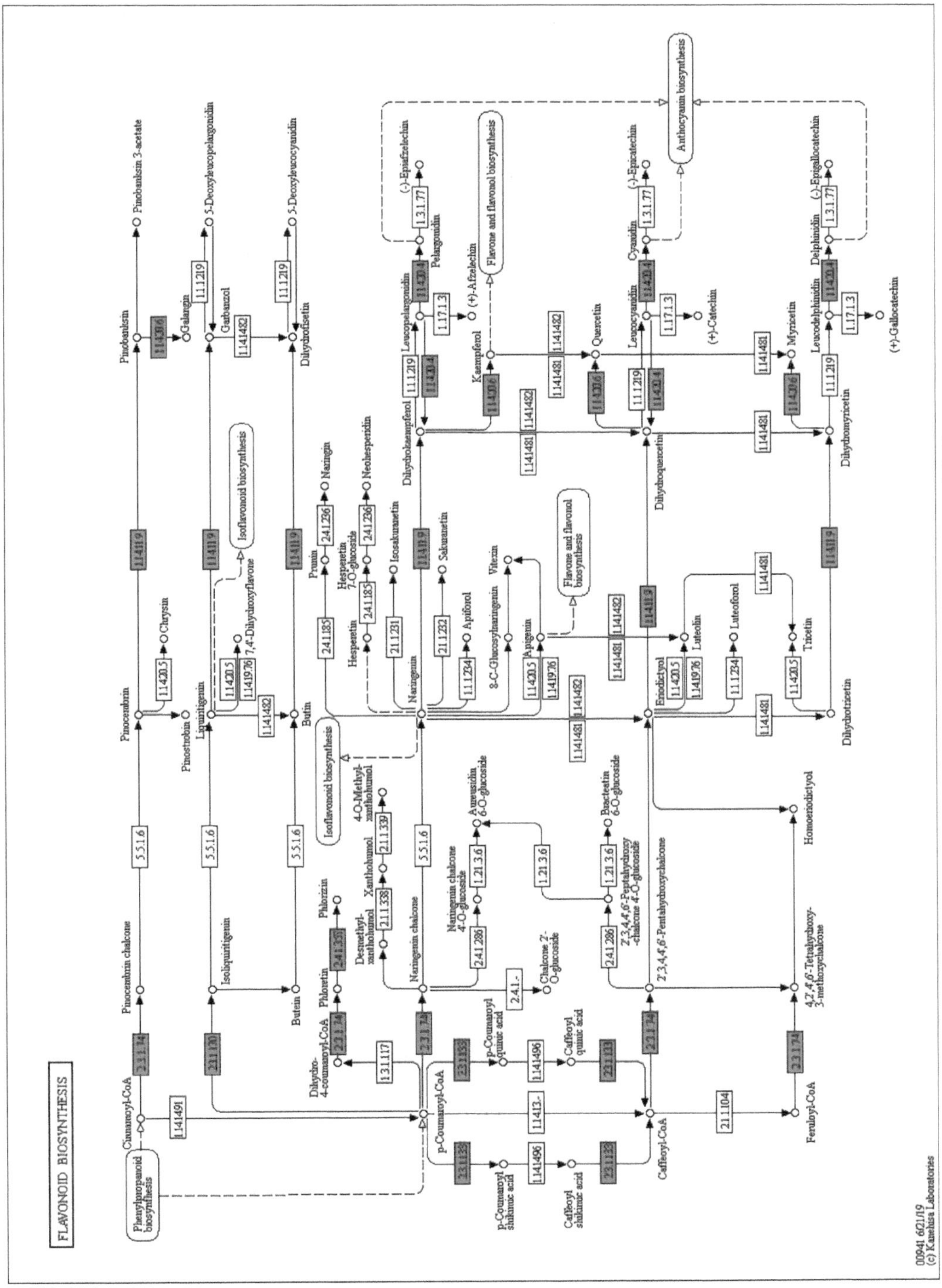

FLAVONOID BIOSYNTHESIS

00941 6/21/19
(c) Kanehisa Laboratories

图 A8 CWM VS PWM 差异基因 ko00941 注释结果

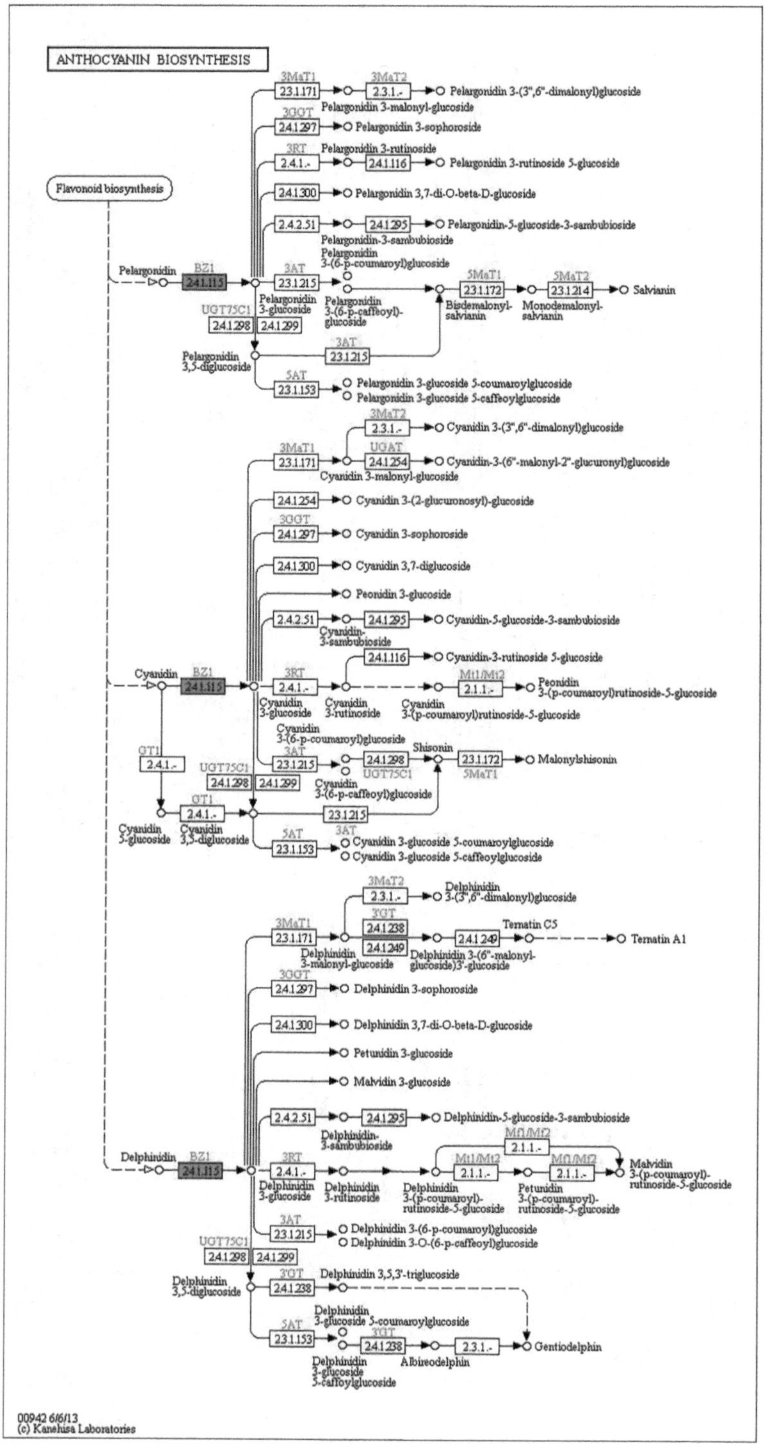

ANTHOCYANIN BIOSYNTHESIS

Flavonoid biosynthesis

3MaT1 2.3.1.171
3MaT2 2.3.1.-
Pelargonidin 3-(3",6"-dimalonyl)glucoside
Pelargonidin 3-malonyl-glucoside
3GGT 2.4.1.297
Pelargonidin 3-sophoroside
3RT 2.4.1.-
Pelargonidin 3-rutinoside
2.4.1.116
Pelargonidin 3-rutinoside 5-glucoside
2.4.1.300
Pelargonidin 3,7-di-O-beta-D-glucoside
2.4.2.51
2.4.1.295
Pelargonidin-5-glucoside-3-sambubioside
Pelargonidin-3-sambubioside
Pelargonidin 3-(6-p-coumaroyl)glucoside
Pelargonidin
BZ1 2.4.1.115
3AT 2.3.1.215
5MaT1 2.3.1.172
5MaT2 2.3.1.214
Salvianin
Pelargonidin 3-glucoside
Pelargonidin 3-(6-p-caffeoyl)-glucoside
Bisdemalonyl-salvianin
Monodemalonyl-salvianin
UGT75C1 2.4.1.298 2.4.1.299
3AT 2.3.1.215
Pelargonidin 3,5-diglucoside
5AT 2.3.1.153
Pelargonidin 3-glucoside 5-coumaroylglucoside
Pelargonidin 3-glucoside 5-caffeoylglucoside

3MaT2 2.3.1.-
Cyanidin 3-(3",6"-dimalonyl)glucoside
3MaT1 2.3.1.171
UGAT 2.4.1.254
Cyanidin-3-(6"-malonyl-2"-glucuronyl)glucoside
Cyanidin 3-malonyl-glucoside
2.4.1.254
Cyanidin 3-(2-glucuronosyl)-glucoside
3GGT 2.4.1.297
Cyanidin 3-sophoroside
2.4.1.300
Cyanidin 3,7-diglucoside
Peonidin 3-glucoside
2.4.2.51
2.4.1.295
Cyanidin-5-glucoside-3-sambubioside
Cyanidin-3-sambubioside
2.4.1.116
Cyanidin-3-rutinoside 5-glucoside
Cyanidin
BZ1 2.4.1.115
3RT 2.4.1.-
Mt1/Mt2 2.1.1.-
Peonidin 3-(p-coumaroyl)rutinoside-5-glucoside
Cyanidin 3-glucoside
Cyanidin 3-rutinoside
Cyanidin 3-(p-coumaroyl)rutinoside-5-glucoside
Cyanidin 3-(6-p-coumaroyl)glucoside
GT1 2.4.1.-
3AT 2.3.1.215
2.4.1.298
Shisonin
2.3.1.172
Malonylshisonin
UGT75C1
5MaT1
UGT75C1 2.4.1.298 2.4.1.299
Cyanidin 3-(6-p-caffeoyl)glucoside
GT1 2.4.1.-
2.3.1.215
Cyanidin 5-glucoside
Cyanidin 3,5-diglucoside
5AT 2.3.1.153
3AT
Cyanidin 3-glucoside 5-coumaroylglucoside
Cyanidin 3-glucoside 5-caffeoylglucoside

3MaT2 2.3.1.-
Delphinidin 3-(3",6"-dimalonyl)glucoside
3GT 2.4.1.238
Ternatin C5
3MaT1 2.3.1.171
2.4.1.249
Ternatin A1
Delphinidin 3-malonyl-glucoside
Delphinidin 3-(6"-malonyl-glucoside)3'-glucoside
3GGT 2.4.1.297
Delphinidin 3-sophoroside
2.4.1.300
Delphinidin 3,7-di-O-beta-D-glucoside
Petunidin 3-glucoside
Malvidin 3-glucoside
2.4.2.51
2.4.1.295
Delphinidin-5-glucoside-3-sambubioside
Delphinidin-3-sambubioside
Mt1/Mt2 2.1.1.-
Delphinidin
BZ1 2.4.1.115
3RT 2.4.1.-
Mt1/Mt2 2.1.1.-
Mt1/Mt2 2.1.1.-
Malvidin 3-(p-coumaroyl)-rutinoside-5-glucoside
Delphinidin 3-glucoside
Delphinidin 3-rutinoside
Delphinidin 3-(p-coumaroyl)-rutinoside-5-glucoside
Petunidin 3-(p-coumaroyl)-rutinoside-5-glucoside
3AT 2.3.1.215
Delphinidin 3-(6-p-coumaroyl)glucoside
Delphinidin 3-O-(6-p-caffeoyl)glucoside
UGT75C1 2.4.1.298 2.4.1.299
3'GT 2.4.1.238
Delphinidin 3,5,3'-triglucoside
Delphinidin 3,5-diglucoside
Delphinidin 3-glucoside 5-coumaroylglucoside
5AT 2.3.1.153
3'GT 2.4.1.238
2.3.1.-
Gentiodelphin
Delphinidin 3-glucoside 5-caffoylglucoside
Albireodelphin

00942 6/6/13
(c) Kanehisa Laboratories

图 A9 CWM VS PWM 差异基因 ko00942 注释结果

附录B　3个花色类型 *CpANS1* 和 *CpMYB1* 基因的编码和启动子序列

基因编号	序列
Cpr017300-cds-RW	ATGGGTCACTTGCAAAAGATAGAGAACAATGGTGTAAGAAAAGGTTCATGGACCG AAGAAGAAGATGCACTTCTGAGAAAATGCATTGAGAAATTTGGAGAAGGGGATTG GCCTTTTGTTCCTTTCAAGGCAGGTCTTAGACGGTGCCGGAAGAGTTGCAGAATGA GATGGTTGAACTATCTACATCCAAATATCAAGCGAGGAGAGTTTGAAGAAGACGA AGTCGATCTCATCATCAGGCTTCATAAACTATTAGGAAATAGATGGTCACTAATTG CAGGTAGGATTCCAGGAAGAACGGCAAATGACATAAAGAACTATTGGAACTCTCA TTTGAACAAAAAGCATGAGAGAGAAACAAACTTGGAAAAATCTCAAACAGGAAA TACGAAGACTAAAGTTATAAAGCCTCAAGCTCGGAGATTTTCTTCTAGTTCAAAGT GGTTGAATGGATTTGGGTCATCTGCAGGCGTAATATCTACAAATGCAACGCTGCCG GCGGCTCAAGAGGATTCTATTTCCTGGTGGAAGAGGCTGTTGGCTGTTGAAGAGGA AGAAGAGTTGCCTGAGAGCTTTTGGGTGGAAGAGGAAGAGAGAATGGAAAAGGGA GGAGGAGGAGGAGGAGGAGGAGGAGGAGAAATGATGGAGGTGGGAGCGTGG GATGACATAGAGCTGGACTTGGATATTTGGGGCCTACTGGGGACATAA
Cpr017300-cds-PW	ATGGGTCACTTGCAAAAGATAGAGAACAATGGTGTAAGAAAAGGTTCATGGACCG AAGAAGAAGATGCACTTCTGAGAAAATGCATTGAGAAATTTGGAGAAGGGGATTG GCCTTCTGTTCCTTTCAAGGCAGGTCTTAGACGGTGCCGGAAGAGTTGCAGAATGA GATGGTTGAACTATCTACATCCAAATATCAAGCGAGGAGAGTTTGAAGAAGACGA AGTCGATCTCATCATCAGGCTTCATAAACTATTAGGAAATAGATGGTCACTAATTG CAGGTAGGATTCCAGGAAGAACGGCAAATGACATAAAGAACTATTGGAACTCTCA TTTGAACAAAAAGCATGAGAGAGAAACAAACTTGGAAAAATCTCAAACAGGAAA TACGAAGACTAAAGTTATAAAGCCTCAAGCTCGGAGATTTTCTTCTAGTTCAAAGT GGTTGAATGGATTTGGGTCATCTGCAGACGTAATATCTACAAATGCAACGCTGCCG GCGGCTCAAGAGGATTCTATTTCCTGGTGGAAGAGGCTGTTGGCTGTTGAAGAGGA AGAAGAGTTGCCTGAGAGCTTTTGGGTGGAAGAGGAAGAGAGAATGGAAAAGGGA GGAGGAGGAGGAGGAGGAGGAGAAATGATGGAGGTGGGAGCGTGGGATGAC ATAGAGCTGGACTTGGATATTTGGGGCCTACTGGGGACATAA
Cpr017300-cds-CW	ATGGGTCACTTGCAAAAGATAGAGAACAATGGTGTAAGAAAAGGTTCATGGACCG AAGAAGAAGATGCACTTCTGAGAAAATGCATTGAGAAATTTGGAGAAGGGGATTG GCCTTTTGTTCCTTTCAAGGCAGGTCTTAGACGGTGCCGGAAGAGTTGCAGAATGA GATGGTTGAACTATCTACATCCAAATATCAAGCGAGGAGAGTTTGAAGAAGACGA AGTCGATCTCATCATCAGGCTTCATAAACTATTAGGAAATAGATGGTCACTAATTG CAGGTAGGATTCCAGGAAGAACGGCAAATGACATAAAGAACTATTGGAACTCTCA TTTGAACAAAAAGCATGAGAGAGAAACAAACTTGGAAAAATCTCAAACAGGAAA TACGAAGACTAAAGTTATAAAGCCTCAAGCTCGGAGATTTTCTTCTAGTTCAAAGT GGTTGAATGGATTTGGGTCATCTGCAGGCGTAATATCTACAAATGCAACGCTGCCG GCGGCTCAAGAGGATTCTATTTCCTGGTGGAAGAGGCTGTTGGCTGTTGAAGAGGA AGAAGAGTTGCCTGAGAGCTTTTGGGTGGAAGAGGAAGAGAGAATGGAGGAGGAG GAGGAGGAGGAGGAGGAGAAATGA

续表

基因编号	序列
Cpr011668-cds-RW	ATGGCAGCAGAAGTTGTATCAATGCCGTCGAGAGTGGAGGAGCTGGCAAAGACC GGTCTCGAGGCGATACCGACGGCGTATGTTCGACCGGAGGAAGAGAGAACTAGC ATTGGAGATGTCTTCGAGGAGGCAAAGAAGATGGATGGGCCTCAAATCCCAGTG GTGGACTTGAAGGACATGGATTCGGGCGACAGAAAAGCACGTAACAGAGTGATG GAAGAGCTCAAGAAGGCAGCTGAGGAATGGGGAGTGATGCATATTGTCAACCAT GGCATCTCCACAGAGCTCATGGATCGTGTTCGGGCTGTCGGTAAGGAGTTCTTCG ACCTACCCATTGAACAGAAGGAGCTGTATGCCAATGACCAGGCATCTGGGAAGA TCCAAGGCTATGGAAGTAAGCTGGCCAACAATGCCAGTGGGCAGCTGGAATGGG AGGACTACTTCTTCCATCTCATCTTCCCCGAAGAAAAAACTGACATGTCTCTCTGG CCTAAACAACCAGAAGACTACATGGAAGTGACTCAGGAATACGCGAAGCAGCTG AGGAAATTGGTGACCAAAGTAATGTCACTGTTGTCATTGGGTCTGGGAGTAGAAG CAGAAAGGCTGGAGAAGGAGTTCGGTGGAATGGACGAATTTCTTCTTCAGATGAA GATCAACTACTACCCCAAATGCCCACAGCCAAATTTGGCACTCGGTGTTGAAGCG CACACTGACGTGAGCGCACTCACCTTCATCCTTCACAACAACGTCCCCGGCCTGCA AATCTACTTCGACAACAAGTGGGTCACAGCGAAATGCATCCCAGACTCCTTTGTCG TCCATATTGGTGACAGTCTCGAGATTTTGAGCAATGGCAAGTACAGAAGCATCCTT CACAGGGGTCTTGTTAACAAGGAGAAGGTGAGGATCTCTTGGGCTGTTTTCTGCGA ACCTCCCAAGGATGCGGTGGTGCTCCAGCCTCTGCCTGAGCTGGTGACAGAGACTG AGCCCGCACGCTTCACCCCACGTACTTTTTCTCAGCATGTTCGCCAGAAGCTCTTCA AGAAGACCCAAGAGGCATTCACCTCTGAGAAGTGA
Cpr011668-cds-PW	ATGGCAGCAGAAGTTGTATCAATGCCGTCGAGAGTGGAGGAGCTGGCAAAGACCG GTCTCGAGGCGATACCGACGGCGTATGTTCGACCGGAGGAAGAGAGAACTAGCAT TGGAGATGTCTTCGAGGAGGCAAAGAAGATGGATGGGCCTCAAATCCCAGTGGTG GATTTGAAGGACATGGATTCGGGCGACAGAAAAGCACGTAACAGAGTGATGGAAG AGCTCAAGAAGGCAGCTGAGGAATGGGGAGTGATGCATATTGTCAACCATGGCAT CTCCACAGAGCTCATGGATCGTGTTCGGGCTGTCGGTAAGGAGTTCTTCGACCTAC CCATTGAACAGAAGGAGCTGTATGCCAATGACCAGGCATCTGGGAAGATCCAAGG CTATGGAAGTAAGCTGGCCAACAATGCCAGTGGGCAGCTGGAATGGGAGGACTAC TTCTTCCATCTCATCTTCCCCGAAGAAAAAACTGACATGTCTCTCTGGCCTAAACAA CCAGAAGACTACATGGAAGTGACTCAGGAATACGCGAAGCAGCTGAGGAAATTGG TGACCAAAGTAATGTCACTGTTGTCATTGGGTCTGGGAGTAGAAGCAGAAAGGCTG GAGAAGGAGTTCGGTGGAATGGACGAATTTCTTCTTCAGATGAAGATCAACTACTA CCCCAAATGCCCACAGCCAAATTTGGCACTCGGTGTTGAAGCGCACACTGACGTGA GCGCACTCACCTTCATCCTTCACAACAACGTCCCCGGCCTGCAAATCTACTTCGACA ACAAGTGGGTCACAGCGAAATGCATCCCAGACTCCTTTGTCGTCCATATTGGTGAC AGTCTCGAGATTTTGAGCAATGGCAAGTACAGAAGCATCCTTCACAGGGGTCTTGT TAACAAGGAGAAGGTGAGGATCTCTTGGGCTGTTTTCTGCGAACCTCCCAAGGATG CGGTGGTGCTCCAGCCTCTGCCTGAGCTGGTGACAGAGACTGAGCCCGCACGCTTC ACCCCACGTACTTTTTCTCAGCACGTTCGCCAGAAGCTCTTCAAGAAGACCCAAGA GGCATTCACCTCTGAGAAGTGA

续表

基因编号	序列
Cpr011668-cds-CW	ATGGCAGCAGAAGTTGTATCAATGCCGTCGAGAGTGGAGGAGCTGGCAAAGACCG GTCTCGAGGCGATACCGACGGCGTATGTTCGACCGGAGGAAGAGAGAACTAGCAT TGGAGATGTCTTCGAGGAGGCAAAGAAGATGGATGGGCCTCAAATCCCAGTGGTG GATTTGAAGGACATGGATTCGGGCGACAGAAAAGCACGTAACAGAGTGATGGAAG AGCTCAAGAAGGCAGCTGAGGAATGGGGAGTGATGCATATTGTCAACCATGGCAT CTCCACAGAGCTCATGGATCGTGTTCGGGCTGTCGGTAAGGAGTTCTTCGACCTAC CCATTGAACAGAAGGAGCTGTATGCCAATGACCAGGCATCTGGGAAGATCCAAGG CTATGGAAGTAAGCTGGCCAACAATGCCAGTGGGCAGCTGGAATGGGAGGACTAC TTCTTCCATCTCATCTTCCCCGAAGAAAAAACTGACATGTCTCTCTGGCCTAAACAA CCAGAAGACTACATGGAAGTGACTCAGGAATACGCGAAGCAGCTCAGGAAATTGG TGACCAAAGTAATGTCACTGTTGTCATTGGGTCTGGGAGTAGAAGCAGAAAGGCTG GAGAAGGAGTTCGGTGGAATGGACGAATTTCTTCTTCAGATGAAGATCAACTACTA CCCCAAATGCCCACAGCCAAATTTGGCACTCGGTGTTGAAGCGCACACTGACGTGA GCGCACTCACCTTCATCCTTCACAACAACGTCCCCGGCCTGCAAATCTACTTCGACA ACAAGTGGGTCACAGCGAAATGCATCCCAGACTCCTTTGTCGTCCATATTGGTGAC AGTCTCGAGATTTTGAGCAATGGCAAGTACAGAAGCATCCTTCACAGGGGTCTTGT TAACAAGGAGAAGGTGAGGATCTCTTGGGCTGTTTTCTGCGAACCTCCCAAGGATG CGGTGGTGCTCCAGCCTCTGCCTGAGCTGGTGACAGAGACTGAGCCCGCACGCTTC ACCCCACGTACTTTTTCTCAGCACGTTCGCCAGAAGCTCTTCAAGAAGACCCAAGA GGCATTCACCTCTGAGAAGTGA
Cpr017300-promoter-RW	GATGAGTGTAGGATTAGGGTTTAGGATTTGTGATGTGATGCATGAGTGGTTGAGAT TAAATAACCTAAAATCTAATGGCTTAACTAATGAATGCATGATCTAAATTATGAAA TGATTAGATAATGCATGAATGATGATGATTCTAAGGTCAATCTAAATGATAAATGA AATGGATGATCTAGATCTAACATGCAAGATGTAGGTATTGGATTTGGATAGGAGGC TCTAGGGTTTACCTAAGGTAACGAATGAAATGAATGACTTAGATTAAAATGCAAGG AATGAACGGAGGAGATGAGATCTAAATGAATGGATGAAATGCGCATTGGGTAGGA TAGATGGATTTAGGGTTTACACAATGGAGTTCACATATGGGTAGTTGGATCAAGGT TTGGAGCACATGGGTTTGGATTTAGGGCAATTGGGCTTCCAATTGGACTCTTGGACT TGGGCTTGTGGACATGAACTAAGGCTTAGGCCCACTTGACTTGATCTTGATCTTGAT CTTGAGAACTTGGGCCTTTGTTCAATTGCGCTTGTACATTGGCTTGTTGGGCTTTGAC TTGAACTTGGACATTGGCCTGGCTCACTTTGCAGAATAAATGGATCACATAGCCTGG CCCAATGTCTGACATTTGAAAAATGGCTTGACCCAATTAAGATGGATCTTAGCCCAG TAGCTTGAATTTCCAATTCTTGATTTCTTCTAACATATTGAATTACAACTTCCTCTTC CAGAATTCATTCACCACTCATCTAAAAATATTTGACTCATCCGGACTCTCATAACTA AATCCAGACTAAACAATTTACAATTTGAATTCTTAAAGTGGTAGAAATAATTATTGA AATTTCAAATTTTTAAATTTAAACTCAAATCTTGCGAATGCTCCAGGATTTAGACTG ATTTTCTTTTTACTCCAATTTATCTCTACAAAGTTGAAAATAATATTAAATATATCTA ATATATACAAAAACAATGTGTAACTAATTCAATAATTAAAAATAAAAATATTATTTT

续表

基因编号	序列
Cpr017300-promoter-RW	TCGAGTCTCAACCCATCTAAGTCTCGATCAAATTATATGAGTGATAGAATTCAATG TCCATATCAGTATCACTGTACCTGCCTTCGTGAATACACTGCTAGCGTTGGAGTTG TCGGAGAGGAAATGAAGAGCGGCTCTGACATGTGCAGGCTGCGGACCAGTTTATA TGATATCTGCAGAAGGCATGAAAACGAAGTTTACAAAAGAGAAAATAAAGAAAC AACGCTTTTGTCAAGCTGCAACTACGTCCACGGCTATTATTGATTGTGTCTGCATAT TTAACAGTAAGAGATTTAATGTACTATTTCATCATTTATAGATGGAAATTCAAGTC AAAATCTAAAACTTGTCTAATATTATATATTAAAATTTCAAAAGATGTACGCGACC TCCTCTTATTAAGTGAGAAAGAACTTTATTCCCGTTCTAAAAAATCAGAGGTGCTA AGTTCGAGTTTCATGATTTTATCTGATGTGCTCTAAAGGTAGTGAGTATCACTTATA GAAGTTTTCCTCTCGATTTTTCGCAGTTTTTCACATGTAAATTAAAAAAAAATGAAT ACACCCATGATAGTTTTACATTAAATTTCCCACGATTTTCATCTTTTCAGCTAATCAT CATTGTTACTACTCATGGCAACTAACATCCTTATCTCCCACAACCCTCAAACTCCAA TCTTCACAAACGTGGGTAAAAAATGAAAATGAAGAGTTGAAGGTCATCAATTACG TTGCTTGGAATCCTCTTTTGTGGTTCCAACATGAGAAACGTCGTCCTTTGTTATGTG TCTCAACATTTCAAGACAACTATGACCACTTATAAATAACTCCCAATTGTTTAACT AAAACCACTAAAGTACACTCTTCAGAGAGAGAGAGAGAGATGGGTCACTTGCAA AAGATAGAGAACAATGGTGTAAGAAAAGGTTCATGGACCGAAGAAGAAGATGCA CTTCTG
Cpr017300-promoter-PW	GATGAGTGTAGGATTAGGGTTTAGGATTTGTGATGTGATGCATGAGTGGTTGAGAT TAAATAACCTAAAATCTAATGGCTTAACTAATGAATGCATGATCTAAATTATGAAA TGATTAGATAATGCATGAATGATGATGATTCTAAGGTCAATCTAAATGATAAATGA AATGGATGATCTAGATCTAACATGCAAGATGTAGGTATTGGATTTGGATAGGAGGC TCTAGGGTTTACCTAAGGTAACGAATGAAATGAATGACTTAGATTAAAATGCAAGG AATGAACGGAGGAGATGAGATCTAAATGAATGGATGAAATGCGCATTGGGTAGGA TAGATGGATTTAGGGTTTACACAATGGAGTTCACATATGGGTAGTTGGATCAAGGT TTGGAGCACATGGGTTTGGATTTAGGGCAATTGGGCTTCCAATTGGACTCTTGGAC TTGGGCTTGTGGACATGAACTAAGGCTTAGGCCCACTTGACTTGATCTTGATCTTG ATCTTGAGAACTTGGGCCTTTGTTCAATTGCGCTTGTACATTGGCTTGTTGGGCTTT GACTTGAACTTGGACATTGGCCTGGCTCACTTTGCAGAATAAATGGATCACATAGC CTGGCCCAATGTCTGACATTTGAAAAATGGCTTGACCCAATTAAGATGGATCTTAG CCCAGTAGCTTGAATTTCCAATTCTTGATTTCTTCTAACATATTGAATTACAACTTC CTCTTCCAGAATTCATTCACCACTCATCTAAAAATATTTGACTCATCCGGACTCTCA TAACTAAATCCAGACTAAACAATTTACAATTTGAATTCTTAAAGTGGTAGAAATAA TTATTGAAATTTCAAATTTTTAAATTTAAACTCAAATCTTGCGAATGCTCCAGGATT TAGACTGATTTTCTTTTTACTCCAATTTATCTCTACAAAGTTGAAAATAATATTAAA TATATCTAATATATACAAAAACAATGTGTAACTAATTCAATAATTAAAAATAAAAA

续表

基因编号	序列
Cpr017300-promoter-PW	TATTATTTTTCGAGTCTCAACCCATCTAAGTCTCGATCAAATTATATGAGTGATAGA ATTCAATGTCCATATCAGTATCACTGTACCTGCCTTCGTGAATACACTGCTAGCGTT GGAGTTGTCGGAGAGGAAATGAAGAGCGGCTCTGACATGTGCAGGCTGCGGACCA GTTTATATGATATCTGCAGAAGGCATGAAAACGAAGTTTACAAAAGAGAAAATAA AGAAACAACGCTTTTGTCAAGCTGCAACTACGTCCACGGCTATTATTGATTGTGTC TGCATATTTAACAGTAAGAGATTTAATGTACTATTTCATCATTTATAGATGGAAAT TCAAGTCAAAATCTAAAACTTGTCTAATATTATATATTAAAATTTCAAAAGATGTA CGCGACCTCCTCTTATTAAGTGAGAAAGAACTTTATTCCCGTTCTAAAAAATCAGA GGTGCTAAGTTCGAGTTTCATGATTTTATCTGATGTGCTCTAAAGGTAGTGAGTATC ACTTATAGAAGTTTTCCTCTCGATTTTTCGCAGTTTTTCACATGTAAATTAAAAAAA AATGAATACACCCATGATAGTTTTACATTAAATTTCCCACGATTTTCATCTTTTCAG CTAATCATCATTGTTACTACTCATGGCAACTAACATCCTTATCTCCCACAACCCTCA AACTCCAATCTTCACAAACGTGGGTAAAAAATGAAAATGAAGAGTTGAAGGTCAT CAATTACGTTGCTTGGAATCCTCTTTTGTGGTTCCAACATGAGAAACGTCGTCCTTT GTTATGTGTCTCAACATTTCAAGACAACTATGACCACTTATAAATAACTCCCAATTG TTTAACTAAAACCACTAAAGTACACTCTTCAGAGAGAGAGAGAGAGATGGGTCAC TTGCAAAAGATAGAGAACAATGGTGTAAGAAAAGGTTCATGGACCGAAGAAGAA GATGCACTTCTG
Cpr017300-promoter-CW	GATGAGTGTAGGATTAGGGTTTAGGATTTGTGATGTGATGCATGAGTGGTTGAGAT TAAATAACCTAAAATCTAATGGCTTAACTAATGAATGCATGATCTAAATTATGAAA TGATTAGATAATGCATGAATGATGATGATTCTAAGGTCAATCTAAATGATAAATGA AATGGATGATCTAGATCTAACATGCAAGATGTAGGTATTGGATTTGGATAGGAGGC TCTAGGGTTTACCTAAGGTAACGAATGAAATGAATGACTTAGATTAAAATGCAAGG AATGAACGGAGGAGATGAGATCTAAATGAATGGATGAAATGCGCATTGGGTAGGA TAGATGGATTTAGGGTTTACACAATGGAGTTCACATATGGGTAGTTGGATCAAGGT TTGGAGCACATGGGTTTGGATTTAGGGCAATTGGGCTTCCAATTGGACTCTTGGAC TTGGGCTTGTGGACATGAACTAAGGCTTAGGCCCACTTGACTTGATCTTGATCTTGA TCTTGAGAACTTGGGCCTTTGTTCAATTGCGCTTGTACATTGGCTTGTTGGGCTTTG ACTTGAACTTGGACATTGGCCTGGCTCACTTTGCAGAATAAATGGATCACATAGCC TGGCCCAATGTCTGACATTTGAAAAATGGCTTGACCCAATTAAGATGGATCTTAGC CCAGTAGCTTGAATTTCCAATTCTTGATTTCTTCTAACATATTGAATTACAACTTCC TCTTCCAGAATTCATTCACCACTCATCTAAAAATATTTGACTCATCCGGACTCTCAT AACTAAATCCAGACTAAACAATTTACAATTTGAATTCTTAAAGTGGTAGAAATAAT TATTGAAATTTCAAATTTTTAAATTTAAACTCAAATCTTGCGAATGCTCCAGGATTT AGACTGATTTTCTTTTTACTCCAATTTATCTCTACAAAGTTGAAAATAATATTAAAT ATATCTAATATATACAAAAACAATGTGTAACTAATTCAATAATTAAAAATAAAAAT

续表

基因编号	序列
Cpr017300-promoter-CW	ATTATTTTTCGAGTCTCAACCCATCTAAGTCTCGATCAAATTATATGAGTGATAGAA TTCAATGTCCATATCAGTATCACTGTACCTGCCTTCGTGAATACACTGCTAGCGTTG GAGTTGTCGGAGAGGAAATGAAGAGCGGCTCTGACATGTGCAGGCTGCGGACCAG TTTATATGATATCTGCAGAAGGCATGAAAACGAAGTTTACAAAAGAGAAAATAAA GAAACAACGCTTTTGTCAAGCTGCAACTACGTCCACGGCTATTATTGATTGTGTCT GCATATTTAACAGTAAGAGATTTAATGTACTATTTCATCATTTATAGATGGAAATT CAAGTCAAAATCTAAAACTTGTCTAATATTATATATTAAAATTTCAAAAGATGTAC GCGACCTCCTCTTATTAAGTGAGAAAGAACTTTATCCCCGTTCTAAAAAATCAGAG GTGCTAAGTTCGAGTTTCATGATTTTATCTGATGTGCTCTAAAGGTAGTGAGTATCA CTTATAGAAGTTTTCCTCTCGATTTTTCGCAGTTTTTCACATGTAAATTAAAAAAAA ATGAATACACCCATGATAGTTTTACATTAAATTTCCCACGATTTTCATCTTTTCAGC TAATCATCATTGTTACTACTCATGGCAACTAACATCCTTATCTCCCACAACCCTCAA ACTCCAATCTTCACAAACGTGGGTAAAAAATGAAAATGAAGAGTTGAAGGTCATC AATTACGTTGCTTGGAATCCTCTTTTGTGGTTCCAACATGAGAAACGTCGTCCTTTG TTATGTGTCTCAACATTTCAAGACAACTATGACCACTTATAAATAACTCCCAATTG TTTAACTAAAACCACTAAAGTACACTCTTCAGAGAGAGAGAGAGAGATGGGTCAC TTGCAAAAGATAGAGAACAATGGTGTAAGAAAAGGTTCATGGACCGAAGAAGAA GATGCACTTCTG
Cpr011668-promoter-RW	GGTCAAACGGGTAGAGTCCAAAATTACCACCTTTAGTTAAAAATGATCCATGGTGC CGATGTCTCTTAGACCGATATTTACATCTTAATTTTTGTGGTCTCAAAAGAATAGAT AAGGGGTACAAATTTTGGTATCTTCCGATAAATTTCTCTCATCTAATTTTTTTTTTA ATTAAACCCTGAGATATTGGCCGATATCGGCAATATATATGGGATATCTCCGAGAT ATCGTATCGGTAAAGATTTATTTCCCTGGAATAGACTAACTTGTCAATTGCTTTCCC CCTTTGCAATGTGATTCATCCATTGAAAAAGTAGTGATTTCCAATTTTCCATGATTT TCATTTTCTAAGCAAAGGGGAGTGAAGACTGAAGAAGAAGAAGAAGGAGAACGG TGGGTAGAAGGCGCATGGGAAGTGTTTGGTGGCCATTTTCATGGTTTTGGTGGTTG CCATTATTGTGGTATGTGAAGCTTAAAAAATAAAATAAAATAAAATACTAGACTGG TAAACAATTCAATACCGGGCAGTTGACAGACATCGTGTGCTAGCTTCCAGTCTAAC ATTCTCAAGTCAACACCTTTCTCAAACTGTATCACATAATTGTTTTAAATATTTGAA AAATAAAAATAAAATATGTAGAATATTTATAAGACTATGTTAAATAAAAAAATTTA AAAAGTCGAATCTTAAATAGATAGAATAAATAAAATACTCTAATATATGGATAAGA TCATGTCAAATGAACAAGAAGAACTCAAAAATTGAAAATTTTAAATATTTATAAGA CCAACCAATCTCATAATAAATAAGAAGTCTCATTTTTAACTAAATATAAAGAACTT TTCACTATCTAGAGTGATAAAATCACGAAGCAAAAGATCACACTTGAAACAATTCT TGTTTCTACTAATGGTGTCAATGGTGATTGTTGAAAATAAAGTTTATCAGTTCTTTA ATTTTATTTTAAGAATTGGAAGTCTTCGATTTACGCTCAATTTTAATGAGTCAGGTCC

续表

基因编号	序列
Cpr011668-promoter-RW	CATTGAATTTATACTGTGTGTGAATTGGGAGATTTACAAATGTTTTAAAAATTAGA AAAAAAATATGTAAAATATTTTATTTTATACATTGGTAATAGACAAAGAGAGGCCA TGATGTAAGCCTCTATTCTATGTTTACTAACTAATATCTTGGATTTCATTTCAATTAT AAGAAATTTCACTTCTCAAAATGAAAAAAATTGTTGTTGAATTTTAATTTGAAGTTG TTTGAGTTCAATAGAGATTGGCTCCATTCTGCATGGGAACATAGGGATCAAAAAGG AATCATAAAAATTCAACTTTTACCATATTAATTTGTCCTATTTTATGGTTTTGGATTT CACCCAAGTGTCATGCATGTACATATCATGTCAGTGAAGACCAAAAAGTTCAAGGC ATTAAAAATCAATTATAGAAATAATTTCTCAGTAATTGAGAAAGGTAATAAATGTA TGAATATTTAGAAATATTTAATGAAAAAGGACACAAGGACATTATTCCACATAATT TTATCCTTTAAAACTTGTTTACATACAATAGATTTTTTTTTTTCAAAAAACCACTTGT TGATATACTAATTATTCATTTTATAGTCTCATATCAGATGGAATAAAAATTTGTCAA ATTTAAAATATACCAGTAAAATCCGGTATCAAAATTGATATCGGTATCGTATACAT TTTAGATGTCCAAGTGTAAGATAGTTTATACATTGTTAAATTAATGATCATAACCC TTTATTAGTATAATTTAATTACAGAAAACCCATGGTTTAGGGATCGGGCCTGTTGTT TTACTGTTAGTTTAACCCAAGTCCACTGCCAATTTGTGGAGAAGGGGAAGTTTCCA GAGATACCAGGTAGCTGTAGCATTTTCTTCACATGCCCAAGACATTTAGTTCTCTTT TAGACTCTCTATAAAAAGGATCTACATAGGCATGAAGATGCAAGAATCCAAGAAA CAGAGCAACTTCTCCTCTAAAATCTCTCAAACAAATAGCAATAACAATAAAGAGAA GAGAGTAGTGTAAGTGGTGCAATGGCAGCAGAAGTTGTATCAATGCCGTCGAGAG TGGAGGAGCTGGCAAAGACCGGTCTCGAGGCGATACCGACGGCGTATGTTCGACC GGAGGAAGAGAGAACTAGCATTGGAGATGTCTTCGAGGAGGCAAAGAAGATGGAT
Cpr011668-promoter-PW	GGTCAAACGGGTAGAGTCCAAAATTACCACCTTTAGTTAAAAATGATCCATGGTGC CGATGTCTGTTAGACCGATATTTACATCTTAATTTTTGTGGTCTCAAAAGAATAGAT AAGGGGTACAAATTTTGGTATCTTCCGATAAATTTCTCCCATCTAATTTTTTTTTTTA ATTAAACCCTGAGATATTGGCCGATATCGGCAATATATATCGGATATCTCCGAGAT ATCATATCGGTAAAGATTTATTTCCCTGGAATAGACTAACTTGTCAATTGCTTTCCC CCTTTGCAATGTGATTCATCCATTGAAAAAGTAGTGATTTCCAATTTTCCATGATTT TCATTTTCTAAGCAAAGGGGAGTGAAGACTGAAGAAGAAGAAGAAGGAGAACGG TGGGTAGAAGGCGCATGGGAAGTGTTTGGTGGCCATTTTCATGGTTTTGGTGGTTG CCATTATTGTGGTATGTGAAGCTTAAAAAATAAAATAAAATAAAATACTAGACTGG TAAACAATTCAATACCGGGCAGTTGACAGACATCGTGTGCTAGCTTCCAGTCTAAC ATTCTCAAGTCAACACCTTTCTCAAACTGTATCACATAATTGTTTTAAATATTTGAA AAATAAAAATAAAATATGTAGAATATTTATAAGACTATGTTAAATAAAAAAATTTA AAAAGTCGAATCTTAAATAGATAGAATAAATAAAATACTCTAATATATGGATAAG ATCATGTCAAATGAACAAGAAGAACTCAAAAATTGAAAATTTTAAATATTTATAAG ACCAACCAATCTCATAATAAATAAGAAGTCTCATTTTTAACTAAATATAAAGAACT TTTCACTATCTAGAGTGATAAAATCACGAAGCAAAAGATCACACTTGAAACAATTC

续表

基因编号	序列
Cpr011668-promoter-PW	TTGTTTCTACTAATGGTGTCAATGGTGATTGTTGAAAATAAAGTTTATCAGTTCTTT AATTTTATTTTAAGAATTGGAAGTCTTCGATTTACGCTCAATTTTAATGAGTCAGGT CCCATTGAATTTATACTGTGTGTGAATTGGGAGATTTACAAATGTTTTGAAAATTAG AAAAAAAATATGTAAAATATTTTATTTTATACATTGGTAATAGACAAAGAGAGGCC ATGATGTAAGCCTCTATTCTATGTTTACTAACTAATATCTTGGATTTCATTTCAATTA TAAGAAATTTCACTTCTCAAAATGAAAAAAATTGTTGTTGAATTTTAATTTGAAGTT GTTTGAGTTCAATAGAGATTGGCTCCATTCTGCATGGGAAGATAGGGATCAAAAAG AAATCATAAAAATTCAACTTTTACCATATTAATTTGTCCTATTTTATGGTTTTGGATT TCACCCAAGTGTCATGCATGTACATATCATGTCAGTGAAGACCAAAAAGTTCAAGG CATTAAAAATCAATTATAGAAATAATTTCTCAGTAATTGAGAAAGGTAATAAATGT ATGAATATTTAGAAATATTTAATGAAAAAGGACACAAGGACATTATTCCACATAAT TTTATCCTTTAAAACTTGTTTACATACAATAGATTTTTTTTTTCAAAAAACCACTTG TTGATATACTAATTATTCATTTTATAGTCTCATATCAGATGGAATAAAAATTTGTCA AATTTAAAATATACCAGTAAAATCCGGTATCAAAATTGATATCGGTATCGTATACA TTTTAGATGTCCAAGTGTAAGATAGTTTATACATTGTTAAATTAATGATCATAACCC TTTATTAGTATAATTTAATTACAGAAAACCCATGGTTTAGGGATCGGGCCTGTTGTT TTACTGTTAGTTTAACCCAAGTCCACTGCCAATTTGTGGAGAAGGGGAAGTTTCCA GAGATACCAGGTAGCTGTAGCATTTTCTTCACATGCCCAAGACATTTAGTTCTCTTT TAGACTCTCTATAAAAAGGATCTACATAGGCATGAAGATGCAAGAATCCAAGAAA CAGAGCAACTTCTCCTCTAAAATCTCTCAAACAAATAGCAATAACAATAAAGAGA AGAGAGTAGTGTAAGTGGTGCAATGGCAGCAGAAGTTGTATCAATGCCGTCGAGA GTGGAGGAGCTGGCAAAGACCGGTCTCGAGGCGATACCGACGGCGTATGTTCGAC CGGAGGAAGAGAGAACTAGCATTGGAGATGTCTTCGAGGAGGCAAAGAAGATGG AT
Cpr011668-promoter-CW	GGTCAAACGGGTAGAGTCCAAAATTACCACCTTTAGTTAAAAATGATCCATGGTGC CGATGTCTCTTAGACCGATATTTACATCTTAATTTTTGTGGTCTCAAAAGAATAGAT AAGGGGTACAAATTTTGGTATCTTCCGATAAATTTCTCTCATCTAATTTTTTTTTTT AATTAAACCCTGAGATATTGGCCGATATCGGCAATATATATGGGATATCTCCGAGA TATCGTATCGGTAAAGATTTATTTCCCTGGAATAGACTAACTTGTCAATTGCTTTCC CCCTTTGCAATGTGATTCATCCATTGAAAAAGTAGTGATTTCCAATTTTCCATGATT TTCATTTTCTAAGCAAAGGGGAGTGAAGACTGAAGAAGAAGAAGAAGGAGAACG GTGGGTAGAAGGCGCATGGGAAGTGTTTGGTGGCCATTTTCATGGTTTTGGTGGTT GCCATTATTGTGGTATGTGAAGCTTAAAAAATAAAATAAAATAAAATACTAGACT GGTAAACAATTCAATACCGGGCAGTTGACAGACATCGTGTGCTAGCTTCCAGTCTA ACATTCTCAAGTCAACACCTTTCTCAAACTGTATCACATAATTGTTTTAAATATTTG AAAAATAAAAATAAAATATGTAGAATATTTATAAGACTATGTTAAATAAAAAAAT TTAAAAAGTCGAATCTTAAATAGATAGAATAAATAAAATACTCTAATATATGGATA AGATCATGTCAAATGAACAAGAAGAGCTCAAAAATTGAAAATTTTAAATATTTATA

续表

基因编号	序列
Cpr011668-promoter-CW	AGACCAACCAATCTCATAATAAATAAGAAGTCTCATTTTTAACTAAATATAAAGAA CTTTTCACTATCTAGAGTGATAAAATCACGAAGCAAAAGATCACACTTGAAACAAT TCTTGTTTCTACTAATGGTGTCAATGGTGATTGTTGAAAATAAAGTTTATCAGTTCT TTAATTTTATTTTAAGAATTGGAAGTCTTCGATTTACGCTCAATTTTAATGAGTCAG GTCCCATTGAATTTATACTGTGTGTGAATTGGGAGATTTACAAATGTTTTAAAAATT AGAAAAAAAATATGTAAAATATTTTATTTTATACATTGGTAATAGACAAAGAGAGG CCATGATGTAAGCCTCTATTCTATGTTTACTAACTAATATCTTGGATTTCATTTCAAT TATAAGAAATTTCACTTCTCAAAATGAAAAAAATTGTTGTTGAATTTTAATTTGAAG TTGTTTGAGTTCAATAGAGATTGGCTCCATTCTGCATGGGAACATAGGGATCAAAA AGGAATCATAAAAATTCAACTTTTACCATATTAATTTGTCCTATTTTATGGTTTTGGA TTTCACCCAAGTGTCATGCATGTACATATCATGTCAGTGAAGACCAAAAAGTTCAA GGCATTAAAAATCAATTATAGAAATAATTTCTCAGTAATTGAGAAAGGTAATAAAT GTATGAATATTTAGAAATATTTAATGAAAAAGGACACAAGGACATTATTCCACATA ATTTTATCCTTTAAAACTTGTTTACATACAATAGATTTTTTTTTTTCAAAAAACCACT TGTTGATATACTAATTATTCATTTTATAGTCTCATATCAGATGGAATAAAAAATTGT CAAATTTAAAATATAACAGTAAAATCCGGTATCAAAATTGATATCGGTATCGTATA CATTTTAGATGTCCAAGTGTAAGATAGTTTATACATTGTTAAATTAATGATCATAAC CCTTTATTAGTATAATTTAATTACAGAAAACCCATGGTTTAGGGATCGGGCCTGTTG TTTTACTGTTAGTTTAACCCAAGTCCACTGCCAATTTGTGGAGAAGGGGAAGTTTCC AGAGATACCAGGTAGCTGTAGCATTTTCTTCACATGCCCAAGACATTTAGTTCTCTT TTAGACTCTCTATAAAAAGGATCTACATAGGCATGAAGATGCAAGAATCCAAGAA ACAGAGCAACTTCTCCTCTAAAATCTCTCAAACAAATAGCAATAACAATAAAGAGA AGAGAGTAGTGTAAGTGGTGCAATGGCAGCAGAAGTTGTATCAATGCCGTCGAGAG TGGAGGAGCTGGCAAAGACCGGTCTCGAGGCGATACCGACGGCGTATGTTCGACCG GAGGAAGAGAGAACTAGCATTGGAGATGTCTTCGAGGAGGCAAAGAAGATGGAT

附录 C　CpbHLH1、CpbHLH2、CpWDR1 和 CpWDR2 氨基酸序列

基因编号	序列
Cpr015629 （2136bp）	MTMACPPSSRLQQMLQAAVQGVQWTYSLFWQLDPQQGVLVWGDGYYNGAIKTRK TVQPMEVSSEEASLQRSQQLRELYESLSAGETNQPARRPCASLSPEDLTESEWFYLM CVSFSFPPGVGIPGKAYTRRQHVWLTGANEADSKVFSRAILAKSARVQTVVCIPLMD GVLELGTTERVQEDLDLIQHAKSYFMDQYNQQHSKPALSEHSTSNPASSSDRSRFHS PPAPAMFSAVDPQAKEAEANQEEEADDDDDDDDEDEDEDEEEEGDSDSEAETGR HSPANAPQNSLECGLNQHGVTPAQVPAEPSELMQLEMSEDIRLGSPDDCSNNLDSE MHLLAASHSGAGPIDHHRHAESYRAESTRTWPLLQYELSDDLPLSGGPQFQELAQE DAHYSQTVSAILQRNTSRWSESSASSYVRYSQQSAFSKWNCRTDHHHLLRLPLDGTS QWMIKYILFTLPLLYTKYREDSPKSREGGGDTGTRFRKGTPQDELSANHVLAERRRR EKLNERFIILRSLVPFVTKMDKASILGDTIEYVKQLRRRIQDLESRNRQFEIDQRSKGA ELHKSTSLKDLSVQQNSCPGKVNVSQTMSSDRSRLATMEKRKMRIIEGTGSGKTKGID ATLDNTVQVSIIESDALLELKCPYRDGLLLEIMQILSELRLEVTAVQSSSTNDVFTAELR AKVRDRINGKKASIVEVKREIHQIISQN*
Cpr020215 （2025bp）	MCWSMAAGLQNLEGVPDNLLRKKLAAAVRSIQWSYAIFWSISTRQPGVLEWGDGYY NGDIKTRKTVQPLELNVDQMGLQRSEQLRALYESLSAGDSNQQAKRPSASLTPEDLT DTEWYYLVCMSFTFNPGQGMPGRALANGHHIWLCNAHHADSKVFTRSLLAKSASIQ TVVCFPLMGGVLELGVTELISEDPPLLQHVKTSFLEFPATVCSEQSISNPQEADKDEDQ CTELDQEIVNSMPLEKLNSVAECDMHPGSGHQTFPFSHHSYTPKEESKLDPDKIEEV HPNICNELKTGSSDDSSNGCGLNQNTDDSFMLDEPNGASQVQSWQFMDDEHSCDCIS QSFANHEKLVSSPKGEKVIDRRLRDQQECNNNKLSLLDLENEDSHYKKSLSAIFKNSP QFIAKTYFHNACKSSFTIWRRDLRIQKPQTNESQKMLKKILFEVAWKHSGFLQKSQE EIGHKGRVWKLEGDGIGVNHALLERRRREKLNEKFLILGSLVPSISKVDQTSILGDTI EYLKELEQRVEELEACKESAESEARQRRKYPDIIERTSDNYGYNEIANGKKSTVNKR KASDIEEADAELNWVLSKDSLADMTVTIIEKEVLIEMQCPWRECLLLEVVDAISTLHL DAHLVQSSTVDGILKLTLKSKFRGAAIASVGMIKQALQRVVAKC*
Cpr013636 （1038bp）	MGSSTVDPAQDASDEQQKRSEIYTYEAPWHIYAMNWSVRRDKKYRLAIASLLEQYP NRVEIVQLDDSTGEIRSDPNLSFDHPYPPTKTIFIPDKDCSRPDLLATSADFLRIWRISE DRVELKSLLNGNKNSEFCGPLTSFDWNEAEPRRIGTCSIDTTCTIWDIERESVDTQLIA HDKEVYDIAWGGIGVFASVSADGSVRVFDLRDKEHSTIIYETSEPDTPLVRLGWNKQ DPRYMATIIMDSAKVVVLDIRFPTLPVVELQRHQASVNAIAWAPHSSCHICTAGDDSQ ALIWDLSSMGQPVEGGLDPILAYTAGAEIEQLQWSSSQPDWVAIAFSTKLQILRV*
Cpr014700 （1053bp）	MENSVTQESSHPNPNSNGTIFTYDSPFPIYAMAFASASGPNPVHHRLAVGSFLEDYNN KIDILSFDPTTDSLASSFDPTLSFPHPYPPTKLLFHPTRPDLLASSGDYLRLWDIPQDTD ALDRKKPVEPLSVLNNSKTSEFCAPITSFDWNEAEPRRIGTSSIDTTCTIWDVERGVVE TQLIAHDKEVYDIAWGEAGVFASVSADGSVRIFDLRDKEHSTIIYESPMPDTPLLRLA WNRQDLRYMATILMDSNRVVILDIRSPTVPVAELQRHRASVNAIAWAPQSYRHICSA GDDSLALIWELPAVADPPGIDPAMVYSAGSEINQLQWSSLQPDWIAIAFANKMQLLRI*

后　记

本书以我的博士论文为蓝本，根据各位专家意见修订后完成，前后耗时近五年。在实验研究、数据分析、成稿及出版过程中得到了河南省重点研发专项（项目编号：221111110700）、河南省科技兴林项目、河南省基本业务费项目、许昌英才计划等项目的资助，在此表示衷心感谢！感谢中南林业科技大学经济林培育与保护教育部重点实验室提供优良的实验条件！感谢中南林业科技大学博士生导师袁德义教授、张琳教授的悉心指导。恩师品德高尚、学识渊博、治学严谨、求实求真，是我一生学习的楷模和榜样。

感谢中南林业科技大学谭晓风教授、李建安教授、王森教授、邹锋教授、袁军教授、龚文芳副教授、范晓明副教授、李宁副教授给予的指导与帮助。感谢中南林业科技大学青年教师曹运鹏博士、刘美兰博士和博士研究生李文莹、李艳丽、赵广、周韬以及河南省农业科学院园艺研究所张和臣副研究员等在实验设计、数据分析等方面给予的帮助。感谢河南省林业科学研究院丁鑫工程师、孙萌博士、汤正辉博士及科研助理程建明工程师、沈希辉工程师等同事，以及河南省许昌市林业和花木园艺发展中心王安亭教授级高工、河南省鄢陵县林业科学研究所岳长平高工等科研团队成员在样品采集、数据观测中给予的帮助。

在此，向所有为本书提供支持和帮助的各位领导、老师、前辈、同仁致以衷心的感谢！

沈植国
2023 年 3 月